茶文化产品战略

THE STRATEGY OF TEA CULTURE PRODUCTS

张星海 著

中国轻工业出版社

图书在版编目（CIP）数据

茶文化产品战略 / 张星海著. -- 北京：中国轻工业出版社，2025. 2. -- ISBN 978-7-5184-5216-3

I . TS971. 21

中国国家版本馆 CIP 数据核字第 2024451T85 号

责任编辑：贾　磊　　责任终审：许春英
文字编辑：吴梦芸　　责任校对：刘小透　晋　洁　　封面设计：锋尚设计
策划编辑：贾　磊　　版式设计：砚祥志远　　责任监印：张　可

出版发行：中国轻工业出版社（北京鲁谷东街 5 号，邮编：100040）
印　　刷：北京君升印刷有限公司
经　　销：各地新华书店
版　　次：2025 年 2 月第 1 版第 1 次印刷
开　　本：720×1000　1/16　印张：14
字　　数：260 千字
书　　号：ISBN 978-7-5184-5216-3　定价：128. 00 元
邮购电话：010-85119873
发行电话：010-85119832　010-85119912
网　　址：http：//www. chlip. com. cn
Email：club@ chlip. com. cn

211518K8X101ZBW

作者简介

张星海，茶学博士，浙江树人学院教授、硕士生导师，国际茶文化学院执行院长、三茶统筹发展研究所所长。教育部全国高校“双带头人”教师党支部书记“强国行”专项行动团队负责人，教育部高校“双带头人”教师党支部书记工作室领雁人，教育部茶艺与评茶技能大师工作室领办人；全国职业院校中华茶艺大赛创设人，首创茶文化特色党建品牌；中国国际茶文化研究会学术委员会委员，浙江省茶叶学会常务理事（茶文化与茶艺工作委员会副主任），杭州茶都品牌促进会秘书长；浙江省“新世纪 151 人才工程”第二层次人才，浙江省科技特派员。荣获“浙江财贸工匠”和“浙教工匠”，以及“中华优秀茶文化教师”等称号。主持省部级以上课题 12 项，授权发明专利 6 项，主编著作 15 部，发表论文 90 余篇。

前言——中国茶进入新茶经时代

中国是茶的故乡，茶文化酝酿于魏晋南北朝，形成于唐朝。茶文化是中华文化中的一朵奇葩，是其向外传播的重要一翼，拥有中华文化的典型功能。“茶文化”最早由庄晚芳1984年使用，先生提出中国茶德：廉、美、和、敬，被奉为茶文化精髓。张天福提出中国茶礼：俭、清、和、静，与中国茶德相得益彰。茶不仅是一种饮品，更是崇尚道法自然、天人合一、内省外修的东方智慧。茶文化是以茶习俗为文化地基、以茶制度为文化框架、以茶美学为文化呈现、以茶哲识为文化灵魂的人类历史进程中创造的茶之人文精神的全部形态。从以文化人来观察，茶文化具有育民功能；从以文化印来观察，茶文化具有惠民功能；从以文化国来观察，茶文化具有富民功能。在中国，茶叶一头连着千万茶农，一头连着亿万消费者。当前，我国社会主要矛盾已经转化为人民日益增长的美好生活需要和不平衡不充分的发展之间的矛盾，发展中的矛盾和问题集中体现在发展质量上。这就要求我们必须把发展质量问题摆在更为突出的位置，着力提升发展质量和效益。高质量发展不只是一个经济要求，而是对经济社会发展方方面面的总要求。高质量发展的关键维度包括经济高质量发展、社会高质量发展和环境高质量发展。茶产业是关乎人民美好生活的重要民生产业，对巩固和拓展脱贫攻坚成果、推动乡村产业振兴、弘扬中华优秀传统文化具有重要意义。

文化产业的重要价值不仅在于提供文化产业增加值，更是提供文化附加值，通过文化和其他传统行业以及新技术的结合，推动整个经济的发展。从这个角度来讲，文化产业是能够引领和推动整个经济转型和升级的产业。茶以文兴，文以茶扬，茶文化与茶产业如车之双轮、鸟之双翼，唯有浸润和涵养了文化的茶产业，才会有蓬勃的生命力。广大茶叶生产区域，结合当地茶乡民俗，开发茶文化创意产品、创意产业是文化产业的核心。文化是一个国家、民族的灵魂。茶文化产品战略，就是将茶文化融入茶产业，助力文化产业链、支持乡村振兴发展的重要智力供给源泉；为文化产品设计及发展战略规划提供专业的知识体系。要推动中华优秀传统文化创造性转化、创新性发展，不断增强中华民族凝聚力和中华文化影响力，深化文明交流互鉴，讲好中华优秀传统文化故事，推动中华文化更好走向世界。

2021 年 3 月 22 日，习近平总书记在福建省武夷山市考察调研当地茶产业发展情况时指出："要把茶文化、茶产业、茶科技统筹起来，过去茶产业是你们这里脱贫攻坚的支柱产业，今后要成为乡村振兴的支柱产业。"被业界称为新时代"新茶经"精髓。茶文化引领，提升发展软实力；茶产业融合，提高发展竞争力；茶科技赋能，增强发展新动力。习近平总书记的重要指示为茶产业高质量发展指明了方向。我国有 20 个省市区种茶，有 1085 个产茶县、3000 多万茶农，亩产值已超过 6000 元，其中福建、浙江已经达到 9000 元以上；2014 年我国有 832 个国家级贫困县，到 2020 年已全部脱贫，其中有 377 个县以茶脱贫，现在和将来茶产业一定是乡村振兴的支柱产业、民生产业、生态产业、文化产业。千秋基业，人才为先。党的二十大报告强调，"必须坚持科技是第一生产力、人才是第一资源、创新是第一动力"。要大力建设高素质茶叶现代化人才队伍，为茶产业高质量发展打造更强的"主力军"。中国有近百所茶学及茶文化相关高校，全国茶学高等教育全日制在校生人数约 1.6 万人，从事茶学教育的专职教师千余人，但茶叶高等本科教育上一直是茶学学科一条腿在独行，特别需要茶文化学学科另外一条腿比肩同行。党的二十届三中全会提出："统筹推进教育科技人才体制机制一体改革""培育形成规模宏大的优秀文化人才队伍""优化文化服务和文化产品供给机制"，对茶文化人才培养提出了新要求。

本书是全国高校"双带头人"教师党支部书记工作室及全国高校"双带头人"教师党支部书记"强国行"专项行动团队建设成果、绍兴市高等教育教学改革研究及浙江树人学院"四新"研究与实践项目成果、浙江树人学院核心课程和学院混合式一流课程——文化产品战略建设成果，撰写过程中得到杭州淳禾文化创意有限公司、文成县日省名茶开发有限公司、文成荒野茶研究发展有限公司及浙江日茗康茶业有限公司的大力支持，在此一并表示衷心感谢。

目录

第一章　文化产品与文化产业

第一节　文化产品理论

一、何谓文化

词源“文化”一词在西方来源于拉丁文 cultura（文化），词根是动词 colere，原义是指农耕及对植物的培育。15 世纪以后，逐渐引申使用，把对人的品德和能力的培养也称之为文化。“文”的本义，指各色交错的纹理；“化”，本义为改易、生成、造化。文化，就词的释义来说，文就是“记录，表达和评述”，化就是“分析、理解和包容”。在中国的古籍中，“文”既指文字、文章、文采，又指礼乐制度、法律条文等。“化”是“教化”“教行”的意思。“文化”乃是“人文化成”一语的缩写，此语出于《易经》贲（bì）卦彖（tuàn）辞：“刚柔交错，天文也；文明以止，人文也。观乎天文，以察时变，观乎人文，以化成天下。”从社会治理的角度而言，“文化”是指以礼乐制度教化百姓。汉代刘向在《说苑》中说：“凡武之兴，谓不服也，文化不改，然后加诛。”此处“文化”一词与“武功”相对，含教化之意。南齐王融在《曲水诗序》中说：“设神理以景俗，敷文化以柔远。”其“文化”一词也为文治教化之意。文化一词的中西两个来源殊途同归，今人都用来指称人类社会的精神现象，或泛指人类所创造的一切物质产品和非物质产品的总和。历史学、人类学和社会学通常在广义上使用文化概念。

文化最直观的理解就是通过文字、文章、文采、礼乐制度、法律条文等言传身教地去教化、教行百姓，使其奠定一定的素质基础，在潜移默化中形成一种习俗和底蕴，是一种特有的惯性思维方式。文化是相对于经济、政治而言的人类全部精神活动及产品，主要体现在以下几个文化要素方面。

（一）精神要素

精神要素即精神文化。它主要指哲学和其他具体科学、宗教、艺术、伦理道德以及价值观念等，其中尤以价值观念最为重要，是精神文化的核心。精神文化是文化要素中最有活力的部分，是人类创造活动的动力。没有精神文化，人类便无法与动物相区别。价值观念是一个社会的成员评价行为和事物以及从各种可能的目标中选择合意目标的标准。这个标准存在于人的内心，并通过态度和行为表现出来。它决定人们赞赏什么，追求什么，选择什么样的生活目标和生活方式。同时，价值观念还体现在人类创造的一切物质和非物质产品之中。产品的种类、用途和式样，无不反映着创造者的价值观念。

（二）语言和符号

语言和符号两者具有相同的性质即表意性，在人类的交往活动中，二者都起着沟通的作用。语言和符号还是文化积淀和贮存的手段。人类只有借助语言和符号才能沟通，只有沟通和互动才能创造文化。而文化的各个方面也只有通过语言和符号才能反映和传授。能够使用语言和符号从事生产和创造出丰富多彩的文化，是人类特有的属性。

（三）规范体系

规范是人们行为的准则，有约定俗成的（如风俗等），也有明文规定的（如法律条文、群体组织的规章制度等）。各种规范之间互相联系、互相渗透、互为补充，共同调整着人们的各种行为。规范规定了人们活动的方向、方法和样式，规定语言和符号使用的对象和方法。规范是人类为了满足需要而设立或自然形成的，是价值观念的具体化。规范体系具有外显性，了解一个社会或群体的文化，往往是从认识规范开始的。

（四）社会关系

文化建设具有不同于经济建设的特殊要求，文化产品具有不同于物质产品的特殊属性。文化生产的目的是“在全社会形成共同理想和精神支柱”、培育四有新人、提高全民素质。

文化是由人类进化过程中衍生出来或创造出来的，属于后天习得；文化是社会实践的产物，有民族性和特定的阶级性；文化是共有的，具有相对独立性和自身的传承性，是一个连续不断的动态过程；文化是由一定的风俗、习惯、观念和规范形成的一种生活方式或行为模式；文化是人创造的物质文明和精神文明，也对人产生影响并参与精神塑造过程，即精神力量对人的教化过程；文化是以知识为载体的思想、观念、精神、价值观等内容，是人类社会实践过程中所创造的物质财富和精神财富的总和；文化构成人类符号世界的制度、制品以及实践活动；文化还是一种思维、情感和信仰的方式，是对反复出现问题的标准化认识取向。

二、何谓文化产品

首先，厘清何谓产品。广义的产品，是指凡与自然物相对的一切劳动生产物，即“具有真正价值的、为进入市场而生产的、能够作为组装整件或者作为部件、零件交付的物品，但人体组织、器官、血液组成成分除外。”哲学意义的产品包括工具产品和对象产品，即与自然物相对的一切劳动生产物。在营销学界，产品指能够通过交换满足消费者或用户某种需要和想法的有形物品和无形的服务。

那么，什么是文化产品呢？广义上的文化产品是指人类创造的一切提供给社会的可见产品，既包括物质产品，也包括精神产品；狭义上的文化产品专指精神产品，纯粹实用的生产工具、生活器具、能源资材等，一般不称为文化产品。文化产品是精神领域、意识形态、行为方式的文化，是得以进入流通领域的载体。文化产品可以是有形的产品，如民俗工艺品、书籍等，也可以是无形的服务，如歌舞表演、电影、音乐、教育等。文化服务边生产、边消费，没有留下实物形式的东西，但是客观存在，影响着人们的思想与行动，是无形产品。文化产品在文化产业中形成，进入商品交易市场，体现文化的价值。

文化产品是科学、政治、法律、哲学思想等观念形态的成果，是精神、观念形态的劳动成果。这些成果具有物质的外壳，附属在一定的载体上，成为一种向公众传递思想、符号和生活方式的消费品。文化产品是一种传递思想、符号和生活方式的消费品，如图书、报纸、期刊、电影、电视、网络等。文化产品具有思想内容的特殊物质，是构成商业模式的基本要素。

文化产品是以其商品和文化的内部属性，以符号的形式满足人们对于意义的需求从而带来经济价值和文化价值的各种商品和劳务。按照联合国教育、科学和文化组织的定义，文化产品包括文化商品与文化服务。文化商品一般是指那些传递思想、符号和生活方式的生活消费品，具有传递信息或娱乐的作用，有助于构建集体认同感和影响文化习惯实践活动，包括图书、杂志、多媒体产品、软件、唱片、电影、录像、视听节目、工艺品和时尚设计的文化供给，作为个人或集体创意的结果。文化商品通过工业化过程和世界范围内的分配得以复制和推进，主要以有偿形式提供。文化服务是那些旨在满足文化兴趣或需要的活动，不包括其服务所提供的物质形态，只包括艺术表演或其他文化活动（如文旅活动、茶事活动），以及为提供和保存文化信息而进行的活动（包括图书馆、档案馆和博物馆等机构的活动），常常以有偿服务或免费服务的形式提供。综上所述，文化产品是由文化产业相关人士或者部门创作、以文化或艺术为主要内容、能够满足人类精神需求、反映社会意识形态、满足大众娱乐的文化载体。

三、文化产品的特征及功能

文化产品有别于一般的商品，它不仅具有商品的价值和使用价值，同时还有着区别于其他商品的社会价值和文化价值；文化产品具有一定的价值符号意义，可以满足人类的意识形态的需求。文化产品具有以下四个特征和五种功能。

（一）文化产品的四个特征

特征之一，客观符号载体。文化产品的目标之一是通过其表达的符号意义来满足人们对意义的追求，而这种符号的意义表达总是会以某种客观形式（实体、行为）表现出来。例如，绘画、书籍、建筑通过其存在的实体向人们传达了其内涵的符号意义，戏剧、杂技、舞蹈通过其具体的行为表现其内涵的意义。

特征之二，价值符号意义。文化产品的符号载体总是物质性的各种意义（包括意识形态性）。从文化产品的消费角度来看，人们购买文化产品，如去参加历史古迹的旅游团、观看一场文艺表演、购买一本书籍或音乐唱片，其根本性的目标并不是要购买其存在的具体实物，而是要消费其代表的含义和意义，也就是说去消费文化产品本身的符号意义。文化产品的价值本质即内涵的符号意义。

特征之三，精神需求指向。不同精神需求的人们会有不同的行为驱动模式，在这些模式下会反映文化产品生产的具体内容上，体现在日常生活的言谈举止和为人处事中。文化产品满足的是各种各样的精神性需求，如审美、娱乐、休闲等。例如，文化产品中的书籍、报刊满足了人们的求知欲，影视、戏曲可以满足人们休闲娱乐的精神需要，精美的工艺品和建筑物可以满足人们对于审美的需要。

特征之四，民族历史标志。文化产品是在一定的历史时代和环境下产生的，其生产离不开人类的实践活动，文化产品要成为人类社会的财富，就必须在人类的实践过程中被理解和接受，而人类的实践活动是受民族历史和社会发展双重限制的，这就使得文化产品的生产同样受到民族历史限制。从历史上看，文化产品反映出一个民族历史与发展过程中精神文明风格上的独特方面。

（二）文化产品的五种功能

功能之一，艺术审美。"修身齐家"的需要使得人们不断追求对美的享受，文化产品如名山大川、历史古迹、工艺制品等内涵的美的符号形态可以给人们带来美的体验和艺术享受，同时使人们的精神世界得以丰富，眼界得以开拓。

功能之二，休闲娱乐。人们利用文化产品放松自己的精神和机体，发泄自己内心的情感，使内心得到某种需要的满足。消遣型的文化产品如娱乐设施、影视、游戏动漫等可以使人类的心情得到放松，压力得以舒缓。

功能之三，文化传播。文化产品中蕴含的意识形态或符号意义通过不同载体如书籍、绘画、音乐传递给后人，传递社会经验从而维持社会历史连续性，使得人类的文化和经验得以保存，极大地丰富了人类的精神世界。

功能之四，培育教化。在历史上，文化对人的教育不仅表现在生产技能上，更重要的还在于社会教育上，经过人类历史的沉淀，去粗取精、去伪存真，人类的精华代代相传，增进人类的知识文化，为人类社会培养下一代提供了丰富的资料。

功能之五，社会发展。文化产品内涵的三重属性为社会的发展提供了动力，推动社会的积极进步。除了具有社会的意识形态功能外，还具备了基本商品的经济的功能，社会的发展需要文化的推动，也离不开经济、技术的推动。

四、文化产品的基本属性

文化产品是一种知识产品，传播知识，记录知识；文化产品是另一类是娱乐产品，提供一种娱乐服务。文化产品一是实体符号形式的实物产品提供知识，二是行为符号形式的服务产品提供娱乐。文化产品作为商品形态的一般质量标准和作为精神文化属性的最低标准；不能与社会核心价值对立，不能包含色情、暴力及反道德、反人类的价值取向；具有商品和公共品双重属性，一般物质商品的消费是人们的一种占有与直接的使用消耗，而文化产品消耗的是文化艺术的物质载体，其文化价值不会消耗，反而会在共鸣中进一步丰富。文化产品提供具体功能，还传递特定的思想文化主张、价值观和民族观的意识形态属性；文化产品同时宣扬特定政治统治和政治制度的合法性。因此文化产品具有以下五种基本属性。

（一）精神文化性

尽管有些文化产品本身具有实物属性，但是从文化符号的意义上看，文化产品是无形的，其根本内涵在于它所内涵的符号的意义，也就是所指的精神文化。人们消费文化实物产品的主要目的是满足人们的精神需求，因而在消费时并不会消费它的物质外壳，更多的是消费其内涵的精神意义，只要文化物质产品存在精神内涵，人们就可以对文化实物产品进行重复消费、重复使用。对于文化服务来说，它并没有物质载体，只是作为一种被人们消费的行为存在，正如马克思所说："一个歌唱家为我提供的服务，满足了我的审美的需要；但是，我所享受的，只是同歌唱家本身分不开的活动，他的劳动即歌唱一停止，我的享受也就结束"。

（二）意识形态性

文化产品与一般的商品有所不同，文化产品不仅具有一般商品的经济价值，其更为重要的是满足人们精神文化生活的需要，即其使用价值具有了意识形态性。例如，作家在写作的过程中，会把自己的一些观念、认识、意志和感受通过最终的作品表达出来，其作品被人们消费后，作品中的意识形态会传播给消费者，使消费者或者产生共鸣和呼应，或者提出质疑，最后都会对消费的思想和行为产生巨大的影响。这就使得文化产品具有明显的意识形态性，而这一特征在影视和传媒产品中影响最为明显。

（三）艺术创造性

从文化产品的消费角度来看，文化实物产品的被消费数量、消费者的要求均是不确定的。因为人们消费文化实物产品主要消费的是其精神内涵，而不同消费者的工作、生活、教育、经历、家庭等各个方面有所不同，这就导致人们的主观意识对产品的评价有很大的影响。因而文化实物产品在生产的过程中考虑到不同消费者的情况时便会进行个性化的生产，而一般不会进行批量化生产。这就要求文化产品要不断地进行艺术创造，工艺品、影视等文化产品发展的事实表明，只有经过不断创新产生的原创性产品才能成为文化市场中的最终赢家。

（四）技术制造性

文化产品的生产具有一定的技术制造性。文化产品作为产品中的一种，必然离不开技术的支持。技术有很多种，技术涵盖了人类生产力发展水平的标志性事物，是生存和生产工具、设施、装备、语言、数字数据、信息记录等的总和。无论何种文化产品的生产，都会包含一定的技术因子。它可以是物质的，如建筑、工艺品或者绘画，也可以是行为的，如舞蹈、戏剧、歌曲。它是文化产品进化的主体，由社会形塑或形塑社会。电脑等新技术的发展，使人们相信文化产品的制造生产离不开高新技术的应用。

（五）经营经济性

在市场经济下，文化产品的经济效益和社会效益是一致的。文化产品的知识和娱乐，是个人产品，需要个人花钱去买，这样一种价值补偿机制的构建，就使得很多文化产品表现出经营性。文化产品通过定价和售卖，把无形资本转换为有形的货币价值，带来直接和间接的经济增长和就业增长，这些经济效益的总和就是文化产品的经济属性。文化产品也是一种劳动产品，凝结了人类的一般劳动，具有价值和使用价值。文化产品是供社会享受和消费的产品，具有商品性，即经济属性。文化产品可以通过市场交换获取经济利益、实现再生产。

除此之外，还要避免两种错误倾向：一种倾向是放弃市场经营和产业发展，空谈方向导向，不谈提高市场竞争能力；这种倾向不能满足人民群众美好生活的精神文化需求；不能适应文化大发展的需要，也不能适应国际文化激烈竞争的形势。另一种倾向是放弃社会责任、文化责任和基本文化保障，片面地追求经济效益；这种倾向必然导致产业失去正确方向，出现一些有害的文化产品，也会危及国家利益、社会稳定和人民幸福。

另外，要学会正确理解文化产品双重属性：无论是忽视经济属性而束缚发展，还是忽视文化属性而损害社会效益的做法都是错误的，扭曲了“双重属性”的内在关系。一是为增强我国文化的整体实力和竞争力，切实维护国家战略利益和安全，必须高度重视文化产品的文化属性。二是适应经济新常态的经济形式，不断推进文化供给侧的改革，满足人民美好生活的需要，不断解放文化生产力。新时代把握两种属性，是遵循社会主义核心价值、坚定文化自信、满足基本文化需求和文化权益的需要；也是解放和发展文化生产力、丰富产品供给、满足市场需求、促进我国文化繁荣的需要。二者共同服务于我国的文化强国战略。

五、文化产品和技术的关系

文化产品的发展伴随着人类科技的不断进步。技术作为文化产品的根本发展动力，推动着以各种技术环境为载体和内容的文化产品的不断更新。石器时代，人类使用石头和矿物等坚硬的材料在岩壁上画图；农耕时期，中国人用竹简和帛以及后来的纸张来展现人类的思想和艺术。每个时期都会根据当时的科技水平产生出相应的文化产品，并随着科技的发展不断推陈出新。一般来说，文化产品可以体现当时的技术水平与人文精神，科技的进步推动着文化产品的进步更新，而文化产品的逐渐更新又在某种意义上推动了科技的创新。

（一）文化产品的生成依赖技术和技能

任何种类形式的文化产品（实体符号形式和行为符号形式）都需要技术制造（实体形态）和技能支撑（行为形态），技术（工具为代表）和技能（身体经验）是文化产品生成不可缺少的条件环节。众所周知，书籍是人类知识的宝库，也是文化产品的核心产品之一，它的保存与延续离不开造纸术的发明和应用，音乐的发展与延续同样也离不开乐器技术的进步和发展。

（二）文化产品的形质取决于技术水平

文化产品的生产和不断创新离不开自然资源和科学技术。文化产品作为一种产品是以实体物质为依托体现其价值的产品，物质是文化产品的载体，以自然资源作为依托。在历史不同时期的技术条件下，文化产品有着巨大的差异，其生产和发展都受到自然资源和科学技术的制约。不同时期的文化产品，体现着不同技术与思想的融合。

（三）技术构成文化产品创新的重要条件

文化产品的科技含量以及制作工艺可以从某个侧面体现当时的科技水平。以文化传播媒介为例，人类在发明语言之前，是通过标记、图示等方法来传播信息，在接下来的几个世纪里，经历了语言、文字、印刷、新媒介（互联网、数字技术等）的使用，每个不同时期媒介的使用都可以从侧面反映出当时的技术发展水平。在科技飞速发展的今天，科技已经与文化产品有了紧密的结合，科技也成了文化产品发展的重要依托。科学技术成了文化产品发展的重要内在原因，数字化与网络化普及已经使文化产品的生产传播模式有了巨大的改变。

第二节　文化产业理论

一、何谓文化产业

文化产业是随着商品经济、工业化生产与社会组织模式的变迁逐渐发展演化成的一种产业形态。1994 年，“创意产业”概念一词正式开始使用，标志着一个文化创意产业数字化时代的来临，而其根源可追溯到工业化、城市化及大众传播反文化运动等全球化背景。早年西奥多·阿多诺（Theodor Adorno）和马克斯·霍克海默（Max Horkheimer）就曾提出了“文化产业”或“文化工业”（cultural industry）的概念雏形，着重突出了文化的工业化与市场化的重要意义。文化工业在向经济产业的方向发展的同时也转型成为文化产业，这是文化领域与经济领域融合发展的重要实践。文化产业是文化与产业的集合，学界主要从经济和创新两个方面对文化产业的内涵与外延进行限定，在不同的国家有着不同的名词，包括文化工业、创意产业、内容产业、版权产业等。日本将其称为“内容产业”，强调文化产业内容的精神属性，其发展重点也侧重于动漫、游戏、音乐等文化领域；美国将其称为“版权产业”，侧重文化产品或服务版权的保护价值；英国将其称为“创意产业”，认为知识、创造力与才能是文化创意产业的主要要素，更多地聚焦于知识创新及产权保护在文化产业发展中的突出作用和地位。

文化产业既可以像轻工业、重工业等物质生产部门一样，生产制造文化产品，为社会带来经济效益，也可促进文化精神内容的丰富和完善。在中国，文化产业是从文化事业转型发展的一种文化发展类型，同时又包含着诸多文化事业的属性，承担着服务人民群众文化需要、意识形态安全、促进经济结构转型等多重职能。文化产业是以文化事业为基础，融入了经济效益和知识创新要素的新事物，主要强调一国文化中可以转化为市场产业集群化生产与消费的那一部分。文化产业是一种以创新为基础、具有独特风格、能够体现个人特色、具有象征意义的文化形式的产品与服务，既有文化属性，又有产业属性。文化产业是一种通过商业运作来实现的产业，这种运作可以帮助人们创造出更多的价值和服务；文化产业是一个以工业标准为基础的多元化产业，是以满足人们精神文化需求为核心，通过提供创新的文化产品和服务，实现经济效益的企业的集合体。

公益性文化事业和经营性文化产业从根本上说是中国文化产业发展的两种不同形式。文化事业注重文化发展的公共性与非营利性，文化产业则注重发展的经济性和利润回报；文化事业注重人民的文化权利与权益满足，文化产业则注重人民的文化商品消费；文化事业需要政府负责并依托行政命令与法律规制实施，文化产业则主要由企业和社会承担并由价格与供求机制决定。联合国教科文组织（United Nations Educational，Scientific and Cultural Organization；UNESCO）和关税及贸易总协定（General Agreement on Tariffs and Trade，GATT）的相关界定认为：文化产业是从事具有文化属性的产品与服务的创造、生产、交换与消费的行业，主要分为纸媒、视听、唱片、多媒体、视觉与表演艺术、文化旅游与体育共 7 种主要类型和 42 个具体类别。联合国科教文组织主要强调文化产业的工业再生产过程及服务性质，而中国也强调文化产业的生产、流通过程及服务性质。

二、文化创意价值链

文化产业之所以称之为“产业”，即是要将“文化”“艺术”与“创意”等元素放置在经济脉络体系下开展商业化运作，使文化商品因具备“使用价值”（use value）而产生“交换价值”（exchange value），在交换的过程中为资本体系带来“剩余价值”（surplus value），从而取得利润。文化产业发展是指一国及各地区文化产品及服务的生产、流通与消费的经营活动符合市场资源配置规律及社会公共文化需求的协调发展过程及状态。中国的文化产业发展经历了一个从政府管制向市场配置，从注重意识形态到兼顾经济社会效益的转型。文化产业的创意价值链分为四个阶段：第一阶段为原创内容的构思与创作，第二阶段为创制与相关工具运用，第三阶段为重制与大量传销，第四阶段为展演、贩售与阅听的消费授权。安迪·普拉特（Andy Pratt）的价值链流程体现出文化产业中原创的个人作品与整体生产脉络的关系及作品商业化的各阶段流程。

第一阶段，创意素材与知识财产的创造与产出。主要包含了最典型的原创过程，如原创书写、设计、影像绘制图、音乐编曲，以及数字内容的开发，如多媒体、套装软体、电子游戏等。同时还包含了将顾客委托的项目包装成特定内容（如广播事业），以及知识产权的商业授权（如音乐与书籍出版）。第二阶段，原创概念的创制成形，即形成原稿作品可供日后复制的模组。这些模组也包括在文化产业创制生产中所需要的特别原物料、素材，或者相关基础机件等。第三阶段，主要包括将创意的产品与服务通过适当渠道输送到消费者端的一系列活动。主要涉及对原创作品进行大量复制（包括数字形式的复制），还包含产业结构里的“营销发行”环节——为产品作高附加价值的描绘，以建立一种“神话”层次的价值体系，这一价值体系的建构是让精品从众多文化商品中脱颖而出的关键。第四阶段，消费者通过具有展演或功能性的实体场馆（如音乐厅、戏剧院与电影院）体验作品，或将作品以特定商品形式（如书籍、CD与影音光碟等）上市贩售。

三、文化产业模型

（一）大卫·索罗斯比“同心圆模型”

文化产业模型是研究文化产业的一种方法，学术界最广泛采用的是大卫·索罗斯比（David Thorosby）的文化产业同心圆模型（图1-1），它突显了文化产业以原创知识产权为中心提升经济、获取利润的属性。创意和艺术置于模型的核心位置，随着同心圆的圈层向外扩展并与其他元素相结合，外层产业生产出的产品或服务范围越来越广，与创意、艺术的相关性逐渐降低的同时，与商业活动的相关性则逐渐提高。模型的核心是创意与艺术，在内容上包括音乐、舞蹈、戏剧、文学、视觉艺术、手工艺品以及其他新形态的艺术形式等。同心圆的第二层是符合上述文化产品概念，但同时生产非文化商品的相关产业，大卫·索罗斯比称之为“其他核心文化产业”，大致包含电影、摄影、图书馆及艺廊等产业。第三层则是为核心层群体进行产业化运作提供支撑与服务的产业，因而更具有商业性倾向，包含遗产服务、出版与印刷媒体、录像及录音、电视广播等。处于最外面的外圈层，是指那些产品与文化内容部分相关的行业，如广告业、旅游业、建筑设计业等。

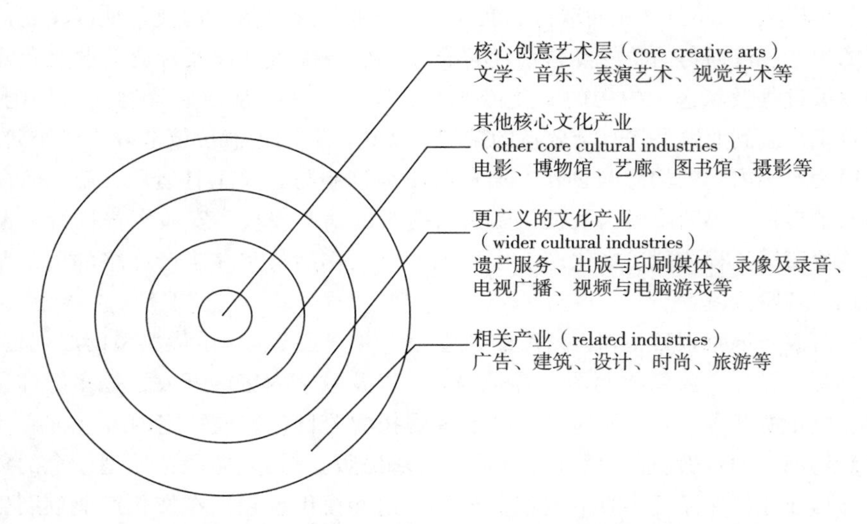

图 1-1 大卫·索罗斯比的文化产业同心圆模型

（二）创新的文化产业分类模型

纽卡斯尔大学（University of Newcastle）《城市与区域发展研究报告》绘制的“生产与再制”理论（the relationship between production and reproduction）提供了一个更为简明的产业分类方式。该理论将文化产业按生产形式、发行体系、观众体验方式分为“内容趋向受众”类（content to audience）产业和“受众趋向内容”类（audience to content）产业两大类。

如图 1-2 所示，右端的“内容趋向受众”类产业如电影、电视、流行音乐、出版、动画等，依赖强大的发行系统将文化产品从原创核心层向外推送至观众面前。从原创核心向外发展的过程中将经历普拉特创意价值链的四个阶段，原创核心概念通过这四个阶段被逐步附加价值并最终吸引消费者购买和消费。左端的“受众趋向内容”类包含文博馆、会展、赛事、节庆、现场表演艺术、文化旅游等，观众依循价值链引导前往这些特定目的地进行文化产品的消费与体验。在模型中增添“提供加值服务的 B2B（business-to-business）”类产业作为补充，此类型文化产业所提供的服务或产品与其所服务产业的成果相互重叠或结合，因而不位于价值链中特定部位，而是分布在价值链上的各个环节，如设计产业、数字媒体、广告产业等。

四、文化产业数字化

数字经济以数据要素作为生产要素、以数字技术作为驱动力量、以互联网作为载体，与实体经济融合，重构经济发展与治理模式的新型经济形态。广义的数字经济被定义为一种以数字化信息和知识为基础的经济活动，利用信息技术和网络技术，提高生产效率与优化宏观经济结构，从而实现经济发展和社会进步。数字经济是继

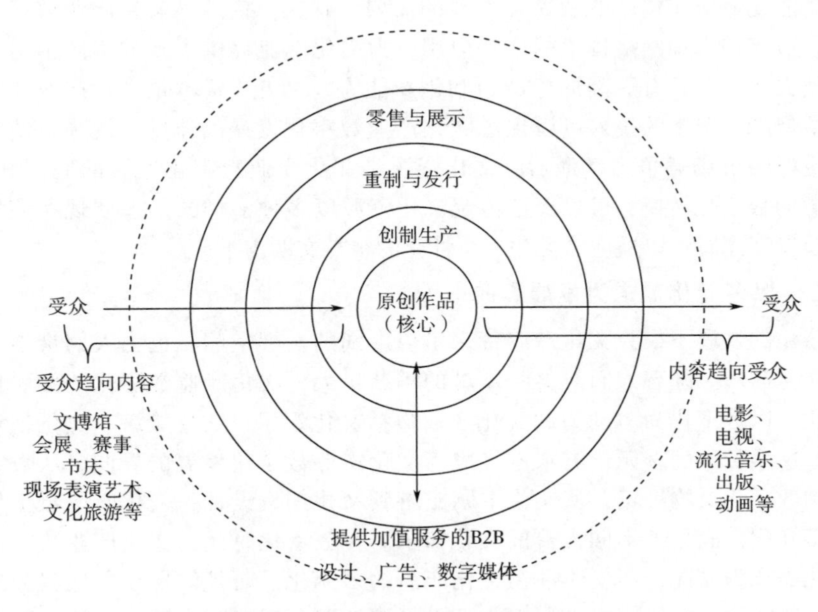

图1-2　创新的文化产业分类模型

农业经济、工业经济之后的，是以信息化技术促进公平与效率更加统一的新经济形态。数字经济是以数据资源作为生产要素、以网络作为载体、以数字化技术作为生产效率提升和经济结构优化的重要推动力的一系列经济活动。

“数字化”是指在某个领域的各个方面或某种产品的各个环节都采用数字信息处理技术。狭义上是一种将真实世界的信息以及其他数字资源转换成可以被计算机处理、存储和传输的二进制格式的技术；广义上是将数字技术融入日常生活的各个方面，展示了虚拟与现实之间的紧密联系。“产业数字化”则具有经济学内涵，即数字技术运用于生产、分配、交换、消费等经济活动中，产业数字化是指在新一代数字科技的支撑下，以数据为关键要素、以价值释放为核心、以数据赋能为主线，对产业链上下游的全要素进行数字化升级、转型和再造的过程。“文化产业数字化”则是“产业数字化”在文化产业领域的具体实践。文化产业数字化是指通过网络通信技术、大数据算法、数字版权技术等广义上的数字化技术对文化产业生态系统进行改造，使文化创意广泛融合于其他产业经济活动，并促进社会效益与经济效益最大化的过程。文化产业数字化具有以下五大特征。

（一）以要素支撑为发展动力

文化产业数字化的支撑要素包括人才、技术、资本和文化资源等，这些要素的完善和提升对于文化产业数字化发展具有重要意义。首先，人才是文化产业数字化发展的基础。在数字化时代，人才需要具备数字技术和网络信息化方面的专业知识和技能，才能适应文化产业数字化发展的需要。其次，技术是文化产业数字化发展的核心。数字技术和网络技术的广泛应用，为文化产业提供了新的生产渠道和传播渠道，使文化产业具有更高的生产力和创新能力。再者，资本是文化产业数字化发展的重要保障。资本的投入可以促进文化产业数字化发展的速度和规模，使文化产业具备更好的市场竞争力。最后，文化资源是文化产业数字化发展的底层和动力。文化资源的数字化转换，可以促进传统文化资源以多种多样的形态展现在多年龄层面前，焕发新光彩，以适应多元化、个性化的精神文明需求。

（二）以多元化需求为发展导向

数字化的发展不仅为文化产业带来了更广阔的发展空间，也为人们带来了更多元化的文化需求。随着人们对文化需求的不断扩大，文化产业数字化的发展也越来越多元化。以数字化为驱动力的文化产业包括文化娱乐、文化旅游、文化创意等多个领域，这些领域的多元化需求已经成为文化产业数字化发展的导向。从数字化娱乐产品到数字化文物展览，从文化主题旅游到文化创意设计，文化产业数字化已经越来越多样化，满足了不同人群的文化需求。在数字化时代，文化产业数字化发展以多元化需求为导向，不仅体现在文化产品的多元化，而且体现在文化服务的多元化之中。数字化的时代还使文化产业可以更好地服务于残障人群、老年人群等特殊人群，为他们提供更多元化的文化体验。数字化技术的发展速度极快，文化产业需要不断学习和应用新技术来满足人民日益增长的文化需求。

（三）以产业融合为发展形态

在数字化时代，文化产业的传统模式和商业模式已经发生了巨大的变革，数字化成为推动文化产业转型升级的关键。产业融合成了文化产业数字化发展的普遍形态。文化产业与数字技术的结合，不仅使得文化创意更加丰富多彩，同时也大大拓宽了文化产业的市场空间。数字技术的运用，使得文化产品更加生动、立体、互动化，满足了现代人们对于文化需求的多元化和个性化需求。在数字化时代，文化产业的数字化发展，将进一步促进文化产业和数字技术的融合，提高文化产业的价值和竞争力。文化产业作为传统的文化产业和创意产业，其本身的特点决定了它在数字化时代中的重要性。而文化产业与其他产业的融合，将使文化产品的创新更加多元化和创新化。文化产业与旅游业、体育业、养老业等产业的融合，使文化产品更加多样化和丰富化，为其他产业注入更多的文化元素，从而实现共赢。

（四）以对外交流为发展途径

在数字化时代，文化产业数字化发展以对外交流为必然途径，已经是各国文化产业发展的共识。通过数字化手段，文化产业可以更好地整合和利用各种文化资源，推动文化的传播和交流。数字化技术不仅可以帮助文化产业实现文化内容的数字化、网络化，而且还可以使文化产业实现精细化管理和营销，提高文化产品的质量和市场竞争力。数字化技术可以跨越时空的障碍，实现文化的跨国、跨地区交流和传播。

文化产业数字化发展可以让世界各地的人们更加了解和欣赏其他国家和地区的文化，促进不同文化之间的相互理解和交流。此外，数字化技术还可以帮助文化产业走向世界，让更多的人了解和认识各种文化产品，从而提高文化产业的国际影响力和竞争力。通过对外交流，文化产业数字化可以更好地满足不同人群对于高质量的文化产品的需求和喜好，促进文化产业的全球化发展。

（五）以战略扶持为发展后盾

文化产业是国民经济的重要组成部分，对于推动文化繁荣和经济发展具有重要作用。数字化技术的应用，不仅有利于文化作品的创作、生产和传播，也可以促进文化产业的创新发展。因此，数字化发展已经成为文化产业发展的重要战略。数字化发展需要政策的支持。政府在资金投入、财政扶持、优惠政策、平台建设及产权保护等方面已经做了一系列工作，但还可以加大投入、增强扶持力度，为文化产业发展提供更多空间和机会，搭建辖区内公共基础数字化平台设施和系列化优惠政策、防范制度，促进文化产业的数字化转型，降低文化产业数字化发展的成本，为文化产业提供更好的创作和传播环境，促进文化产业数字化发展。

第三节　茶文化产业链

一、何谓茶文化产品

茶文化产品是指以茶为载体开发或生产和文化有关的产品或服务，主要包括茶文化创意产品，如文案、设计、标识（Logo）、非遗文化产品、景观、茶席、图案等；茶文化旅游产品，如茶文化旅游及其服务、茶园综合体、茶旅游纪念品、茶旅游线路开发等；茶艺影视及茶事活动，如茶艺演示、茶影视作品、茶歌茶曲、茶书茶画、茶雅集、茶沙龙等；茶空间茶博物馆，如茶空间设计、茶席设计、茶艺馆设计、茶庄、茶博物馆、茶体验中心设计等；茶包装茶手账设计，如茶叶包装设计、茶叶会展策划、茶事组织策划、茶婚礼策划、茶手账等；茶文化衍生品，如茶食品、茶保健品、茶膳、茶疗、茶调饮、茶服、茶具、茶礼等。

二、茶文化产业内涵

茶文化产业是有文化内涵的茶产品和以茶文化服务为主的产业集合，泛指茶文化产品和茶文化服务的生产、交换、分配和消费直接相关的行业以及其他能够较多体现茶文化特征的行业。茶文化产业是以茶文化为基础元素，通过对茶文化的研究，提取茶文化元素，并借助创意、科技等智力因素将茶文化元素转译并融入相关产业门类中，从而形成具有茶文化特色的产业集群。

从物质层面来看，包括茶址、茶路、茶馆（或茶楼、茶社等）、茶具、茶食、茶饮等；从精神层面来看，包括茶诗、茶戏、茶道、茶趣、茶学、茶德、茶史、茶书等；从行为层面，包括茶礼、茶俗、茶技（含采茶、炒茶、制茶）、茶艺、茶事等；从制度层面来看，包括茶叶生产、贮存、流通、交易过程中所形成的各种制度，如历史上的茶政、茶法、茶赋税等。茶文化产业正是要将这些茶文化元素，融入相关产业门类中，最终形成一个具有茶文化特色的产业集群。

三、茶文化产业的特征

（一）文化层面

1. 茶文化产业是服务于大众消费的产业

文化产业具有消费群体广泛化的特点。虽然在历史的长河中，茶文化包含了精英群体所欣赏的高雅文化和普通劳动人民所创造的通俗文化，然而，所有的茶文化都属于民众共有，茶文化遗产（包含茶物质文化遗产和茶非物质文化遗产）皆具有准公共物品的属性。传承和发展茶文化需要全民参与，提取和转译茶文化元素，使其融入大众喜闻乐见的消费形式中，既满足民众茶文化权益的基本要求，又是实现其经济价值的必要途径。

2. 茶文化独特内涵是茶文化产业的价值源泉

茶文化的独特内涵是促使茶从开门七件事——“柴米油盐酱醋茶”中脱颖而出，形成独特文化产业的价值源泉。茶文化历史悠久、内涵丰富。在种茶、采茶、制茶、沏茶、品茶、赏茶的过程中积累了大量的故事题材，深度融入了儒释道思想，并将其体现在茶事、茶艺、茶道、茶德、茶空间等叙事方式上，形成了独具特色的茶文化；茶超越了自身的功能价值，具有了文学、美学、哲学、历史学、民俗学等价值，成为我国文化软实力的重要组成部分；茶通六艺，六艺助茶丰富了茶文化消费的体验价值。以上这些都成为茶文化产业发展的价值源泉。

3. 茶文化产业发展需“双创”助力

对茶文化资源的利用不是对历史积淀下来的茶文化的简单再现，而是依靠对茶文化元素的挖掘，吸收养分，借助文化产业的现代生产方式，对茶文化进行再创造、再生产和再加工，从而实现茶文化的创新型转化。年轻人的消费具有时尚性、流行性、娱乐性、体验性、科技性等特点。因此，茶文化的创造性转化与创新性发展就显得尤为重要，这种转化与发展的过程要求以顾客的信息、体验等精神需求为导向实现创意的集成与融合。

4. 茶文化产业发展需注重产权保护

茶文化产业强调创新、创意，而创新和创意都是人的智力成果。当前，对智力成果的保护主要依靠知识产权制度。具体来说，著作权保护了茶文化的视听作品、文字作品、音乐、美术、戏剧、曲艺等作品作者的人身权和财产权，商标权保护了茶文化商品及服务的商标专用权，尤其是对于保护茶叶的地理标识具有重要作用。专利权中的外观设计、实用新型和发明对于茶文化产品的包装设计、文化衍生品设计和新技术的发明具有保护作用。知识产权保护制度充分激发权益者的积极性和创造性，有利于茶文化创意产品的顺利推广和应用，对茶文化产业的差异化和品牌化竞争具有举足轻重的作用。

（二）产业层面

1. 茶文化产业本质是经济活动

自古以来，茶就是我国重要的经济农作物，茶文化产业在本质上是一种产业经济的活动。在传承和发展茶文化的同时追求经济效益、追逐企业利润的最大化是茶文化产业发展的主要目标。茶文化产业的发展需要遵循内容、渠道、衍生品的基本结构，强调文化产品和服务的可复制性及规模化生产。茶文化产业发展需要遵循文化经济的发展规律，积极整合资金、技术、人才、信息、文化等产业要素。

2. 茶文化产业强调跨界融合

文化产业本身是一个产业族群概念，茶文化产业具有相当大的包容性。实现茶文化资源价值增值持续的收入，需要形成建立在好的创意与内容基础上的可持续开发的产业链上。茶文化产业链延展的过程就是茶文化产业附加值增加的过程。不仅强调茶文化创意的挖掘，更强调茶文化创意的“一意多用”，实现往往是通过茶文化产业的跨界融合实现的。跨界既强调茶文化产业内部的融合发展，也强调茶文化产业与其他产业的融合发展。如将同一个采茶故事创作为歌曲、写成小说、制作成动漫小游戏或者拍摄成影视剧等，属于茶文化产业的内部融合；如借助茶文化将一个传统的茶乡打造成为一个旅游小镇、康养中心、研学基地，则属于茶文化产业与其他产业的融合。产业融合，促进茶文化产业的持续健康发展。

3. 茶文化与茶产业的相互渗透是茶文化产业发展主路径

茶文化的产业化在某种程度上来说就是茶文化资源资本化运作的过程，茶文化产业的全产业价值链构成了茶文化资源开发与茶文化资本运营的全过程。而茶文化的产业化就是茶文化资源在价值实现过程中的具体表现形式。茶文化资源在资本化投资中有三种形式：在地固定化、在场产品化和在线无形化。在地固定化包括不可移动的地理环境和物理空间，如茶文化遗址、茶文化景观、茶文化设施等；在场产品化包括可移动的物质产品形式，如茶文化书籍杂志、茶文化艺术品、茶文化器具等；在线无形化包括身体化状态的文化资本和存在于数字化文化资源的文化资本，如茶技艺、茶习俗、茶艺表演、茶文创意设计及茶文化的数字内容等。

产业的文化是以文化提升产业价值常见的一种方法论。大致包含两方面内容，一是以文化产业的方法来促进文化元素和文化艺术创意的跨界应用，二是以创意和文化的要素来提升和改造某个行业。前者表现为某传统的茶叶讲故事，并将茶叶的包装进行茶文化的创意设计，从而提高茶叶的文化附加值，卖出更好的价格；后者表现为将茶乡的空间景观进行创意改造，在茶叶生产与加工中融入一些文化创意活动，可将普通农业经济打造成现代的创意农业经济。以茶文化游戏、茶文化影视动漫来带动茶乡旅游发展，将景观游、乡村游变为茶文化旅游。

四、茶文化产业发展的主要模式

（一）茶文化旅游休闲模式

茶文化旅游休闲是指人们在旅游休闲过程中消费茶文化产品及服务，增强茶文化体验，以此来满足自身放松心情、陶冶情操等精神需求。根据消费的文化场景不同，可以将茶文化旅游休闲分为城市茶文化旅游休闲和乡村茶文化旅游休闲。城市茶文化旅游休闲注重的是茶文化空间的美学意义和体验价值，主要场所包括茶馆、茶楼、茶博物馆、茶非遗体验馆等。人们在此赏茶品茗、欣赏茶具茶艺茶戏、把玩茶艺术品、分享茶文化信息、阅读茶文化书籍报刊等。乡村茶文化旅游休闲注重的是生产意义和体验价值，主要场所包括茶园、茶文化特色小镇等。其旅游吸引物主要包括唯美恬静的茶园风光、勤劳朴实的茶农、陌生新奇的采茶制茶工艺以及乡村馨香甜美的空气、朴实自然的风土人情、各具特色的民风民俗等。人们在这里见证茶叶的生产、加工、包装及运输，远离高强度的工作节奏和沉重的生活压力，体验茶乡的“土、俗、纯、真”。茶文化旅游休闲一方面有利于丰富旅游休闲的文化内涵，另一方面拓展茶文化的传播范围和消费路径。

（二）茶文化康养模式

茶文化康养指的是利用茶物质文化和茶精神文化来进行养生、养心、养智、养颜、养老活动，以使人们保持心灵静怡、身心健康、延年益寿。《“健康中国2030”规划纲要》《促进大健康产业高质量发展行动纲要（2019—2022年）》等政策文件，为我国康养产业勾勒出了宏伟蓝图。茶，被世界公认为是六大健康饮品之一，茶树的生长对自然环境要求较高，地理条件适宜康养，从而为茶文化的康养模式提供了发展空间，可将茶文化与大健康产业相融合，以茶林养生、以茶艺养心、以茶书养智、以茶食养颜、以茶舍养老，配套健康医疗、美容美体、休闲度假、亲子研学等功能设施，形成全龄化养生养老社区。借助茶与健康的科学研究成果，将茶融于人们的健康生活理念，研发出健康的茶饮、茶食、茶保健品、茶美容护肤品等，从而助推茶叶向健康领域跨界升级。

（三）茶文化研学模式

茶文化研学指的是以茶文化为主题的研究学习活动。茶文化博物馆、茶文化体验中心是茶文化研学重要文化空间，广大乡村的茶场、茶园、茶山才是茶文化研学的主要场所。乡村茶文化研学主要目的就在于让研学者感受茶叶的自然生态环境、了解茶叶生产的过程、体验茶农劳作的艰辛、感知茶乡的乡风民俗，从而传达敬畏劳动、感恩自然的教育理念。所谓茶文化生态博物馆是指在茶生态资源与文化资源的富集区，以当地的核心资源为中心，建设一个开放户外博物馆，实现茶叶生长的自然环境和茶文化产生的社会场域活态化、现代化、生活化的展示。茶文化生态博物馆规模可大可小，展示方式灵活生态。在茶文化研学中可将研学与茶科普、农业休闲、营地探险、乡村旅居相结合，尽可能地在茶文化的物理场域和文化场域融合中感知生命、感知生活、感知文化、感知自然。

（四）茶文化会展节事模式

茶文化会展节事是指以茶文化为主题的会议、展览和节事活动。围绕习近平总书记关于“茶文化、茶产业、茶科技”统筹发展指示，积极整合相关企业、协会、政府、学校的资源，举办高质量的茶会展览和节事活动。一是树立品牌意识，挖掘茶文化历史底蕴和时代资源，充分利用茶名品、茶名人、茶名著、茶名企、茶名校等品牌资源开展茶文化的会展节事活动。二是树立融合意识，将茶文化与相关产业融合，如茶旅文化节，将茶文化与旅游相融合，以茶兴旅、以旅促茶。三是树立创新意识，一方面是内容创新，如豫园茶文化艺术节以“国茶潮饮寻味东方”为主题，通过科技创新引导“茶酒调饮”新潮，吸引年轻人接受茶、爱上茶；另一方面是形式创新，充分利用“互联网+大数据”等网络信息技术和增强现实（AR）、虚拟现实（VR）等虚拟成像技术，打造数字化线上会展，创新茶文化展览方式，丰富茶节事活动呈现形式。

（五）茶文化创意产品开发模式

茶文化创意产品开发是指利用创意理念和创新技术，通过茶文化元素的提取与转译，融入文创产品的设计，从而生产出既有较高的艺术水准，又满足生活审美需求的茶文化产品。茶文化创意产品的开发大致包含两类：一是将传统文化融入服务于茶消费的文创产品开发，如茶器具等产品的创意开发；二是直接将茶文化关键符号、关键代码融入文创产品设计，借此传播茶文化，如利用茶的颜色和造型元素开发出奥运五环茶、造型茶等一系列文创产品。无论是选择茶文化创意产品的哪一种开发类型，都必须坚持文化产品的双重质量标准，既要符合精神价值标准，又要符合经济价值标准。具体来说，就是既要符合茶文化的内涵特征，又要保证产品的物理质量指标。

第二章 产品战略与战略管理

第一节 产品战略理论

一、战略内涵

战略（strategy）一词最早是军事方面的概念，“strategy”一词源于希腊语“strategos”，意为“军事将领、地方行政长官”。由于社会组织体的发展，“军事将领、地方行政长官”的管理和决策变得越来越困难、越来越重要，于是将“为复杂组织体的管理和发展提供智谋的纲领”独立成为一个概念，用“strategy”一词表征，后来被翻译或者等同于中文的“战略”一词。在中国，“战略”一词历史久远，“战”指战争，“略”指谋略，春秋时期孙武的《孙子兵法》被认为是中国最早对战争方略进行全局谋划的著作。战略是伴随着战争的形成与发展而逐步形成的。

有学者考证，在我国西晋时期，司马彪曾经写过《战略》一书，这可能是我国最早出现的“战略”一词。从其他书籍对其的引录中可以看到，它指的是战场上的谋略行为（还不具有现在人们所使用的战略一词的含义）。在西方，人们最早用“将道”来表示对作战进行谋划。“战略”和“将道”思想的形成，可以视为人类战略思想的萌芽。近代以来，随着战争规模的进一步扩大并日益成为一种普遍现象，从全局的角度来对战争进行谋划和指导成为一个现实的课题。18、19 世纪，战略这一概念在西方被明确提出并成为人类的研究对象。

有学者考证，1777 年法国人梅齐乐在其《战略理论》中，把古人所使用的“将道”概念进行演化，提出了“战略”概念。并把其定义为“作战的指导”。自此，战略这一概念开始在西方的军事理论界被使用。德国人卡尔·冯·克劳塞维茨（1780—1831）在写于 1831 年前的《战争论》中，提出了“战略就是为达到战争的目的而对战斗的运用”的说法。

瑞士人安东尼·亨利·若米尼（1779—1869）在 1840 年出版《战争艺术概论》一书中，对战略下过这样的定义：“战略是在地图上进行战争的艺术，是研究整个战争区的艺术。”把战略看成是对战争的全局性谋划与指导，应该是这个时期人们对战略的基本认识。明显的是，这个时期人们所说的对战争的全局谋划和指导还是局限于战场之上。如今，在世界范围内，战略一词被广泛传播和使用到除了军事以外的各行各业、各个复杂组织体，派生出国家战略、企业战略、行业战略、战略目标、战略问题、战略评估等一系列的概念和术语，并且蔓延到复杂组织的各个层级。值得提醒的是，大多数情况下，“战略”这个词都被“滥用”了，人们往往在不清楚战略究竟是怎么一回事的情况下，就开始研究并制定“战略”或者希望通过“科学战略”解决发展难题。

通过观察一系列军事、经济、企业、科技发展战略，不难分析得出各类战略所具有的一系列共性，即具体有问题导向、价值导向、面向未来、可繁可简、服务于复杂组织体的决策者、尊重规律、充满不确定性等。①问题导向，都有明确的问题导向，都试图通过复杂组织体的努力，并充分利用主观和客观条件、内部和外部资源去解决问题。②价值导向，对复杂组织体的发展存在重大价值牵引，并兼顾社会和经济效益，如“绿水青山就是金山银山”的生态战略意识。③面向未来，根据战略预期解决的问题，适度超前5~20年；根据复杂组织体的未来管理能力，年限适当放宽。④可繁可简，“大道至繁”和“大道至简”是辩证关系，以上战略既有长篇累牍版本，也有“一句话战略”，如“一片叶子成就了一个产业，富裕了一方百姓。”⑤服务于复杂组织体的决策者，一个“战略提案”，经过复杂组织体的决策者正式发布，就变成了“战略”，否则就只能停留在“战略提案”的状态，难以具备相应的战略影响力。

二、战略主要类型

战略通常有四种类型，即探索性战略、防守型战略、分析型战略及反应型战略。每类战略有优点也有不足，适应不同企业及同一企业不同产品开发阶段，无所谓好与坏，适合发展就是最好的战略，具体体现如下。

第一种探索型战略，是一种极具主动性和创新性的战略类型，实施该类战略的企业在面对环境变化时，通常会主动地创造不确定性以实现与对手之间的强力竞争。该战略倾向于通过积极的风险承担实现变革，常见的表现为通过技术研发和新产品开发寻求新的市场机会，以满足顾客的潜在需求。探索型战略能够带来较高水平的创新绩效。

第二种防守型战略，更倾向于规避风险。通常将产品结构定位于一个相对稳定和成熟的市场需求内，并且更加关注如何提升运营效率以及控制现有产品的生产成本，致力于向消费者提供性价比较高的产品。随着市场环境变化及技术变革速度的加快，防守型企业会在曾经具有竞争优势的市场领域面临一定挑战。专注于现有的成熟市场，创新行为并非其实现战略目标的主要途径。防守型战略所带来的创新绩效处于较低水平。

第三种分析型战略，兼容了探索型与防守型战略的部分特征，因此也被视为战略链条上的折中点。企业在两个不同的市场领域内同时经营，并且这两个市场分别遵循探索型战略和防守型战略的引导。由于实施分析型战略的企业需要将有限的资源分配于这两个层面的市场，因此对于同一家企业来说，分析型战略所带来的创新绩效水平在理论上应该介于探索型与防守型战略之间。

第四种反应型战略，企业在面对市场环境变化时也能识别潜在威胁并做出及时的反应，但通常以应对眼前的危机为行动导向，而缺乏长远的发展规划和明确的市场定位。该战略难以形成对于顾客需求的清晰认知，其创新目标模糊、技术研发方向更改频繁；应对危机中，很难形成与战略实施相匹配的组织结构和运营能力，因此会抑制创新成果的产出，使创新绩效水平处于最低水平。

三、产品战略及其要素

企业之间激烈的竞争，其实就是产品或服务的竞争；谁的产品能够被市场接受，谁的服务能为消费者所青睐，谁就能够占领市场。产品战略是基于战略高度对市场机遇的前瞻性认识。产品战略（product strategy）是企业对其所生产与经营的产品进行的全局性谋划。它与市场战略密切相关，也是企业经营战略的重要基础。产品战略是否正确，直接关系企业的胜败兴衰和生死存亡。

构成产品战略的四大要素，即产品战略愿景、产品平台战略、产品线战略和产品开发流程。产品战略是指导产品开发的总纲领，产品战略就是一个管理流程，从概念上分解，产品战略包含四个层次；产品战略流程的运作方向是从上到下，从一般到具体。产品战略愿景位于整个结构的顶部，它对下一层次的产品平台战略的性质、时间安排和竞争地位进行指导。产品线战略来自产品平台战略，而处于最底层的产品开发流程则是产品线战略的具体实施程序。如果说前三层，即产品战略愿景、产品平台战略和产品线战略属于战略层面的问题，那么新产品开发流程则是一个纯粹的战术问题（图 2-1）。

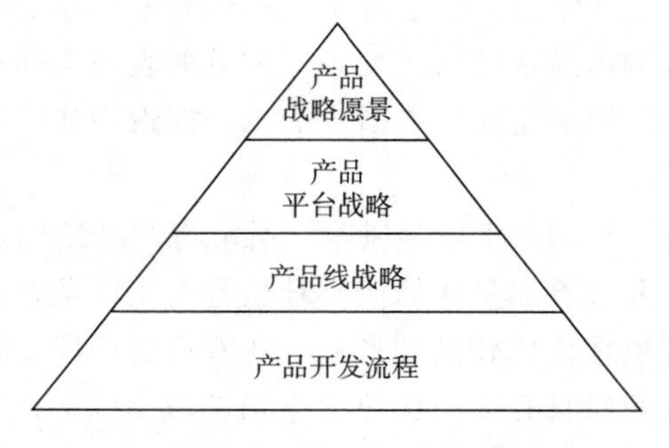

图 2-1 产品战略的构成

（一）产品战略愿景

产品战略愿景就像悬在眼前的一幅图画，产品定义人员结合市场的实际情况，根据愿景的描述构思出既满足市场需要，又符合公司长远发展的新产品。反之，若缺乏产品愿景，产品定义人员的工作方向就变得模糊不清。产品战略愿景勾画了产品平台战略的框架。没有产品战略愿景，产品平台战略就无从谈起，产品平台只有在企业具有清晰的产品愿景之后才可能有实际意义。产品战略愿景指导产品开发活动。

（二）产品平台战略

产品平台是关与产品规划及其战略决策的一个概念。产品平台战略为处于第三层的产品线战略奠定了基础，特别是对于那些采用同一种技术生产多种产品的公司更是如此。如果企业跳过产品平台战略这个层面直接进入产品线战略，甚至把产品战略也忽略，直接进行具体的产品开发，该企业也许能够获得短暂的成功，但不久就会感觉缺乏强有力的后续产品，公司远不能适应市场和技术的快速变化。

产品平台战略应当以整体产品平台规划的形式来表现。既表示出现有产品平台的生命周期及预计的新产品平台的日程，又表明了产品平台间的重大差别可能在哪里，以及何时正式终止现有产品，何时必须开始开发新的产品平台。产品平台战略的决策是公司迈向成功的关键。与产品战略愿景一同，产品平台计划需要与企业的长期战略规划流程融为一体，成为最高管理层在产品开发方面的工作重点。

（三）产品线战略

产品线战略是产品平台战略的实施和应用。产品平台战略已经确定了产品的基本要素、各产品的差异、结构成本等。产品线战略是一个分时间段的、有条件的计划，在一个产品线内确定了产品开发的顺序。重要要素：产品开发和推出的顺序，产品的目标市场和销售预测，产品的内部回报率（IRR）。

（四）产品开发流程

产品开发流程位于产品战略结构的最底层。如果说前三层，即产品战略愿景、产品平台战略和产品线战略属于战略层面的问题，那么新产品开发流程则是一个纯粹的战术问题。简言之，产品开发流程就是实现产品战略的一种努力。产品开发是一个流程，利用公司的技术和技能，结合顾客需求，把市场需求转化为产品。通常对同一公司所开发的大多数产品来说，其流程是相似的。任何产品开发流程都是由决策、项目组、开发方法、项目文档管理、供应商管理这五个要素构成的。

第一要素决策（decision），是产品开发流程的第一个要素，在产品开发流程中具有关键性作用。首先开展调查研究，调查国内市场和重要用户以及国际重点市场同类产品的技术现状和改进要求；以国内同类产品市场占有率高的前三名以及国际名牌产品为对象，调查同类产品的质量、价格、市场及使用情况；广泛收集国内外有关情报和专刊，然后进行可行性分析研究。其次进行可行性分析，论证该类产品的技术发展方向和动向；论证市场动态及发展该产品具备的技术优势；论证发展该产品的资源条件的可行性（含物资、设备、能源及外购外协件配套等）。再次，根据国家和地方经济发展的需要、从企业产品发展方向、发展规模，发展水平和技术改造方向、赶超目标以及企业现有条件进行综合调查研究和可行性分析，制订企业产品发展规划；瞄准世界先进水平和赶超目标，为提高产品质量进行新技术、新材料、新工艺、新装备方面的应用研究。

第二要素项目组（project team），是产品开发流程的另外一个关键要素。成立项目组，就是进行资源整合，发挥现有资源的最大功用，快速高效地进行产品开发。一个高效的项目组能极大地提高沟通、协作和决策的效率。

第三要素开发方法（development method），指的是着重于开发理念的一些设计思想。设计工具（design tools），主要指的是各种计算机辅助设计（CAD）软件在产品开发中的应用。并行工程（concurrent engineering）设计是一种关于产品开发的系统方法，既不属于开发理念的范畴，又超越了单纯的设计工具的内涵，而是两者有机结合。

第四要素项目文档管理（project document management，PDM），是指在一个系统（软件）项目开发进程中将提交的文档进行收集管理的过程。既指按照公司产品开发流程所要求公布发行的机械图纸、电路原理图、软件源程序等，又包括一些在开发过程中获取的经验和教训类文档。细分文档的生命周期，一般包括创建、审批、发布、修改、分发、签收、追缴、归档、废止与恢复这几个环节。对于纸质文档，文档管理员只需要关注如何将其较好地分类归档并保存，而之前的各个环节则要由整个项目组共同把握。就目前业界项目的开发情况来看，电子文档使用较纸质文档更为方便、灵活、广泛。通过管理员合理规划管理，将电子文档按目录保存并同时提供给整个项目组的不同成员使用。作为管理完善的项目文档，管理者完全可以依顺它的轨迹看清整个项目进展的脉络，同时通过对阶段性文档的把握使整个项目质量得到很好的掌控。

第五要素供应商管理，完整的产品开发流程不能忽略供应商（supplier）的存在，称之为合作伙伴可能更为恰当。因为，供应商的能力以及他们对项目的合作与支持程度，直接关系到产品开发的进程。供应商管理是在新的物流和采购经济形势下提出的一种管理机制。供应商是指直接向零售商提供商品和相应服务的企业及其分支机构、个体工商户，包括制造商、分销商和其他中介机构，或称为“制造商”，即提供货物的个人或法人。供应商可以是农民、生产基地、制造商、代理商、批发商（限于Ⅰ级）、进口商等，应避免中间供应商过多。

第二节　产品战略地图

一、平衡计分卡

平衡计分卡（balanced score card，BSC）是由美国罗伯特·卡普兰（Robert Kaplan）和大卫·诺顿（David Norton）于1992年提出的一种评价体系。把组织战略目标分解，通过财务、顾客、内部流程及学习与成长四个方面指标来评价组织业绩，最终推动组织战略的实现。1992年，基于“不能衡量，就不能管理”，卡普兰和诺顿提出业绩衡量系统平衡计分卡，使企业能够量化关键的无形资产；1996年《平衡计分卡》出版，标志着平衡计分卡理论的确立；随后《战略中心型组织》和《战略地图》分别于2000年和2004年出版。平衡计分卡关注战略衡量，战略中心型组织关注战略管理，战略地图关注战略描述。平衡计分卡基本构建思路为“将愿景转化为战略→分解战略并将其与个人绩效联系→确定绩效指标→反馈和学习并相应地调整策略”。平衡计分卡以战略为核心，同时引入了财务、顾客、内部流程、学习与成长四个方面，通过这些指标将相关部门的目标同组织的战略联系起来，如图2-2。

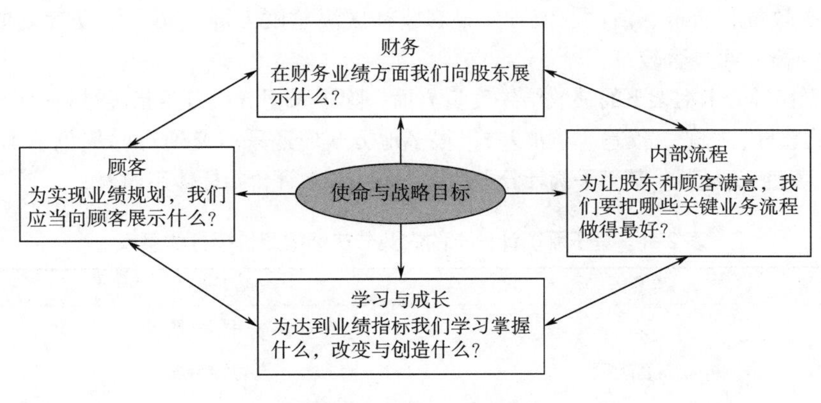

图2-2　平衡记分卡模型

四个方面的指标存在深层的内在关系。学习与成长解决组织长期生命力的问题，是提高组织内部业务流程效率的基础；通过内部管理能力的提高为顾客提供更大的价值；顾客的满意使组织获得良好的财务收益。

确定战略愿景，分解战略目标，绘制战略地图。在平衡计分卡实施的第一阶段，首先要确定政府的长期战略愿景，随后确定实现愿景所需要实施的战略，并对战略进行分解。确定实现这些结果所需的产出以及应该在每项产出中发挥带头作用的部门，再进一步确定对实现成果和产出重要的具体活动。

在平衡计分卡的试运行阶段，除了对相关人员进行培训之外，还要组建专家执行小组对平衡计分卡的关键领域进行分析，结合实际情况和战略需求，细化不同层级的战略目标，进而形成战略地图。

构建合理的绩效指标体系。评价指标的确定一直以来就是预算绩效管理的重点和难点。一方面，由于涉及的顾客和利益相关主体关系复杂；另一方面，战略目标作为平衡计分卡应用中的核心点发挥着重要作用。

提供的服务多样，难以使用统一的指标进行衡量，不像企业绩效那样可以简单地采用财务指标度量；在设定指标时对定性与定量指标加以权衡取舍，全面且有效地对其进行衡量，也是值得反复斟酌的。在指标的设计上，注意三个方面的问题：一是应将战略与绩效指标关联起来，二是应关注前置指标与滞后指标的平衡，三是应合理确定结果指标与过程指标的比重。

第一，通过平衡计分卡，将战略与绩效评价指标相互关联，财务目标与非财务目标若能够相辅相成，就可以更好地提供当前预算绩效的平衡图景以及未来绩效的驱动因素。第二，应关注前置指标与滞后指标的平衡，前置指标表示必须实现的绩效，滞后指标表示实现目标的广泛影响。第三，应合理确定结果指标与过程指标的比重。相关研究表明，在指标设定上，传统指标中的产出指标和效率指标更多，结果指标则相对较少。使用平衡计分卡进行绩效管理时，指标主要集中在提供服务产出、成本效益和质量、活动及流程、顾客或社区满意度方面，而在活动计划的投入、学习和成长方面显著较少。

在平衡计分卡框架下的绩效结果度量方面，除了采用五级分类指标进行打分外（非常好、比较好、一般、较差、非常差），很多地方政府还采取交通灯的颜色来加以区分(红色、黄色、绿色)。基于平衡计分卡的农业节庆绩效评价指标体系如表2-1。

表2-1 基于平衡计分卡的农业节庆绩效评价指标体系表

目标层	准则层	指标层
财务	收入	旅游接待和销售收入
	游客规模	游客接待量
	游客满意度	满意游客占比或游客满意度指数
顾客	游客忠诚度	回头客占比
		计划重游游客占比
	辐射力	本地游客占比或外地游客占比
内部流程	内容特色度	内容特色度指数
	组织管理能力	节庆活动的历史跨度
	服务水平	游客投诉率

续表

目标层	准则层	指标层
学习与成长	员工技能提升	工作人员技能培训费用支出或培训人次
	社区支持	就业人口中本地居民占比
	创新能力	策划经费支出

平衡计分卡首先是一种绩效衡量工具。而衡量（评估）的重要性可以用一句话说明，即“不能衡量（评估）就不能管理”；现代企业创造价值的最主要基础已是“无形资产”。对顾客关系、产品和服务创新、高效率高品质的业务流程、信息技术系统的前瞻性、员工的高素质，这些无形资产应该如何衡量（评估）。

平衡计分卡的理念在于要找出能创造未来财务成果的关键性“绩效驱动因素”（performance drivers），创建出相对于财务成果而言的所谓“领先引导指标”（lead indicators）。

平衡计分卡系统之一：四项主要工作见表2-2。

表2-2　平衡计分卡系统之四项主要工作表

<table>
<tr><th>确定目标</th><th>基准标杆</th><th>绩效评价</th><th>行动计划</th></tr>
<tr><td rowspan="2">财务层面</td><td></td><td></td><td></td></tr>
<tr><td></td><td rowspan="2">内部流程层面</td><td></td></tr>
<tr><td></td><td></td><td rowspan="2">学习与成长层面</td></tr>
<tr><td></td><td rowspan="2">顾客层面</td><td></td></tr>
<tr><td></td><td></td><td></td></tr>
</table>

平衡计分卡系统之二：战略执行工具见图2-3。

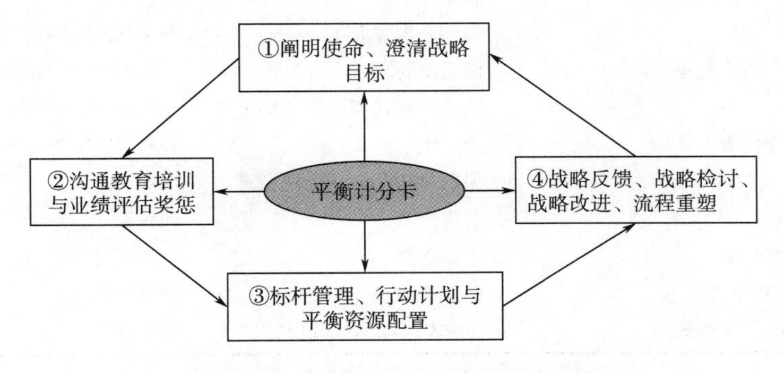

图2-3　平衡计分卡系统之战略执行工具图

平衡计分卡系统之三：战略执行框架见图 2-4。

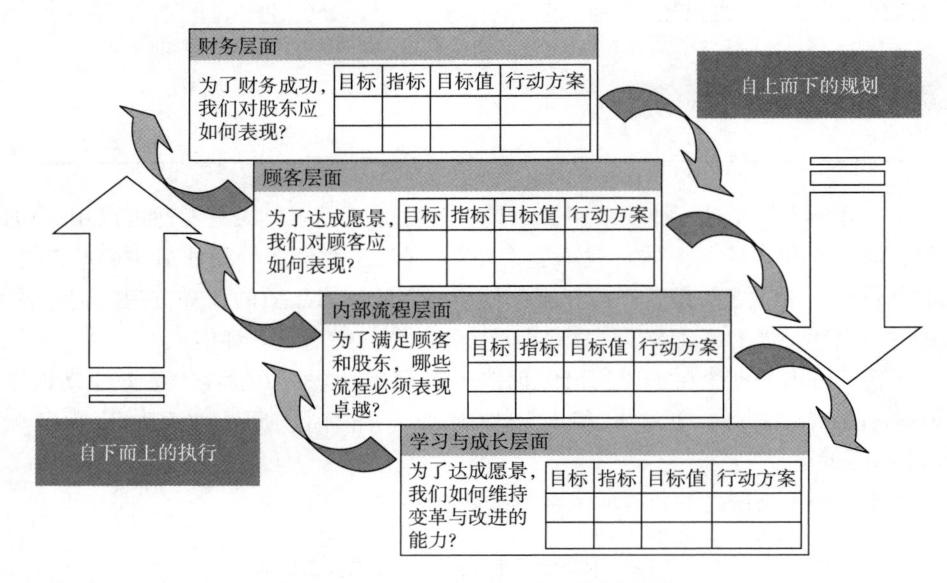

图 2-4 平衡计分卡系统之战略执行框架图

平衡计分卡系统之四：关键绩效指标四维度表见表 2-3（1）~表 2-3（4）。

表 2-3（1） 关键绩效指标——财务维度表

· 平均利润收入资产	· 对顾客的总预付款	· 无息利润
· 平均利润收入负债	· 无实施的货款总额	· 无实施的贷款
· 顾客预付款的坏账	· 没有执行的贷款总额与顾客预付款之比	· 运营费用
· 资金充足率	· 间接费用	· 拨款前的运营利润
· 现金流	· 投资回报	· 其他运营收入
· 坏账和不确定债务的费用	· 流动比率	· 计算总收入前的日常管理费用
· 收益率成本	· 每期净现金流	· 偿还借款
· 交叉销售	· 税后净利润	· 新顾客的销售百分比
· 顾客和生产线收益率	· 税后净利润与股东平均投资之比	· 新服务/新产品的销售百分比
· 股息	· 税后净利润与平均总资产之比	· 无利润顾客的百分比
· 盈利与股息比率	· 净销售额	· 无利润的服务产品百分比
· 直接费用	· 无息费用	· 税前利润
· 每股收益	· 无息收入与运营总收入之比	· 利润率
· 异常及其他条目		· 投资支付率
· 费用比率(效率比)		· 贷款流失储备
· 基于费用的利润增长		· 资产收益

续表

· 资本收益 · 用主要资产种类回报资金使用 · 资产净值回报 · 地区销售增长率 · 每个员工的销售额	· 股价 · 股东资金 · 特殊储备覆盖率 · 特殊储备 · 生产量	· 运营资本率 · 资产收入 · 产量

表 2-3（2） 关键绩效指标——顾客维度表

· 战略服务/产品的年增长率 · 每个顾客的平均存货量 · 每个顾客平均总预付款 · 每种顾客类型的平均利润率 · 顾客认知的品牌价值 · 产品提供的广度 · 第一时间解决的投诉 · 顾客忠诚度 · 顾客渗透率 · 顾客满意度 · 每个员工服务的顾客 · 员工对顾客满意度的认知调查 · 知识性员工 · 顾客关系深度 · 顾客的市场占有率 · 服务/产品类型的市场占有率 · 推销和广告的费用 · 获得一个新顾客所需的推销和广告费用	· 每个顾客的净利润 · 每月投诉次数 · 每个顾客区域的净利润 · 假货渠道数量 · 每个区域新顾客的数量 · 新顾客销售的百分比 · 无盈利顾客的百分比 · 相对于竞争对手的价格 · 产品/服务的取消率 · 成功销售给顾客的产品数量/范围 · 现有顾客的推荐率 · 要求完成时间 · 每个销售渠道的销售额 · 现有顾客的销售增长 · 合资企业的销售增长 · 地区性顾客的销售增长 · 产品类别的销售增长率 · 每个顾客的销售额 · 目标顾客的参与度

表 2-3（3） 关键绩效指标——内部流程维度表

· 资产利用 · 参与团体 · 成本收益率 · 每平方米建筑费用 · 顾客资料库暂停时间 · 周期 · 员工推举 · 每个顾客的费用 · 产品开发费用（销售百分比） · 内部顾客满意度指标	· 交货时间 · 新服务/新产品的推出与竞争对手的比较（时间上） · 新服务/新产品与计划的对比（时间上） · 新销售渠道的数量 · 地理范畴新市场的数量 · 新服务/新产品的数量 · 不遵守风险管理事件的数量 · 不遵守规定和条例事件的数量 · 正面媒体的覆盖数量

续表

· 地理范畴新市场的销售百分比/新分部 · 新服务/新产品的销售百分比 · 每个市场分割的利润率	· 新服务/新产品与总服务/产品的比率 · 每个员工的销售额

表 2-3（4） 关键绩效指标——学习与成长维度表

· 功能性部门内平均的晋升时间	· 股票分享计划的参与度
· 员工士气（旷工、停工期、新旧员工数对比）	· 小组开发商业计划的百分比
· 员工对专业或商业组织的参与程度	· 拥有技术资格的员工百分比
· 员工满意度	· 拥有高级学位的员工百分比
· 员工培训支出（占销售量的百分比）	· 分享信息系统的百分比
· 员工流失率	· 享有激励机制的小组百分比
· 每个功能性部门的员工流失率	· 调整个人目标的百分比
· 授权指标（经理人数）	· 工作环境质量
· 道德违反	· 研究和发展
· 内部沟通率	· 每个员工的销售量
· 信息费用	· 战略性信息的利用率
· 员工服务期限	· 支持性员工与运作性员工的比率
· 交叉培训的员工数目	· 培训支出
· 交叉分配工作（转岗）的数量	· 每个员工的培训投入
· 新招聘的人数	· 不同部门的每个员工的培训时间
· 综合招聘的次数	· 员工与上级的沟通
· 未聘用的申请工作人数	

平衡计分卡是一种高效的绩效考评及战略管理方法，它从四个维度，即顾客、财务、内部流程、学习与成长来审查公司业绩，并把企业的战略兑现为可衡量的量化指标。建立平衡计分卡绩效评价系统，达成战略指导，确保战略有效推进。

平衡计分卡的重点在于“平衡”，主要从五个方面来保持平衡计分卡的“平衡”：平衡长期与短期目标、平衡财务与非财务指标、平衡结果性与动因性指标、平衡内部与外部利益相关者、平衡领先与滞后指标。平衡长期与短期目标，即从系统的角度来观察，平衡计分卡的战略是输入参数，财务是输出结果，战略是长期目标，财务是短期目标；平衡财务与非财务指标，公司一般侧重于考核财务性指标，缺乏有效地对非财务性的指标（内部流程、顾客、学习与成长）进行考核，就算有，也只能做到定性的描述，没有量化标准，缺少整体性；平衡结果性与动因性指标，平衡计分卡的动因性指标为“战略达成”，结果性指标为“可度量的成果”，平衡两者有利于促进公司健康成长；平衡内部与外部利益相关者，员工与内部运营流程为企业的内部利益相关者，顾客和公司股东为企业的外部利益相关者，平衡计分卡从四个维度制定考核指标，就是为了平衡各利益相关者的关切；平衡领先与滞后指标，顾客、学习与成长、内部流程是领先的指标，财务是滞后的指标。滞后指标无法引领公司的发展未来，也无法帮助公司提升业绩。领先指标投入，可提升公司的战略和业务能力，反过来会促进滞后指标的优化。

案例分析：公共文化机构绩效评价平衡计分卡指标体系。平衡计分卡方法就是通过财务、顾客、内部流程、学习与成长四个方面将组织的发展战略最终转化为可操作性的指标，从而实现绩效考核、工作改进、战略实施、达到目标的过程。

（一）战略转化可操作指标选取原则

从平衡计分卡的四个维度出发分别设定指标，全面评估公共文化机构的绩效水平，是使用此种方法的最基本思路。但考虑到公共文化机构存在的多样性、复杂性，在确定指标时需要遵循以下两类原则，即公共服务绩效评价的通用原则和公共文化机构指标确立的专用原则。

1. 公共服务绩效评价的通用原则

作为政府基本服务职能之一的公共文化服务，对其绩效评价也应该遵守政府公共服务绩效评价最普遍的原则。

（1）SMART 原则　是由英美国家设计的用于绩效评价的基本原则之一，规定评价指标必须是具体的（specific，要求指标要切中特定的工作，不能笼统）、可衡量的（measurable，指标数量化且可以获得，不能量化的质化处理）、可实现的（attainable，避免指标要求过高或过低）、与工作职责相关的（relevant，指标的设定要与机构社会职责、工作相关，与其他目标有关联）、具有明确期限的（time-based，绩效考核指标确立的要求，是工作层面的）共五项内容。公共文化机构绩效评价指标的建立也必须满足这五项要求。

（2）“4E”原则　建立指标时要根据经济（economic，主要考察投入与产出间的关系）、效率（efficiency，是一定投入水平下的产出水平状况）、效能（effectiveness，产出所实现的影响）、公平（equity，资源的配置是否遵循了公正公平的原则），即根据“4E”原则来构建公共文化机构绩效评价指标体系。这个原则对公共文化服务来说尤为重要。面对相对不足的公共文化投入，如何更好地发挥其效用、产生更佳的影响，在日常业务工作中提高效率，应得到各类公共文化机构的重视。只有这样，才能更好地保证社会的公平正义。因此，公共文化机构绩效评价自然也要遵循这个公共服务评价的基本原则。上述两个原则适用于公共文化机构绩效评价，是由公共文化机构的基本属性与工作性质决定的。

2. 公共文化机构指标确立的专用原则

（1）聚焦于关键性指标　公共文化机构绩效评价因机构性质、评价目标、评价范围甚至评价主体等因素的不同，可选用的指标类型、数量很多。数量越多，越能反映出问题，但增加了评价的成本、降低了效率。从紧密围绕评价目标、降低评价成本以及提高评价行为的可操作性角度来看，构建评估指标体系一定要聚焦于关键性指标，使用尽量少的指标说明本质性问题。在构建基于平衡计分卡的公共文化机构绩效评价指标体系时，遵循了平衡计分卡的基本特征与要求，力求指标的简洁性、指示性，用数量不多的关键性指标表征公共文化机构的绩效。

（2）尽量使用易获得的指标　在对公共文化机构绩效评价的实践中，经常面临着一个比较完美的指标体系在获取数据时成本过高、基本无法获得的问题，从而影响了评价工作的效率、机构工作人员对评价工作的心理接受度和工作热情，进而直接影响了评价的效度与效果。公共文化机构的类型多样，工作内容相当复杂，面向的服务对象数量众多，地理覆盖范围广泛，往往都是一边评价一边搜集数据。若某些指标无法得到数据支持，则指标体系的应用就会存在着很大的变数，很难保证其整体科学性与系统性，直接影响到评价结果及应用。

（3）强调评价结果的可比较性　利用绩效评价指标体系进行评估后所得到的结果，可以对公共文化机构自身不同时期的绩效水平进行比较，以判断业务工作改进的程度，校正发展战略；还可以对不同机构进行比较，找出差距，确立明确的发展目标。既然要比较，就要寻求以下内容。一是各公共文化机构的共性指标；二是同性质指标在不同类型公共文化机构中可以产生的同性质结果；三是同一指标体系中的指标易于进行无量纲化处理，且处理结果在不同类型公共文化机构中具有同样的解释力。平衡计分卡为公共文化机构规范了评价维度与内容，根据这种方法构建的指标体系可以满足上述三种条件的要求，保证了评价结果的可比性。

（4）确保评估结果对业务工作的改进价值　对业务工作改进的诉求体现的是评价指标体系的应用价值。平衡计分卡思想与方法从产生之初就是一种对组织战略及其实施情况进行考量的工具。应用此方法构建一套完整、科学的公共文化机构绩效评价指标体系可以全方位地考察公共文化机构的工作状态与水平，通过评价结果，找出工作中存在的问题，进而改善条件、提高效能。构建公共文化机构绩效评价指标体系时，指标的选取一定要选择那些能够反映出机构战略、运行效率类的指标，以增强评价结果对公共文化机构工作完善、水平提高方面的效力。

（二）构建公共文化机构绩效统一评价指标体系

1. 公共文化机构平衡计分卡模型

在我国加快构建现代公共文化服务体系的大背景下，公共文化机构需要重新构建平衡计分卡模型图（图 2-5）。将国家现代公共文化服务体系发展战略置于核心地位，并以提升公共文化机构效能为目标，减少因平衡计分卡“天生”片面追求财务指标而带来的负面影响。

平衡计分卡围绕着企业等营利性组织将其四个层面顺序定义为财务维度、顾客维度、内部业务流程维度以及学习与成长维度；而公共文化机构因其属性和职能与企业存在着根本的不同，应以战略为中心，将平衡计分卡的四个维度分别转化为群众维度、财务维度、内部业务维度、创新与学习维度，尤其要突显出“以人民为中

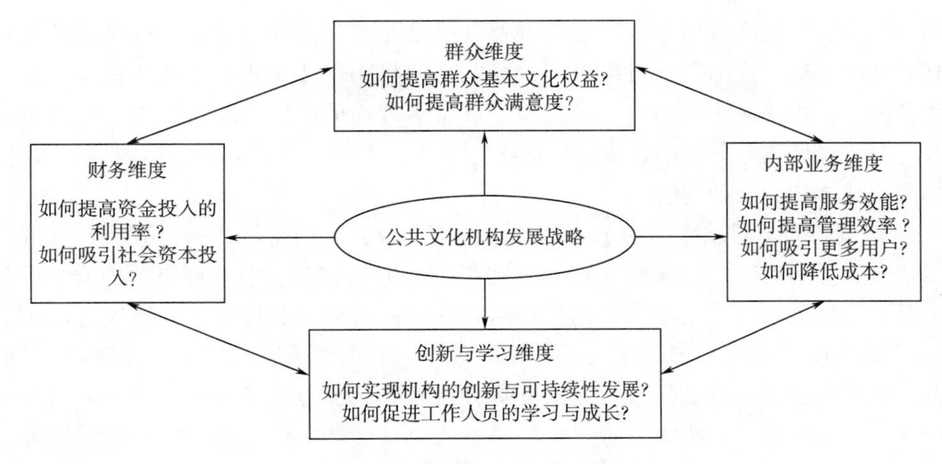

图 2-5 公共文化机构平衡计分卡模型图

心”的宗旨，通过这四个维度间的相互作用实现机构的社会职责与功能。

（1）群众维度　公共文化机构与营利性组织最大的不同就在于其突出了公共性、公益性。因为公共文化机构的公共性，便将“顾客”提升到了图 2-5 所示的平衡计分卡模型的最顶端，显示出其他三个要素都服务于这个要素。将“顾客”维度更名为“群众”维度，因为公共文化机构的服务对象是人民群众，致力于为人民群众提供高质量的公共产品与服务，同公共文化机构的“以人民为中心”和“保障公民基本文化权益”等理念保持一致。在这个层面，公共文化机构主要关注公众对公共文化服务与活动的参与度、认可度，需要思考如何更好地为群众提供文化服务、如何维护群众的基本文化权益、如何提高群众的满意度等问题，如此，绩效评价指标就应侧重于群众满意度、服务人口参与文化活动率等方面。

（2）财务维度　资金投入是保证公共文化机构运行的基础，在平衡计分卡的四个维度中是政府责任的核心体现。在公共文化领域，公共文化机构提供的服务以免费为主，社会价值的实现不以其营利能力为标准，政府主管部门也不能以此为目标对公共文化机构提出要求。因此，在公共文化领域，资金层面主要是衡量政府与社会化投入的增长水平以及运转的健康状态，进一步可以衡量公共文化项目的执行情况等。财务状况及其执行情况决定着其他三个维度的成功表现，公共文化机构运行的资金保障在以政府投入为主的情况下，投入规模一定是有限的。因此对有限资金的利用效率，应是评价的重点。在该层面上，机构需要认真考虑如何提高财政投入的利用效率、更多地吸引社会化投入等问题，绩效评价指标侧重于资金到位率、支出均衡率、资金结转率、完成率、社会化投入所占比重等方面。

（3）内部业务维度　公共文化机构为了向公众提供高质量的公共文化产品与服务，需要强化内部管理改革，提高管理效率，激发机构活力；改善业务流程，提高工作效率，创新服务手段与方法，充实服务内容，以吸引更多的群众参与到公共文化活动中来，从而降低服务成本。内部业务维度是提升群众满意度、提高公共文化机构效能的基础。在内部业务维度上，公共文化机构需要考虑规范管理流程、提高工作效率、吸引更多用户参与、降低服务成本等方面的问题。绩效评价指标侧重于人员与办公经费占总开支的比重、人均服务成本、服务网点设置率、品牌活动占比、网站点击成本等方面的内容。

（4）创新与学习维度　对于公共文化机构来说，公众需求是否得到满足、群众满意度是否得到提高、资金投入是否得到高效利用、业务水平是否得到提升、服务开展是否有所创新等，是公共文化机构活力展现的关键，实现在很大程度上取决于关键因素“人”。同时，技术是公共文化服务创新的重要手段，基于“互联网+”的公共文化服务创新是传统公共文化服务业务流程重组、方法革新的关键。人与技术是公共文化机构创新之所依，而创新与学习能力是公共文化机构未来可持续发展潜力的重要表征，其表现在专业人员素质与培训、机构外部智力资源的利用、现代技术水平等方面。创新与学习维度需要思考如何实现机构的创新与可持续发展、促进工作人员的学习与成长、吸引社会力量参与公共文化活动等问题。绩效评价指标侧重于专业人员数量、培训时数、志愿服务情况以及技术水平等。

2. 公共文化机构绩效评价维度、指标及计算方法

通过对群众、财务、内部业务及创新与学习四个维度的分析，可以根据公共文化机构的职能及公共文化服务体系的发展目标，为公共文化机构在每一个维度上拟定几个关键性指标，作为衡量其在某一维度上的绩效水平的依据（表2-4）。

表2-4　基于平衡计分卡的公共文化机构绩效指标体系表

维度	通用指标	计算方法
群众维度	群众参与率	（当年服务人次/服务人口总量）×100%
	群众满意度	问卷调查
财务维度	预算执行率	（实际支出/实际到位预算）×100%
	支出均衡率	（支出执行进度/支出进度标准）×100%
	社会资金投入增长率	（当年社会资金投入-上年社会资金投入）/上年社会资金投入×100%
内部业务维度	服务网点设置率	（至少设有一个物理服务站点的乡镇（街道）村（社区）总数/当地同级行政单位总数）×100%
	用户使用空间占比	（用户可以使用的空间面积/建筑总面积）×100%
	到馆用户人均服务成本	经费总额/当年到馆总人次
	人均参加活动成本	活动经费总额/当年参加活动的总人次
	品牌项目（活动）占比	[品牌项目（活动）数量/活动总数]×100%

续表

维度	通用指标	计算方法
内部业务维度	网站点击成本	网站的建设维护投入/网站点击数量
	业务辅导覆盖率	（当年接受实际业务辅导的机构总数/下级业务机构总数）×100%
	人员及办公经费开支占比	（用于人员以及办公的开支/当年经费总额）×100%
创新与学习维度	志愿者年工作时数与所在部门工作人员工作时数比	（当年志愿者服务总时数/所在部门工作人员工作总时数）×100%
	专业人员占比	（专业人员数量/全体员工数量）×100%
	专业人员年均培训时数达标率	（培训时数达标人数/专业人员总数）×100%
	信息技术类经费占比	（信息技术经费/业务经费总额）×100%

使用平衡计分卡理论与方法，结合自身多年参加公共文化机构绩效评价工作的实践经验，从群众、资金、内部业务、创新与学习四个维度，选取最能体现公共文化机构各维度特点的核心指标构建出一个绩效评价指标体系。其具有四个特点：一是满足构建原则，二是使用效益性指标可以增强指标的解释力，三是适用于不同类型的公共文化机构，四是在相关维度上体现了“以用户为中心”原则。

基于平衡计分卡的公共文化机构绩效评价指标体系的构建，就是利用其四个维度在公共文化服务机构职能发挥、业务建设及管理、未来发展等方面的共同性和普遍性，从而成为衡量公共文化机构效能、业务建设水平、未来发展潜力、群众满意度的重要尺度。指标体系的“通用”仅指打通了各类不同类型与性质的公共文化机构的绩效评价，不同地区的公共文化机构在使用时应该结合自身业务特色、评价目的等特殊情况，对其加以改造，以实现本单位绩效评价的目标。没有一成不变的体系，只有“权变”的环境及相应而变的绩效评价标准与手段。

二、战略地图及模板

“战略地图”（strategy map）源于平衡记分卡，以平衡记分卡四个层面相互关系为内核，通过因果关系链条串联起来，并以图的形式告诉管理者：什么样的知识、技能和文化（学习与成长层面）可以用来构建企业运作系统（内部流程层面），进而给需求者带来特殊的价值（顾客层面），实现更高的财务价值（财务层面），从而实现企业战略目标（图 2-6）。

这条因果链把企业希望达到的战略目标与相关驱动因素连接起来，用图的逻辑形式描述企业战略。这张可视化的战略地图使战略变得一目了然，公司战略横向、

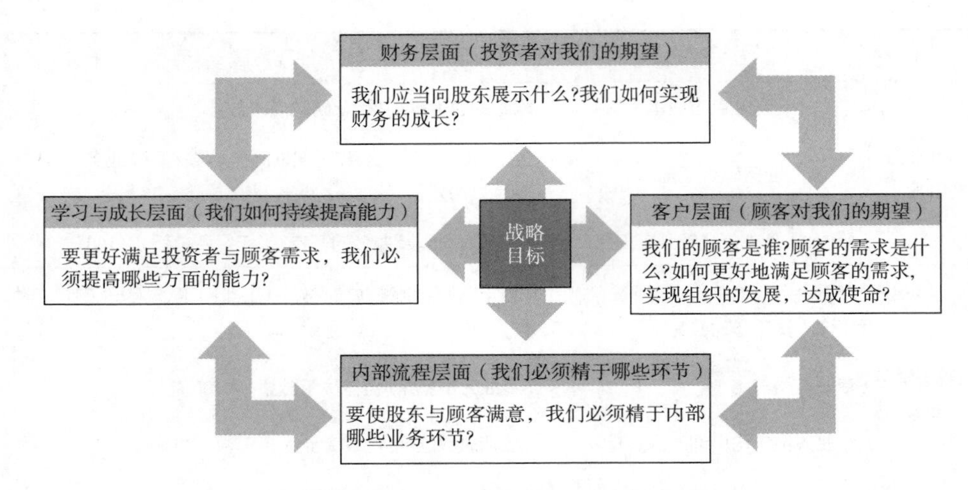

图 2-6 战略目标与平衡记分卡四个层面间因果关系

纵向沟通会变得非常简单，使预算、资源配置更科学合理。平衡记分卡各项指标都拥有共同的战略主题，四个层次的指标都与战略发生密切的因果关系。战略地图表面上只提供了一种把战略转化为简单易用的地图的逻辑结构，隐含了战略管理和绩效测评的完美结合，是战略和战术的结合。什么是战略地图？战略地图就是把战略地图化，有了地图，战略就有可执行的路线。战略是一种假设系统，战略地图就是将其中的因果关系展现出来，使得假设可以检验和调整。其中，“战略地图”里的每个节点，就是实现战略的关键绩效领域（key result areas，KRA），也是分析关键绩效指标（key performance indicator，KPI）和关键事件（key performance task，KPT）的依据。

战略地图其本质是一套战略管理工具，最大的作用有两个，其一是用直观的描述来解释公司的战略，让“高深”的战略转化为企业里各个部门都能够理解的语言；其二是将实现公司战略途径（定位）划分为四个基本的模板，也可以称之为基本的战略实现路径/侧重点。战略地图将战略转化为企业的经营管理导向，并将其分解为一系列的与各部门相关的主题，这相当于在公司与战略目标之间绘制了一条基本的路线图，让企业的各项经营管理活动直指目标，而不至于“跑偏”或疲于奔命。经过长期研究与摸索，卡普兰和诺顿总结了四种模板的战略地图，分别为总体成本最低、产品领先、全面解决方案、系统锁定。战略地图通用模板见图 2-7。

1. 战略地图模板之总成本最低

采取总体成本领先基本战略的企业，经营管理重心都围绕着控制成本而展开，创新、研发、售后服务等不是很重要，保持基本的、能够符合顾客的最基本要求即可，因为提高这些方面的能力会增加成本。其战略地图模板见图 2-8。

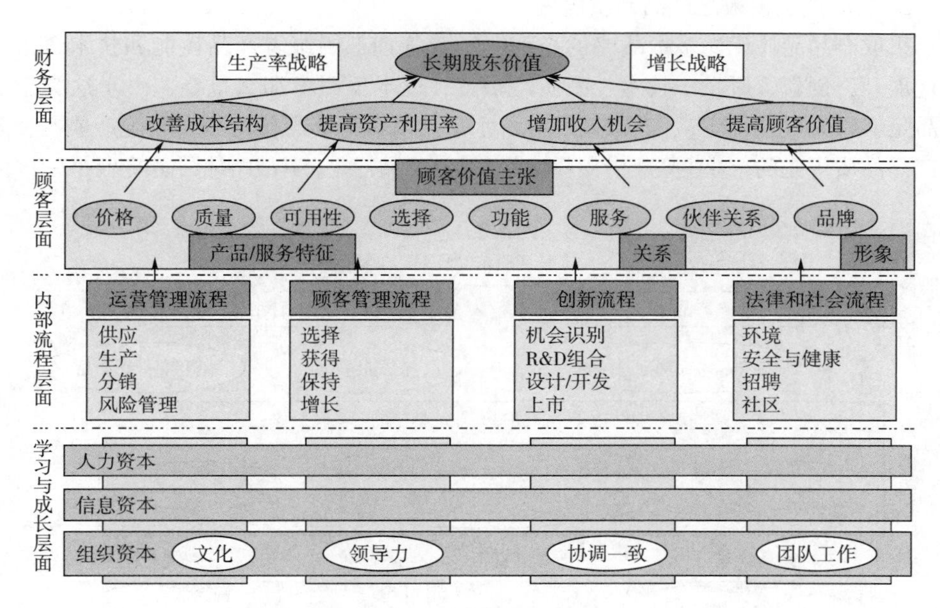

图 2-7　战略地图通用模板

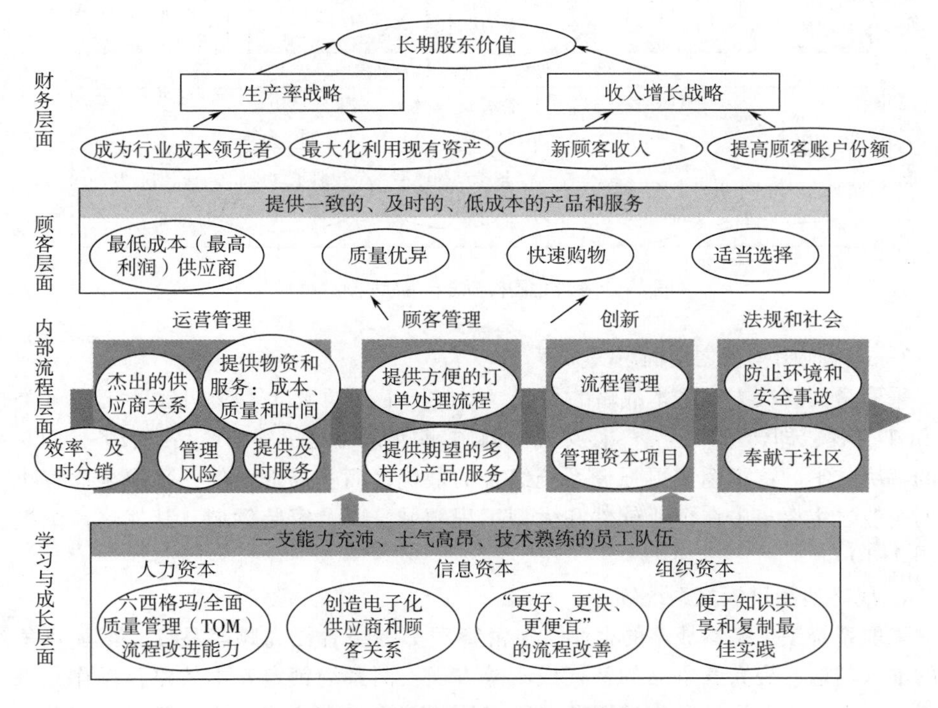

图 2-8　战略地图模板之总成本最低模板

2. 战略地图模板之产品品质优先

采取产品品质优先基本战略的企业，经营管理都围绕着产品性能和技术含量的最优展开，创新、研发、技术、品质是重点，成本反而不那么重要，由于这类企业产品足够领先（或前卫），其较高的溢价水平足以覆盖其高昂的研发和生产成本；采取产品品质优先的企业主要集中在奢侈品或高档产品行业。其战略地图模板见图 2-9。

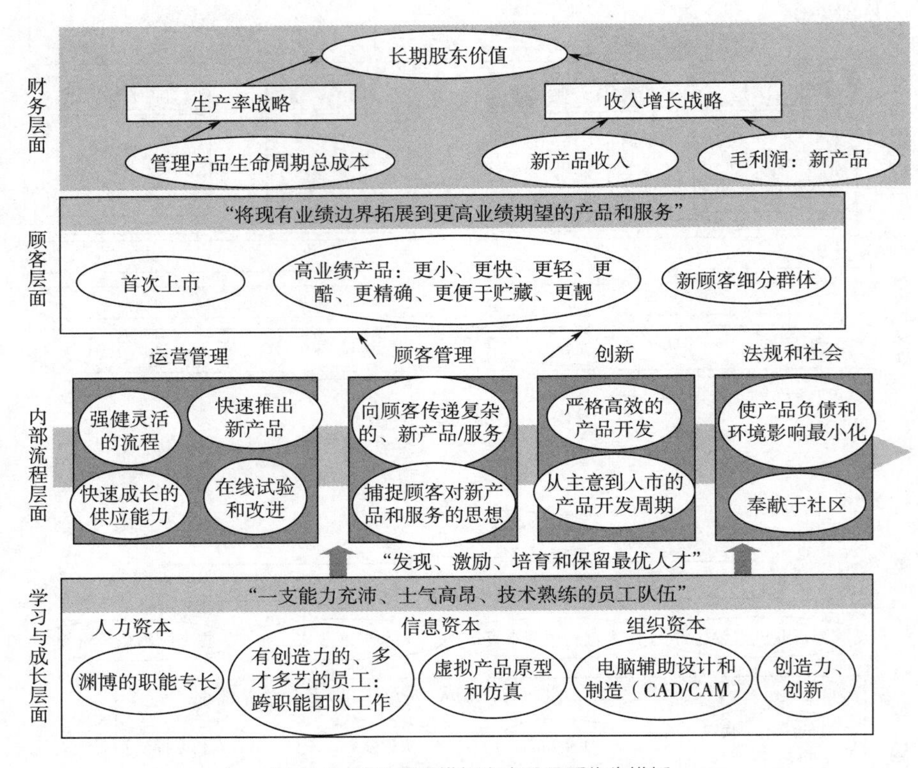

图 2-9 战略地图模板之产品品质优先模板

3. 战略地图模板之全面解决方案

采取全面解决方案基本战略的企业，类似于工程领域的“交钥匙”工程（类似于 BOT 工程，即建造、运营、移交），即顾客购买的不是单一的产品或服务，而是系统的解决方案。这类企业更强调系统组合的最优，而非局部最优；采取全面解决方案的企业之主要集中在企业软件和大型工程领域，以及家装领域。其战略地图模板见图 2-10。

4. 战略地图模板之系统锁定

采取系统锁定基本战略的企业，经营管理都围绕着提高顾客黏度、增加竞争对手的准入门槛、提高竞争品的替代成本等方面，而系统锁定基本战略，操作起来比较复杂，会对研发设计、售后服务、顾客体验等方面有诸多较高的要求，因此，能

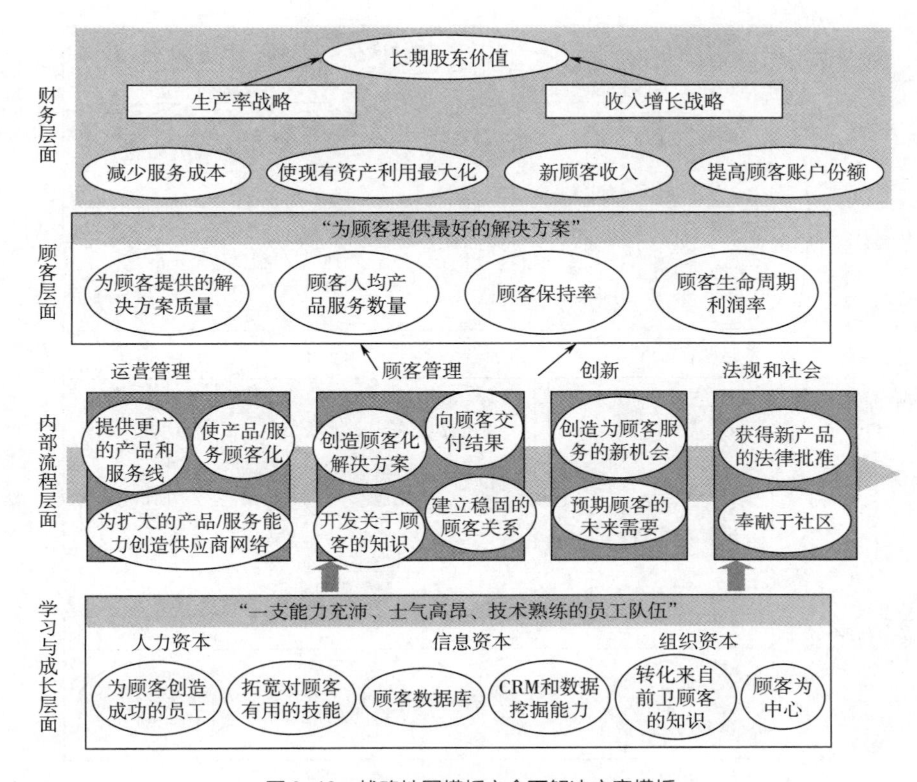

图 2-10　战略地图模板之全面解决方案模板

够真正适合这种战略的企业很少。其战略地图模板见图 2-11。

无论采取何种基本的战略，企业都需要首先完成其关键成功因素（KSF）的确定。即明确企业之所以能够获得当下之地位和成就，以及要实现未来的战略目标最关键的驱动因素。只有确定了关键成功因素之后再去选择战略地图（模板），才是最符合企业实际，也是最可行的战略。此外，这四种模板不是一成不变的，企业可以及时调整自己的战略，以更好地适应竞争环境的变化。

三、战略地图绘制

卡普兰和诺顿提出的四种基本的战略地图模板，基本上已经涵盖了战略定位的四种基本导向，绝大多数企业所采取的战略定位，都是这四种基本战略的延展或组合。要绘制战略地图，需要遵循一个原则、四个步骤。

（一）一个原则

一个原则即全员参与原则。战略的定位事关企业未来，不能只是老板或首席执行官（CEO）的工作，最好是有所有的领导成员共同参与到战略地图的绘制过程——战略地图的绘制过程不等于战略定位的确定过程，两者有着本质上的区别。

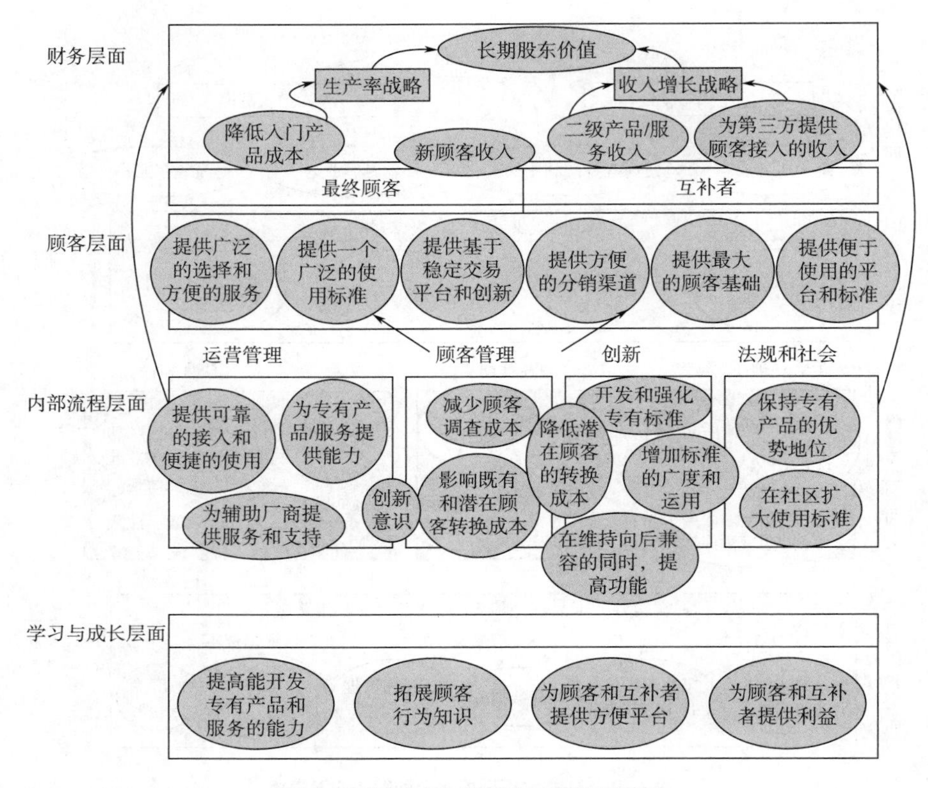

图 2-11 战略地图模板之系统锁定模板

（二）四个步骤

1. 步骤一：确定公司的关键成功因素

这是最关键的第一步，企业能获得当前的地位或成就，必然有其可取之处，那么，这个可取之处是否能够支撑企业继续成功？如果不是，要实现未来的战略/目标，企业应该具备哪些要素或禀赋？关键成功因素的提取并不复杂，但需要高层的深度、广泛的研讨。

2. 步骤二：预选基本的战略地图模板

在确定了关键成功因素之后，选择基本的战略地图模板的准确率就很高，通常只要关键成功因素确定无误，战略地图模板很少选错。仅有战略定位是无法驱动公司战略的实现的，还需要将战略转化为具体的行动。

在战略定位和行动之间，还需要确定战略主题——也为具体的经营管理侧重点。战略主题的确定，首先需要依照平衡记分卡的思路先绘制财务维度、顾客维度、内部运作维度与学习发展维度的基本主题，如财务维度里的基本主题有利润总额、销售收入等，顾客维度里的基本主题有顾客总数、顾客满意度等，内部运作维度里的基本主题有产品交付时间、人均劳动生产率、质量合格率等，学习发展维度里有员工技能水平、平均受训时间等。简而言之，在预选完战略地图模板之后，还需要使用平衡记分卡罗列出四个维度里的基本主题，具体见图 2-12。

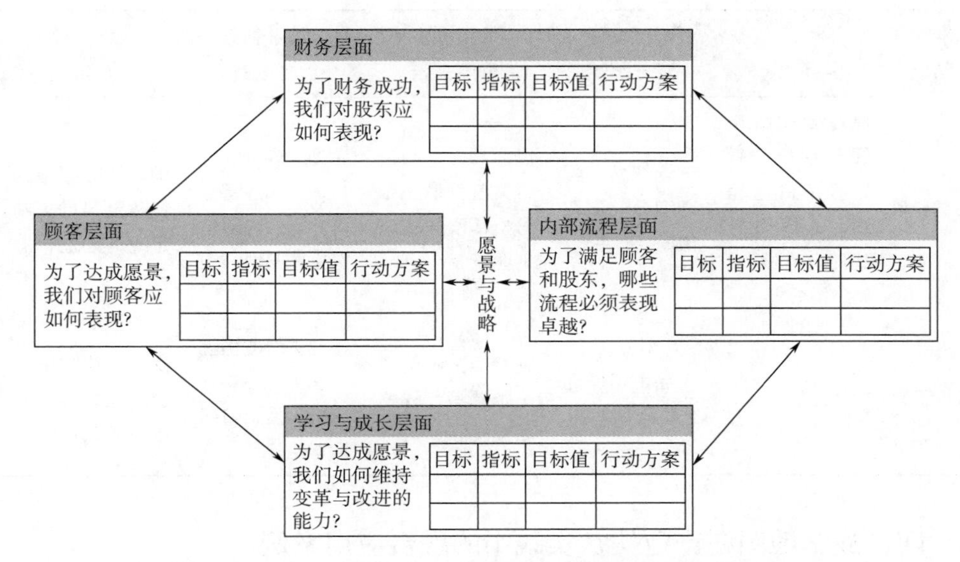

图 2-12　基于平衡记分卡的战略地图预选模板绘制

3. 步骤三：勾画连接线

企业的资源永远都是有限的，同时兼顾各个方面，企业的资源只能投入关键的业务活动中。哪些业务活动才是关键？各种业务活动之间是否存在、存在多大程度上的因果关系？在步骤三中，企业需要慎重思考、积极讨论、充分论证各项业务活动与基本主题之间的驱动关系，明确强相关的各要素并将其绘制连接线，才能将各项分散、不相关的主题连成串，形成一个闭环。

4. 步骤四：分解成绩效指标

完成上述三个步骤之后，企业就已经完成了其战略定位的路径选择过程，但仅有过程还不够，还需把实现该过程的各项业务活动分解成绩效指标，才能够真正确保将战略转化为行动，并对行动进行评价（考核）。分解绩效指标许多企业都会做，但更多是依赖历史经验来进行指标的提取，而非依据公司战略，尽管这种简化了的方式同样也能起到评价员工业绩的作用，但由于与公司战略/目标之间的关联性会存在相关性弱的弊端。很可能会出现一种结果：绩效考核指标很全面，员工的各项得分也不错，但最终结果却不完全是/不是企业想要的，问题就出在企业忽略了指标的提取和设计与公司战略/目标脱节。

有能力绘制战略地图的企业在设定绩效考核指标之前，先对公司战略进行深度解读，明确公司实现战略定位基本路径，找出关键成功因素，最后再分解和提取绩效指标。这样针对性极强，不仅可以避免无效考核，还能强化战略执行效果。战略地图绘制步骤分解表见表2-5。

表2-5 战略地图绘制步骤分解表

确定事项	确定战略财务目标	确定业务增长路径	确定顾客价值主张	确定内容运营主题	确定战略资产准备
关键步骤	梳理公司战略任务系统、确定股东价值差距、选择财务战略、财务战略举措分析	市场细分、顾客细分、提取市场战略主题	顾客细分、利益相关者价值主张分析、预选战略地图模板	企业SWOT分析、内部运营矩阵分析、内部运营主题归纳	确定战略实施的资源及风险、制定战略实施计划
分析工具	杜邦分析	产品市场多元化矩阵	利益相关者价值主张调查、战略地图模板	行业关键成功因素分析、SWOT分析工具、内部运营矩阵	确定战略实施的资源及风险、制定战略实施计划

四、战略地图在产业扶贫实践中的融合应用案例

在产业扶贫实践中，涉及遴选产业扶贫项目、投融资活动、产业化过程实施、产业帮扶模式、贫困户参与、产业扶贫绩效评价考核等贯穿于产业扶贫全过程的各项工作事务。在实施产业帮扶项目过程中还伴随有农业自然资源、经营主体投入资产和政府、行业、社会组织提供的专项资金的取得、分配、拨付、使用、管理的各项筹资、投资与核算的若干事务性工作。产业扶贫工作是一项要素参与多、执行链条长、利益关系复杂、考评维度多元的综合性极强的系统化庞大工程。要做好该项工作，就应该对产业扶贫涉及全局长远的发展方向、目标、任务和政策，以及资源配置作出战略决策和管理规划。战略地图可以将组织的战略可视化，描述出具体的逻辑路径图，有利于将复杂庞大的系统工程简洁直观地呈现出来。

（一）产业扶贫战略地图设计

在产业扶贫中，通过运用战略地图工具描绘产业扶贫全流程宏观设计，平衡计分卡模型工具评估产业扶贫中各相关责任主体的优劣势，在此基础上定期编制扶贫战略规划，设计并实施一系列管理、激励、控制制度，确保扶贫战略“落地生根”。

1. 设定产业扶贫战略目标

按照“强产业、促增收、能脱贫”的总体要求，紧紧围绕建档立卡贫困村贫困户，统筹培育短平快产业和长受益产业，确保特色产业精准覆盖贫困区、主体项目精准带动贫困户，实现贫困户精准覆盖、持续增收，力促贫困地区产业加快转型升级，贫困户自我增收能力稳步提高，确保产业扶贫的精准、长效和稳定，促进农业发展、农民富裕、农村繁荣。

2. 确定产业扶贫业务改善路径

围绕“产业集约化、农民组织化、资产股份化、运行市场化、收益长效化”，以推进“三变”（资源变资产、资金变股金、农民变股东）改革为抓手；政府统筹推进创新产业扶贫经济项目的实现形式和运行机制，大力挖掘遴选可持续的农业生态禀赋项目，以盘活农村资源资产为重点；充分调动产业经营主体的市场创业积极性，激发贫困户脱贫致富的潜能与动力，深度融合产业扶贫项目与财经事务的管理运转，实现乡村振兴、全面小康。

3. 定位相关责任主体价值

按照产业扶贫工作链进行梳理，涉及的相关责任主体主要包括政府部门、企业、贫困户以及其他社会组织等。在产业扶贫中，政府部门的价值定位就是能够设计出“接地气”的产业扶贫体制机制并顺畅、客观、科学地运用到遴选产业项目、分配专项资金、培养经营主体、引导贫困户脱贫的全流程。企业的价值定位就是能够充分驾驭市场规律将农业资源、贫困户、帮扶资金高效配置产生经济效益并反哺贫困户。贫困户的价值定位就是能够主动对接产业帮扶模式实现致富增收。社会组织的价值定位就是能够将信息流、资金流、物流等统筹谋划配置到产业扶贫项目中助推扶贫项目顺利落实。

4. 聚焦内部营运流程优化主题

做好产业扶贫工作要围绕工作业务和资金财务两条主线来整合优化内部流程。在推进产业扶贫业务这条主线中，重点梳理、优化农口部门在立项“上马”产业扶贫项目过程中是否充分调研贫困村的传统特色主导农业资源，是否比对区域或局部产业项目布局规划，是否征求问询贫困户的产业帮扶意愿等方面的工作流程。在产业化集约化过程实施中，重点梳理优化企业是否聚焦产业原料采购、加工生产、对外销售等环节的经济业务流程。在推进产业扶贫资金财务这条主线中，重点梳理优化在各项投融资活动中是否统筹整合财政、社会资本、农户等涉农资金，是否积极运用政府有限资金的杠杆作用撬动放大社会资本参与扶贫等方面的财务流程。在产业扶贫绩效评价考核中，重点梳理优化是否制订严谨、量化、客观的指标体系，是否有多维度的考核主体、客体参与，是否将扶贫考核结果反哺后续产业扶贫工作等体制机制方面的工作流程。

5. 确定创新与成长主题

在产业扶贫实践中，哪个地方将农业资源、社会资本、贫困户利益能够充分结合实现多赢收益捆绑联动机制，扶贫效果就好。产业帮扶激励模式、公共扶贫基金分配机制、产业扶贫执行链上的各种大数据信息系统、产业扶贫绩效评价机制等方面的创新与探索，是实现产业扶贫战略目标中需要格外关注的主题，也是产业扶贫中关键要素。只有在产业扶贫参与主体、客体、主客体运营联结机制等方面创新突破，才有可能实现提升产业扶贫整体效果。

6. 进行资源配置

结合产业扶贫中涉及的农业资源、资金资本、人力资源等有形资源和资源配置、激励约束、效果评估等体制机制方面的无形资源，分析研判彼此的战略匹配度，找准精准科学配置的指标方法，把有传统特色的、已有相应规模的、存在投资价值的、契合贫困户意愿的、响应政府脱贫战略的资源，厘清人力资本、信息资本、组织资本等在资源配置的定位和创造价值作用，最大化、最优化地科学配置到产业扶贫实践中，为实现产业扶贫战略目标服务。

7. 绘制战略地图

从公共扶贫基金分配机制、利益共享联动机制、产业帮扶激励模式、产业扶贫大数据信息系统和产业扶贫绩效评价机制这五个主题入手，着力从体制机制层面大力创新改革，创造出较强的产业扶贫组织能力、经营能力、帮扶能力。围绕上述五个主题，重点梳理产业扶贫中业务方面和财务方面需要整合优化的相关内部流程。针对各具体流程所涉及的政府、企业、贫困户等相关责任主体，按照产业融合路径，逐项定位界定职责功能作用，最后服务于实现产业项目带动脱贫效益最大化的财务目标。产业扶贫战略地图见图 2-13。

（二）产业扶贫战略地图实施

1. 战略关键绩效指标遴选设计

产业扶贫工作中的战略关键绩效指标（KPI）主要是在减贫成效方面进行遴选设计，借此倒逼基础扶贫工作、帮扶措施、工作保障等目标任务的完成。大致包括建档立卡人口产业帮扶项目覆盖率、贫困户产业脱贫退出率。

（1）建档立卡　人口产业帮扶项目覆盖率=对接有产业帮扶项目贫困人口/建档立卡贫困人口。在对接有产业帮扶项目贫困人口指标中，涉及有多少产业扶贫项目在当地落地和有多少贫困人口参与到产业扶贫项目中这两个指标。

（2）核定脱贫退出率　贫困户产业脱贫退出率=达到脱贫标准的参与产业扶贫贫困人口/参与产业扶贫贫困人口。达到脱贫标准的参与产业扶贫贫困人口指标，涉及贫困人口通过参与产业扶贫所获得的收入增长情况。

2. 战略 KPI 责任落实

上述 KPI 按照产业扶贫执行链中各相关责任主体的职责分工，政府扶贫部门主要职责是做好产业扶贫体制机制的协同设计，缜密组织协调配置好企业、贫困户和社会组织的各种经济资源。企业的主要职责是充分依托农业产业资源和主观经营能力，做大做强涉农产业扶贫项目，获取更多的经济效益，促进贫困户持续稳定增收，其 KPI 就是实现产业项目利润最大化。贫困户的主要职责就是将自身的脱贫主观意愿主动融入政府主导的产业帮扶模式中实现致富增收，其 KPI 就是通过产业帮扶实现收入的增长率。社会组织主要职责是将信息流、资金流、物流、模式等输入融合到产业扶贫项目各个环节中助推扶贫项目成功落地生根，其 KPI 就是参与产业扶贫

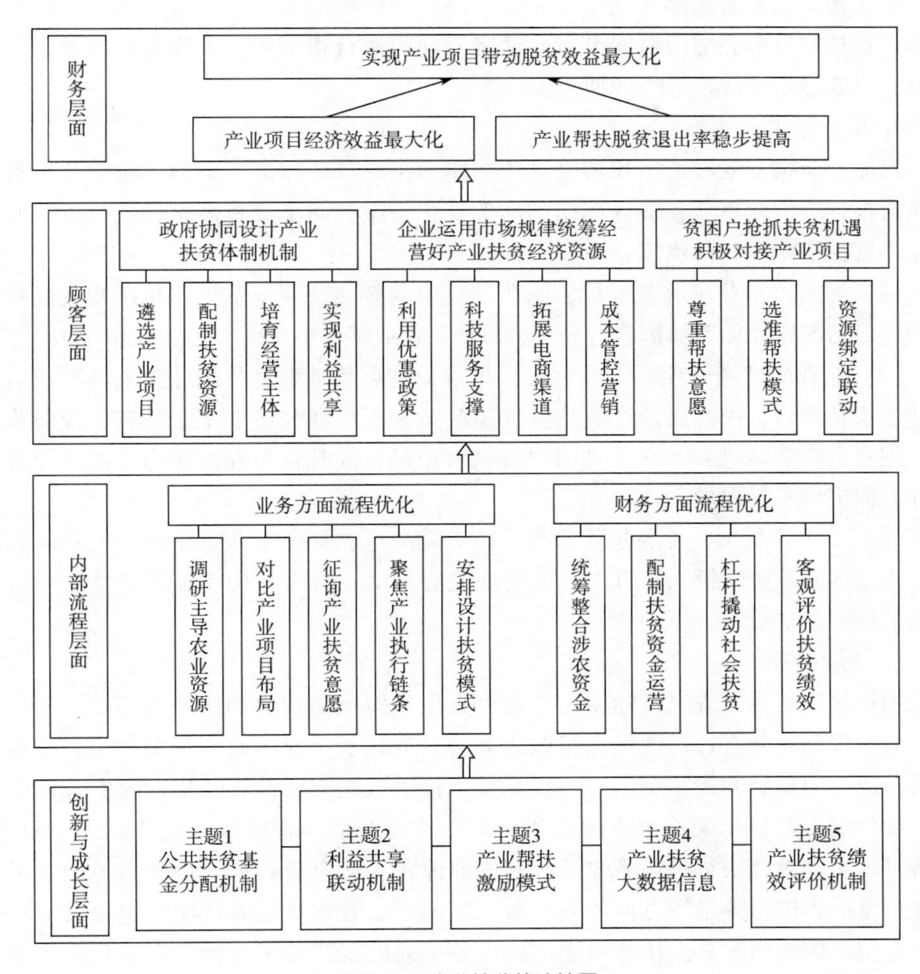

图 2-13　产业扶贫战略地图

的融合度和贡献率。

3. 战略措施执行

政府扶贫部门做好产业扶贫工作，涉及扶贫开发办、财政、农林业、金融等部门。扶贫开发办主要是结合国家及省（自治区、直辖市）政策，统筹制订区域产业扶贫战略规划，研判设计产业扶贫体制机制安排，牵头遴选立项产业扶贫项目，整合配置各类产业经济资源，组织实施产业扶贫开发全流程及考核评估等具体业务类工作。财政部门主要是统筹、整合、筹措、归集、分配产业扶贫各类资金、基金等具体财务类工作。农口部门主要是牵头组织实施涉农产业项目的扶贫推进落实等具体事务工作。金融机构主要是根据宏观经济和产业政策借助融资平台融通授信拓展财政资金来源渠道等财务类工作。通过编制责任部门、责任人分时分段的扶贫责任书，层层建立扶贫责任落实制度，确定不同执行阶段的负责人及协调人，并按照设定的产业扶贫目标完成的时间节点，确定不同的执行指引表，采取有效的督促管控举措，以确保扶贫战略 KPI 如期实现。

4. 执行报告

对照产业扶贫战略目标和相关责任主体细化的分工职责，编制产业扶贫项目战略执行报告，借此更新各责任部门的动态变化情况，同步分析产生偏差原因，并提出具体管控措施和纠偏建议。

（1）政府产业扶贫（战略层）报告　重点就区域产业扶贫工作年度脱贫战略目标的完成情况以及偏差原因进行分析，总结工作成绩与不足。

（2）企业经营产业项目（经营层）报告　重点就微观企业通过“上马”政府储备产业扶贫项目，用好用活产业扶贫优惠政策，积极吸收产业基金注资、控股或参股，创新利益联结机制，联合贫困户对接大市场，提升自身经济实力，创造经济效益等方面进行考量揭示。

（3）贫困户脱贫（业务层）报告　重点就参与产业扶贫项目的贫困户具体的农、林、畜、养殖等资源投入和打工收入情况进行比对，着重报告实施产业扶贫项目后带动贫困户脱贫效果。

5. 持续改善

根据扶贫报告与既定目标相比对各个责任主体所显现出的成绩与不足，分析偏差及时发现问题并有针对性地进行改进完善补齐短板。对于政府相关部门，着重从扶贫行政权力整合调配，令出一门、统筹指挥等机制方面改善，从财政资金科学分配、经济资源差异化配给等方面改善。对于扶贫企业，着重从企业适应外部政治、经济环境主动对接扶贫机遇等政策红利方面改善，从企业获得经济效益拉动贫困户脱贫致富的力度与效果等方面改善。对于贫困户，着重从帮助贫困户树立扶智与扶志坚定信心等方面改善，从短期依托外在力量辅助脱贫逐步过渡到常态化自力更生致富等方面改善。

6. 评价激励

作为政府部门，主要是考核评价干部工作精力主观投入程度和发挥统筹协调产业扶贫业务与财务的能力水平。通过综合运用正向激励与负向激励，辅以晋升与降职、表扬与批评等方式进行考核激励。作为企业，主要是考核企业应用产业扶贫项目后产生的经济效益并反哺贫困户的贡献度。通过运用反映企业业绩的价值结果类指标和关键驱动因素的动因类指标，以及资本性支出、单位成本、产销量、贫困户与员工满意度等，来客观评价企业在带贫中发挥的必要作用。作为贫困户，主要是测评在参与产业帮扶项目后对家庭收入增长的情况和后续持续提升致富能力的带动率。通过入资入股带贫、劳务用工带贫、购销农产品带贫、订单农业带贫等，来切实测评出贫困户在帮扶过程中的真实受益情况。

第三节 战略管理工具

战略管理（strategic management）是指对一个企业或组织在一定时期的全局的、长远的发展方向、目标、任务和政策，以及资源调配做出的决策和管理艺术。从未来发展的角度来看，战略表现为一种计划，而从发展历程的角度来看，战略则表现为一种模式（pattern）。如果从产业层次来看，战略表现为一种定位（position）。而从企业层次来看，战略则表现为一种观念（perspective）。

一、战略管理理论

如果将20世纪90年代以来，尤其是90年代后期以来的战略管理理论称为新战略管理理论，那么就将此前的理论称为传统战略管理理论。传统的战略理论认为，在一个行业中只有一个理想的竞争位置。企业一旦获得这一位置，其在行业中的优势将是一劳永逸的。与之相对的新观念则认为，一个公司有一个独特的竞争位置。企业无须为了一个与对手高度重叠的位置而展开两败俱伤的竞争，应该在变化中寻求自身最为适合的环节来构建竞争优势。传统战略理论试图寻找并确立所有活动的基准，以此获得最好的经营绩效。但隐含着一个假设前提，即认为一个企业拥有在每个方面都能做得最好的资源和条件，实际上是不可行的。相对来说，明智的选择应该是将企业的各种活动围绕当前的战略来“度身定制”。

通过业务外包和联盟的形式获取效益，是一种比较常用的做法。但由于形式本身的缺陷，导致成功率不高。而新的观点则认为，一定要将企业定位于一个相对于竞争对手此消彼长的位置，这个位置具有不相容的特征。传统观点认为，竞争优势根植于少数几个关键因素、重要资源和核心竞争能力。与之相对的新观点，则认为竞争优势产生于行动体系，而不是各个部分，这一行动体系是为一个特定竞争位置而构建的。后者比前者更具系统性、全面性，因而更加有助于企业优势地位的建立和维持。企业通常认为，竞争优势来自灵活适应极度竞争和行业变化，但这一认识正在发生变化。竞争优势取决于一个较长时期坚持不懈地追求的明确战略，以及不断提高的日常运行效率，这一结论可能对企业更具有指导性。

（一）战略理论演变的基本规律

1. 从战略理论的内容看

存在这样一个发展轨迹，即关注企业内部（强调战略是一个计划、分析的过程）→关注企业外部（强调产业结构的分析）→关注企业内部（强调核心能力的构建、维护与产业环境分析相结合）→关注企业外部（强调企业间的合作，创建优势互补的企业有机群体）。

2. 从竞争的性质看

竞争的程度遵循着由弱到强，直至对抗，然后再到合作乃至共生的发展脉络。“计划学派”源于较弱的竞争性，“设计学派”建立在竞争性趋强的基础上；到了“结构学派”“能力学派”和“资源学派”时代，尽管对于竞争优势来源的认识各不相同，但更多地强调对抗性竞争的共同点；“商业生态系统”的理论主张企业间通过合作建立共生系统以求得共同发展。

3. 从竞争优势的持续性看

从追求有形（产品）、外在、短期的竞争优势逐渐朝着对无形（未来）、内在、持久的竞争优势的追求。例如，“结构学派”的战略始于对产业结构的分析，形成于对三种基本战略的选择，主要是基于产品的差异性所作出。“能力学派”则将战略的核心转向了企业内部的经验和知识的共享与形成，都是内在的、无形的东西，对竞争优势的形成具有长远的影响。

4. 从战略管理的范式看

战略管理的均衡与可预测范式开始被非均衡与不确定性所取代。无论是“计划学派”“设计学派”，还是“结构学派”，都有一个假设前提，即外部环境是可预测或基本可预测。因此，制定战略的重点是分析和推理，通过分析、经验和洞察力的结合，就可基本把握战略的方向。战略制定的主旨就是比竞争对手更好地掌握和利用某些核心资源与能力，并且能够比竞争对手更好地把这些能力与在行业中取胜所需要的能力结合起来。

（二）战略管理理论学派

19 世纪诗人约翰·高德弗雷·撒克斯（John Godfrey Saxe）在《盲人摸象》这首诗中写道：“面对完全陌生的对手，口不择言对着一头谁也没见过的大象夸夸其谈，咨询师就像大型猎物的狩猎者，在大草原上寻找象牙和战利品。学者们则喜欢在书房里进行狩猎，与假意观察的猎物保持一个安全的距离。管理者必须努力看到完整的大象。”亨利·明茨伯格（Henry Mintzberg）（2002）在《战略历程：纵览战略管理学派》一书中将战略的发展历程分为十个学派。自 1960 年以来，一共出现了十个战略学派，其中前三个是说明性（prescriptive）学派，后七个是描述性（descriptive）学派。

1. 设计学派

设计学派的战略形成是一个构思的过程。设计学派的思想起源可以追溯到加州大学伯克利分校的菲利普·塞兹尼克（Philip Selznick）和麻省理工的阿尔弗雷德·钱德勒（Alfred Chandler）。肯尼思·安德鲁斯（Kenneth Andrews）比较清晰和全面地表达了设计学派的思想——把战略的制定视为在内部的优势和劣势与外部的威胁和机会之间取得基本匹配。高管在深思熟虑之后制定清晰、简单、易于理解和独特的策略，以便每个人都能执行战略。战略制定应该是一个受到控制的、有意识的思想过程，既不是一个程序化的分析过程，又不是凭借直觉发展起来的。至少到20世纪70年代，这一直是战略制定过程的主导观点，可能有人会说，设计学派到现在还是一个主流学派，因为它对大多数的理论和实践都有影响。但是，设计学派并没有得到持续发展，而是与其他一些观点相结合，构成了其他学派。

设计学派的象征动物是蜘蛛，象征意义是蜘蛛在专心致志地编织着自己的那张网。设计学派把战略形成看做一个概念作用的过程，它重点探讨作为非正式设计过程的战略形成。设计学派认为，战略形成应该是一个有意识、深思熟虑的思维过程。必须有充分的理由才能采取行动，有效的战略产生于严密控制的人类思维过程。设计学派信奉的格言是“三思而后行”，关键词是吻合、适合、特色竞争力、竞争优势、SWOT、明确阐述、执行。

2. 计划学派

计划学派的战略形成是一个规范化的过程。计划学派与设计学派产生于同一时期。实际上，伊戈尔·安索夫（Igor Ansoff）的《公司战略》与安德鲁斯的文章都出版于20世纪60年代。单独从文献的数量来看，计划学派在70年代中期占据了主流地位。由于在理论创新上没有重大突破，从80年代开始它的影响力逐渐衰退，但现在仍然是战略文献的一个重要分支。安索夫的《公司战略》一书提出了计划学派的大多数假定，但不包括这个重要的假定：战略制定的过程不仅需要深思熟虑，还应该是规范化的，可以分解为明确的步骤，可以用审查清单的形式来描述每个步骤，并利用各种技术，特别是目标、预算、程序和操作计划等作为辅助手段。这意味着一般计划人员取代了高管的位置，成为战略制定过程的主要角色。

计划学派的象征动物是松鼠，象征意义是松鼠正在收集和组织资源为未来的日子作准备。计划学派认为，战略产生于一个受控、正式的过程，该过程被分解成清晰的步骤，每个步骤都采用核查清单进行详细的描述，并由分析技术来支撑。计划学派信奉的格言是“及时处理，事半功倍”，关键词是规划、预算、日程安排、远景方案。

3. 定位学派

定位学派的战略形成是一个分析的过程。20世纪80年代，战略管理领域的主导思想是定位学派。迈克尔·波特（Michael Porter）于1980年发表的《竞争战略》一书对定位学派的形成起到了有力的推动作用，在波特之前对战略定位进行研究的有学术界的丹·申德尔（Dan Schindele）和肯·哈顿（Ken Harton），及咨询界的波士顿咨询集团和市场战略与利润的关系（profit impact of market strategies，PIMS）项目，而最早的文献则可以追溯到公元前500年左右的《孙子兵法》。在定位学派中，战略被简化为经过规范化分析得出的自我定位，让计划人员转变成了分析人员。定位学派提出了很多种理论，包括战略集团、价值链分析、博弈论，以及其他概念，非常注重对数据分析。

定位学派的象征动物是水牛，象征意义是水牛心满意足地坐在自己精心选择的位置。定位学派将战略形成看做一个理性分析的过程。布鲁斯·亨德森（Bruce Henderson）的波士顿矩阵理论就属于定位学派。定位学派信奉的格言是“让事实来说话吧”，关键词是通用战略、战略集团、竞争分析、资产组合、经验曲线。

4. 创业家学派

创业家学派的战略形成是一个构筑愿景的过程。与此同时，战略管理领域逐渐形成了一个完全不同的战略形成学派——创业家学派。与设计学派相同，它强调领导在战略制定过程的重要性；但与设计学派不同、与计划学派完全相反的是，创业家学派把战略的形成视为一个由领导人的直觉所主导的过程。于是战略从精确的设计、计划或定位变成模糊的愿景或者宽泛的观点，从某种意义上只能够通过比喻来领会。这种战略制定方式适用于某些特殊组织：初创企业、利基、私有企业以及在强有力领导人的率领下“起死回生”的企业。当然，每个组织都需要有创造力、有远见的领导。不过，在创业家学派中，领导人决定战略，并亲自控制战略的实施，使得创业家学派与前面三个说明性的学派有了截然的不同。

创业家学派的象征动物是狼，象征意义是一只孤独的狼认为它可以独自对付水牛，不必非和狮子去争羚羊。创业家学派将战略形成看做一个预测的过程。创业家学派最核心的概念是远见，远见产生于领导人的头脑之中，是战略的思想表现。创业家学派信奉的格言是“引领我们拜会您的领袖”，关键词是壮举、远见、洞察力。

5. 认知学派

认知学派的战略形成是一个心智过程。在学术界，学者们对战略制定过程的本质和起源产生了极大的兴趣。如果人们头脑中形成的战略是框架、模型、地图、概念或者计划，那么这些心智的过程究竟是什么样的？认知学派认为了解战略形成过程，最好了解人的心理和大脑。从20世纪80年代开始延续至今，关于战略制定中的认知偏见，以及信息处理、知识结构映射、概念获得的研究文献不断问世，但是对战略管理研究的贡献不是很大。同时，这个学派另一个新的分支采用了一种更主观的解释性或建构主义的观点来看待战略过程：人们的认知过程，即创造性的解释过程，构建了战略。认知不仅仅是客观地反映现实的过程，更是一种主观的解释世界的过程，这种认知过程构建了战略过程。

认知学派的象征动物是猫头鹰，象征意义是猫头鹰站在树上为自己编制着某种幻想世界。认识学派将战略形成看作一个心理的过程，采用认识心理学的理论来解释战略家的思想。认识学派信奉的格言是“一旦我相信了就会看到”，关键词是图表、框架、概念、纲要、观念、诠释、有限理性、认识风格。

6. 学习学派

学习学派的战略形成是一个渐进的过程。在所有七个描述性学派中，学习学派的力量迅速壮大，撼动了长期以来处于主流地位的说明性学派。这一学派的起源可以追溯到查尔斯·林德布鲁姆（Charles Lindblom）的断续渐进主义，标志着学习派兴起的是奎因的逻辑渐进主义，之后对这一学派做出贡献的有约瑟夫·鲍尔（Joseph Bauer）和罗伯特·博格曼（Robert Borgmann）的风险观念、明茨伯格对于渐进战略的观点、卡尔·韦克（Karl Weick）的反思意识等。在学习学派看来，战略是在实践过程中逐渐形成的，组织内部有很多潜在的战略家，战略的制定和执行是相互交织的过程。

学习学派的象征动物是猴子，象征意义是一大群猴子在树上跳来跳去。学习学派认为世界的复杂程度不允许战略像清晰的计划和远见那样一下子形成，战略的产生就如同组织的变化或“学习”，必须逐步地形成。学习学派信奉的格言是“失败了，再来”，关键词是渐进主义、应急、理性决策、企业家身份、风险经营、拥护者、核心竞争力。

7. 权力学派

权力学派的战略形成是一个协商的过程。在战略管理领域，权力学派的文献数量虽然不多，但其观点却与其他学派有很大的不同：把战略形成视为一个受到权力影响的过程。权力学派有两个分支，其中微观权力把组织内部的战略发展从本质上视为政治行为——分享权力的演员之间进行讨价还价、说服和对抗的一个过程。宏观权力关注组织对于权力的应用，战略制定的过程是组织之间为了争取利益，运用权力、施加影响和不断谈判的过程。

权力学派的象征动物是狮子，象征意义是狮子紧紧地盯着一群羚羊，寻找着准备追击的目标；小狮子们也互相打量着，估摸着谁能吃到第一口。权力学派认为战略形成是一个协商的过程，包括组织内部各个矛盾着的集团之间和互为外部环境的组织之间的协商。权力学派信奉的格言是“当心第一”，关键词是契约、冲突、联合、利益相关者、政治游戏、集体战略、网络、联盟。

8. 文化学派

文化学派的战略形成是一个集体思维的过程。把权力置于镜子面前，镜中映现出的就是文化。权力学派关注的是自身利益和划分，文化学派关注的是共同利益和整合。文化学派认为，战略制定是植根于文化、受社会文化驱动力影响的过程。权力学派研究内在政策对促进战略变革的影响，而文化学派则关注文化对战略稳定性的影响，包括文化对于重大战略变革的阻挠作用。最初的文化学派文献研究了文化对于战略变革的阻碍。由于日本企业的成功，从20世纪80年代以来，美国出现了大量的有关文化的文献。之后，管理学界开始关注文化对于战略形成的影响。20世纪70年代，瑞典学者埃里克·莱恩曼（Erik Ljungman）和理查德·诺曼（Richard Norman）带动了对文化诠释的研究，逐渐发展出一个瑞典学派，主要代表人物有阿萨·林德伯克（Assar Lindbeck）。

文化学派的象征动物是孔雀，象征意义是孔雀对一切毫不在意，所关心的仅仅是自己是否漂亮。文化学派将战略形成看作一个集体思维的过程，文化学派认为战略形成根植于组织文化中，文化学派基调是集体主义和合作。文化学派信奉的格言是“苹果掉下来的地方从不会离树太远”，关键词是价值观、信念、神话、文化、思维方式、象征文化。

9. 环境学派

环境学派的战略形成是一个适应性过程。如果环境学派的定义是组织如何来适应环境，那么从严格意义上来说，环境学派不应该被划入战略管理的范畴。不管怎样，我们有必要了解一下环境学派的内容，说明环境在战略制定过程中的作用。这些内容包括所谓的“权变理论”（contingency theory），该理论描述了特定环境与组织的反应之间的关系；还有“种群生态学”（population ecology），描述了战略选择的严重局限性；“制度理论”（institutional theory），即有关一个组织在其生存环境中所面对的内部或外部制度压力。

环境学派的象征动物是鸵鸟，象征意义是鸵鸟一点也不愿去看除了自己以外的其他动物。环境学派认为战略形成是一个反应过程，主动性不是在组织内部而是与外部因素有关，因而产生环境学派，这一派学者试图研究组织承受的压力。环境学派信奉的格言是“要看情况而定”，关键词是适应、进化、偶然性、选择、复杂性、利基。

10. 结构学派

结构学派的战略形成是一个转换的过程。结构学派是一个内容较为宽泛的综合学派，它包含了其他学派的所有内容，但却运用了自己独特的视角，把其他学派的观点进行了整合。结构学派一方面比较学术化和偏向描述性，把组织和组织周围的状态视为结构，并把组织的类型与其他学派的观点结合起来。例如，机械型组织在相对稳定的情况下往往使用计划学派的战略制定方式，而初创企业等比较有活力的组织往往采用创业家学派的战略制定方式。结构学派的另一方面将战略制定过程描述为转变——从一种结构状态跃变为另一种结构状态。它们反映了事物存在的两个方面：状态和变迁。组织可被描述为某种稳定结构；由于偶然因素的影响，这种结构会跃变为另一种结构。关于组织结构转变的文献偏向说明性，与实践的关系更为密切，但是这两个方面的文献和实践活动相辅相成，因此我们认为都属于同一学派。

结构学派的象征动物是变色龙，象征意义是变色龙似乎是善于变化，但不得不怀疑最终是否会有很大不同。战略制订是一个系统转化的过程。结构学派将战略的各个组成部分，战略制定过程、战略内容、组织结构和组织关系等集中起来，形成清晰的阶段或时期，如企业增长期、稳定成熟期等，有时它也按时间排序来描述生命周期。结构学派信奉的格言是“任何事都有个季候”，关键词是构建、原型、时期、阶段、生命周期、转化、变革、转向、复苏。

二、战略管理范式

“范式”（paradigm）是由美国哲学家托马斯·库恩（Thomas Kuhn，1959）首次在《必要的张力：科学研究的传统和变革》一文中提出的。“范式”被看作是由从事某种特定学科的科学家们在这一学科领域内所共有的世界观、共识和基本观点构成的。按照有关学者的解释，知识的发展一般是按一定的路径进行的，会形成一定的理论范式。罗珉教授（2003）认为：“管理学理论范式就是在管理学研究和实践中能够被人们广泛接受的、具有典型意义的理论架构或模式。”并且按照范式在管理学理论研究和实际运用中的不同作用，罗珉教授把管理学理论范式的构成大体分为五个组成部分，鉴于战略管理理论发展程度尚不够成熟的特点，将其分归纳为三个部分，构成战略管理理论范式分析框架如下。

框架一：理论“硬核”。理论“硬核”反映了研究者在战略管理研究主题上的基本价值观和基本意向，表现为研究者提出的基本理论命题。尽管命题是两个或两个以上概念间的关系陈述，命题的形式是一个陈述句，但一个新理论不仅仅是几个新概念间的关系陈述，而是一组或几组概念及其陈述关系上的创新。由概念之间的关系陈述所构成的基本理论命题不一定只有一个，可能是一组。无论基本理论命题有多少，命题都包含了“研究者对他们所研究主题的基本意向，用以描述和分析这一主题的概念选择，为观察和调查而对具体现象和问题的挑选。”

框架二：辅助性假设。辅助性假设是必须经受实证检验压力的、与理论“硬核”一致，并对理论“硬核”构成“保护带”作用的一组假设，是研究者在研究战略管理主题时自行设定的。若由于企业实践活动推翻了某一战略管理理论范式的辅助性假设，那么相应地就会推翻这一战略管理理论范式理论“硬核”。

框架三：理论原则、程序、工具。理论原则、程序、工具是在辅助性假设的基础上，根据理论“硬核”发展出来的战略管理的基本规则和方法。理论范式的这一构成部分，其内容不仅非常丰富，而且也比较接近实践操作。每一个战略管理学派，一般不会不断地改变或者增减基本理论命题和辅助性假设，而是会不断地开发和完善符合基本理论命题的战略管理原则、程序、工具。

（一）3C 战略三角模型

3C 战略三角模型（3C's strategic triangle model）是由日本战略研究的领军人物大前研一（Kenichi Ohmae）提出的，他强调成功战略有三个关键因素，在制定任何经营战略时，都必须考虑这三个因素，即公司自身（corporation）、顾客（customer）、竞争对手（competition）。只有将公司、顾客与竞争对手整合在同一个战略内，可持续的竞争优势才有存在的可能。大前研一将这三个关键因素称为 3C 或战略三角，如图 2-14 所示。

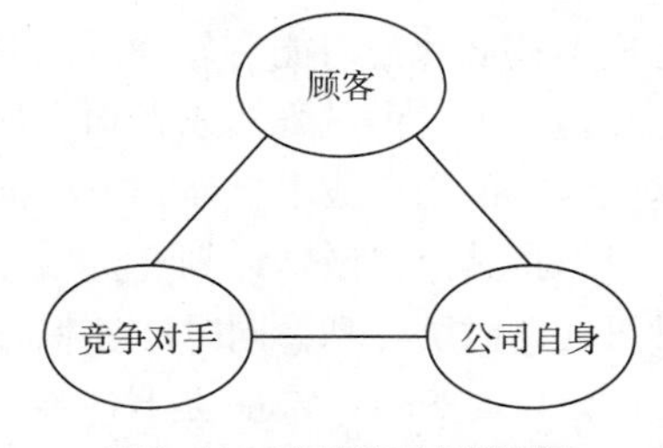

图 2-14　3C 战略三角模型图

1. 公司战略

公司战略旨在最大化企业的竞争优势，尤

其是与企业成功息息相关的功能性领域的竞争优势。企业没有必要在各个功能领域都占据领先优势，企业要能够在某一核心功能上取得决定性优势，那么，它的其他功能领域即便平庸，最终也能因此核心功能优势而获得提升。为了制定和执行一个有效战略，经营单位必须有充分的经营自由度来面对三个关键角色中的任意一个。就顾客这一方面而言，必须面对市场整体，而并非只为某一局部。战略规划单位如果划定得过小，即它在公司中的层次过低，它就会缺乏纵览整个市场前景的必要权利。如果竞争对手都能够预见顾客的全部需要，包括那些因战略单位过小的限制所无法察觉到的，这就会造成公司的不利条件。为了能够获得最大自由度以满足顾客的所有需要，从公司本身的角度来看，战略规划单位必须拥有每一项重要功能，包括采购、设计、工艺、制造和销售、市场开发以及分配和服务等。这并不是说战略规划单位不能与其他单位共享某一种功能资源。

2. 顾客战略

依照大前研一的观点，顾客是所有战略的基础。公司的首要考虑应该是顾客的利益，而不是股东或者其他群体的利益。从长远来看，只有那些真正为顾客着想的公司才对投资者有吸引力。按消费目的划分，即按照顾客使用公司产品的不同方式来划分顾客群。按顾客覆盖面划分源于营销成本和市场面的平衡研究。此研究认为，无论营销成本与市场面二者关系如何变化，营销收益总是在递减的。因此，公司的任务就是要优化其市场面。对顾客市场进行细分是因为在一个竞争激烈的市场中，公司的竞争对手极有可能采取与自己类似的市场手段。因此，从长远来看，企业最初制定的市场分割战略其功效将逐渐呈现下降趋势。随着时间的推移，市场力量通过影响人口结构、销售渠道、顾客规模等，不断改变消费者组合的分布状态，因此，市场划分也要因时制宜。这种变化意味着公司必须重新配置其企业资源。

3. 竞争对手战略

企业的竞争对手战略，可以通过寻找有效之法，追求在采购、设计、制造、销售及服务等功能领域的差异化来实现。第一，品牌形象差异化。当产品功能、分销模式趋同的时候，品牌形象也许就是差异化的唯一源泉，必须对品牌形象进行长期有效的监控。第二，利润和成本结构差异化。从新产品的销售和附加服务上，追求最大可能的利润；在固定成本与变动成本的配置比率上做文章。当市场低迷的时候，固定成本较低的公司能够轻而易举地调低价格。第三，轻量级拳击战术。如果公司打算在传媒上大做广告，或者加大研发力度，那么公司收入将会有很大一部分消耗在这些附加的固定成本上面。中小企业跟市场巨擘交战，孰胜孰负不言自明。然而，企业可以将其市场激励计划建立在一个渐进比例上，而不是一个绝对数值上。这样一种可变的激励计划，同时能够保证经销商为了获取额外回报，加大企业产品的销售力度。Hito-Kane-Mono是日本企划师们津津乐道的三个字，即人、财、物（固定资产）。只有当此三者达成平衡，无一冗余或浪费，才能实现流线型的企业管理。首先应该依据现有的“物”（厂房车间、机器设备、技术工艺、流程业务及功能强项）

对“人”（管理类型的人才资源）进行针对性的配置。一旦“人”的创造性被开发了出来，产生了远见卓识的商业构想，“物”和“财”就应该按需求配置到这些具体的商业构想和生产项目上去。

（二）PEST 分析

PEST 分析是指宏观环境的分析，四个字母分别代表着不同的环境分析，是战略外部环境分析的基本工具。它通过政治的（politics）、经济的（economic）、社会的（society）和技术的（technology）角度或四个方面的因素分析从总体上把握宏观环境，并评价这些因素对企业战略目标和战略制定的影响。进行 PEST 分析需要掌握大量的、充分的相关研究资料，并且对所分析的企业有着深刻的认识，否则，这种分析很难进行下去。经济方面主要内容有经济发展水平、规模、增长率、政府收支、通货膨胀率等。政治方面有政治制度、政府政策、国家的产业政策、相关法律及法规等。社会方面有人口、价值观念、道德水平等。技术方面有高新技术、工艺技术和基础研究的突破性进展。PEST 分析模型见图 2-15。

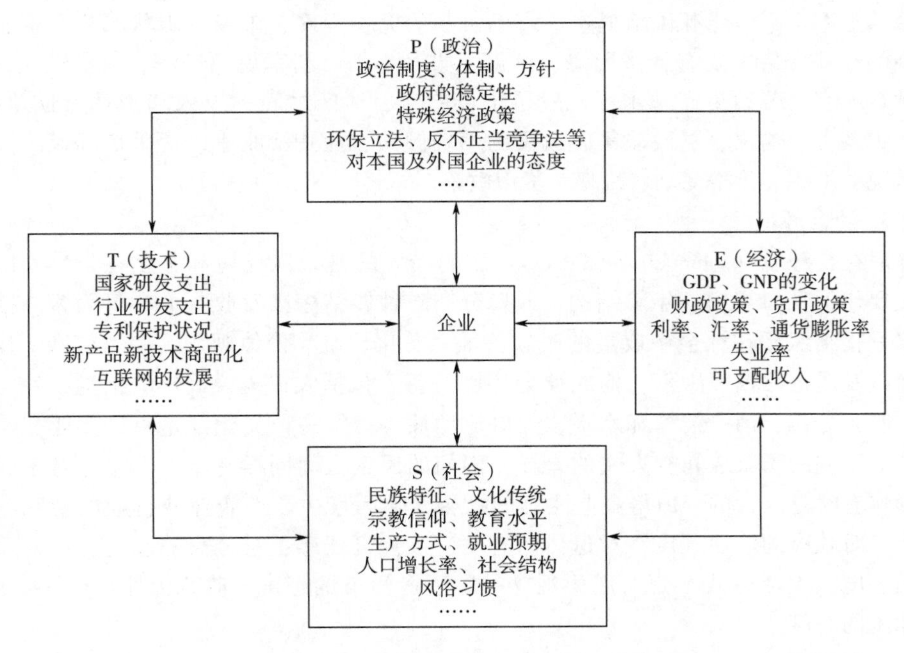

图 2-15　PEST 分析模型图

1. 政治环境

政治环境（political factors）主要包括政治制度与体制、政局、政府的态度等；法律环境主要包括政府制定的法律、法规。政治要素，是指对组织经营活动具有实际与潜在影响的政治力量和有关的法律、法规等因素。当政治制度与体制、政府对组织所经营业务的态度发生变化时，当政府发布了对企业经营具有约束力的法律、法规时，企业的经营战略必须随之做出调整。法律环境主要包括政府制定的对企业经营具有约束力的法律、法规，如反不正当竞争法、税法、环境保护法以及外贸法规等，政治、法律环境实际上是和经济环境密不可分的一组因素。处于竞争中的企业必须仔细研究一个政府和商业有关的政策和思路，如研究国家的税法、反垄断法以及取消某些管制的趋势，同时了解与企业相关的一些国际贸易规则、知识产权法规、劳动保护和社会保障等。这些相关的法律和政策能够影响到各个行业的运作和利润。

2. 经济环境

构成经济环境（economic factors）的关键战略要素：GDP、利率水平、财政货币政策、通货膨胀、失业率水平、居民可支配收入水平、汇率、能源供给成本、市场机制、市场需求等。经济要素，是指一个国家的经济制度、经济结构、产业布局、资源状况、经济发展水平以及未来的经济走势等。构成经济环境的关键要素包括GDP的变化发展趋势、利率水平、通货膨胀程度及趋势、失业率、居民可支配收入水平、汇率水平、能源供给成本、市场机制的完善程度、市场需求状况等。企业应重视的经济变量主要有经济形态、可支配收入水平、利率规模经济、消费模式、政府预算赤字、劳动生产率水平、股票市场趋势、地区之间的收入和消费习惯差别、劳动力及资本输出、财政政策、居民的消费倾向、通货膨胀率、货币市场模式、就业状况、汇率、价格变动、税率、货币政策。

3. 社会环境

对社会环境（sociocultural factors）影响最大的是人口环境和文化背景。人口环境主要包括人口规模、年龄结构、人口分布、种族结构以及收入分布等因素。社会要素是指组织所在社会中成员的民族特征、文化传统、价值观念、宗教信仰、教育水平以及风俗习惯等因素。构成社会环境的要素包括人口规模、年龄结构、种族结构、收入分布、消费结构和水平、人口流动性等。每一种文化都是由许多亚文化组成的，不同的国家之间有人文的差异，不同的民族之间同样有差异，文化对于战略的影响有时是巨大的。值得企业注意的社会文化因素主要有企业或行业的特殊利益集团、对政府的信任程度、对退休的态度、社会责任感、对经商的态度、对售后服务的态度、生活方式、公众道德观念、对环境污染的态度、收入差距、购买习惯、对休闲的态度。

4. 技术环境

技术环境（technological factors）不仅包括发明，而且还包括与企业市场有关的新技术、新工艺、新材料的出现和发展趋势以及应用背景。科技是否降低了产品和服务的成本，并提高了质量；科技是否为消费者和企业提供了更多的创新产品与服务，如网上银行、新一代手机等；科技是如何改变分销渠道的，如网络书店、机票、拍卖等；科技是否为企业提供了一种全新的与消费者进行沟通的渠道。技术要素不仅仅包括那些引起革命性变化的发明，还包括与企业生产有关的新技术、新工艺、新材料的出现和发展趋势以及应用前景。在过去的半个世纪里，最迅速的变化就发生在技术领域，高技术公司的崛起改变着世界和人类的生活方式。同样，技术领先的医院、大学等非营利性组织，也比没有采用先进技术的同类组织具有更强的竞争力。

（三）SWOT 分析法

SWOT 分析法又称态势分析法，四个字母代表组织内外环境的四种情况，S（strengths）是优势、W（weaknesses）是劣势、O（opportunities）是机会、T（threats）是威胁。即基于内外部竞争环境和竞争条件下的态势分析，就是将与研究对象密切相关的各种主要内部优势、劣势和外部的机会和威胁等，通过调查列举出来，并依照矩阵形式排列，然后用系统分析的思想，把各种因素相互匹配起来加以分析，从中得出一系列相应的结论，把这四个方面的状况结合起来进行分析，便能制定适合组织实际情况的经营战略和策略。运用这种方法，可以对研究对象所处的情景进行全面、系统、准确的研究，根据研究结果制定相应的发展战略、计划以及对策等。按照企业竞争战略完整概念，战略应是一个企业“能够做的”（即组织的强项和弱项）和“可能做的”（即环境的机会和威胁）之间的有机组合。SWOT 分析方法从某种意义上来说隶属于企业内部分析方法，即根据企业自身的条件在既定范围内进行分析。首先，在形式上，SWOT 分析法表现为构造 SWOT 结构矩阵，如图 2-16，并对矩阵不同区域赋予了不同分析意义。其次，在内容上，SWOT 分析法的主要理论基础也强调从结构分析入手对企业的外部环境和内部资源进行分析。

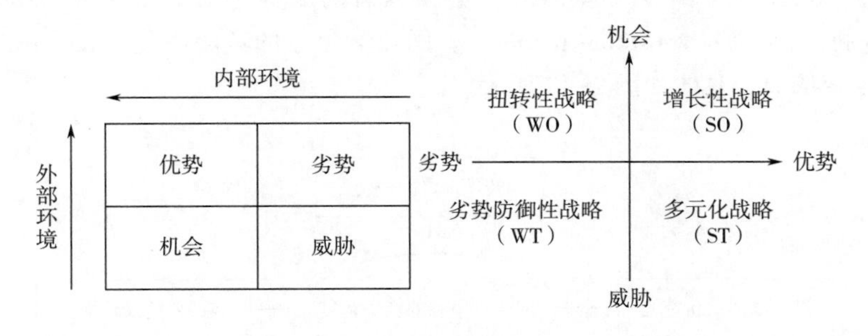

图 2-16 SWOT 结构矩阵图

从整体上看，SWOT 可以分为两部分：第一部分为 SW，主要用来分析内部条件；第二部分为 OT，主要用来分析外部条件。利用这种方法可以从中找出对自己有利的、值得发扬的因素，以及对自己不利的、要避开的东西，发现存在的问题，找出解决办法，并明确以后的发展方向。①优势是组织机构的内部因素，具体包括有利的竞争态势、充足的财政来源、良好的企业形象、技术力量、规模经济、产品质量、市场份额、成本优势、广告攻势等。②劣势也是组织机构的内部因素，具体包括设备老化、管理混乱、缺少关键技术、研究开发落后、资金短缺、经营不善、产品积压、竞争力差等。③机会是组织机构的外部因素，具体包括新产品、新市场、新需求、外国市场壁垒解除、竞争对手失误等。④威胁也是组织机构的外部因素，具体包括新的竞争对手、替代产品增多、市场紧缩、行业政策变化、经济衰退、顾客偏好改变、突发事件等。

1. 构造 SWOT 矩阵

将调查得出的各种因素根据轻重缓急或影响程度等排序方式，构造 SWOT 矩阵。在此过程中，将那些对公司发展有直接的、重要的、大量的、迫切的、久远的影响因素优先排列出来，而将那些间接的、次要的、少许的、不急的、短暂的影响因素排列在后面。

2. 制定行动计划

在完成环境因素分析和 SWOT 矩阵的构造后，便可以制定出相应的行动计划。制定计划的基本思路：发挥优势因素，克服弱点因素，利用机会因素，化解威胁因素；考虑过去，立足当前，着眼未来。运用系统分析的综合分析方法，将排列与考虑的各种环境因素相互匹配起来加以组合，得出一系列公司未来发展的可选择对策。

(四) 五力分析模型

五力分析模型是迈克尔·波特（Michael Porter）于 20 世纪 80 年代初提出，对企业战略制定产生全球性的深远影响。用于竞争战略的分析，可以有效地分析顾客的竞争环境。五力分别是供应商的议价能力（bargaining power of suppliers）、购买者的议价能力（bargaining power of buyers）、新进入者的威胁（threat of new entrants）、替代品的威胁（threat of substitute product）、同业竞争者的竞争程度（the rivalry among competing sellers），具体如图 2-17 所示。

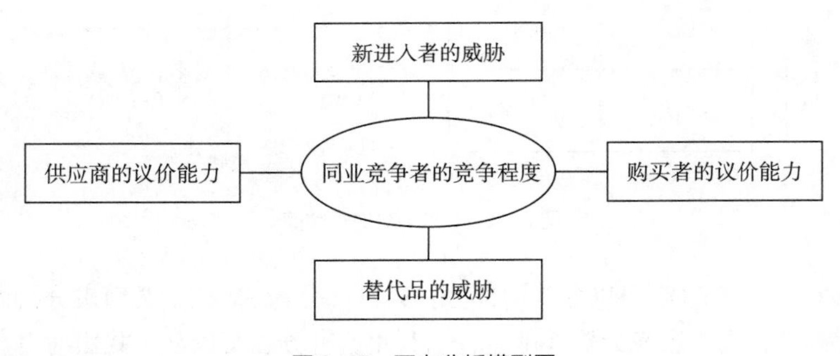

图 2-17 五力分析模型图

波特五力模型是哈佛大学商学院的迈克尔·波特（Michael Porter）于 1979 年创立的用于行业分析和商业战略研究的理论模型。该模型在产业组织经济学基础上推导出决定行业竞争强度和市场吸引力的五种力量。此处的市场吸引力可理解为行业总体利润水平。“缺少吸引力”意味着前述五种力量的组合会降低行业整体利润水平。五种力量模型确定了竞争的五种主要来源，即供应商和购买者的讨价还价能力、新进入者的威胁、替代品的威胁，以及最后一点，来自同一行业公司间的竞争。一种可行战略的提出首先应该包括确认并评价这五种力量，不同力量的特性和重要性因行业和公司的不同而变化。

1. 供应商的议价能力

供方主要通过其提高投入要素价格与降低单位价值质量的能力，来影响行业中现有企业的盈利能力与产品竞争力。当供方所提供的投入要素的价值构成了买主产品总成本的较大比例、对买主产品生产过程非常重要，或者严重影响买主产品的质量时，供方对于买主的潜在讨价还价力量就大大增强。供方行业为一些具有比较稳固市场地位而不受市场激烈竞争困扰的企业所控制，其产品的买主很多，以至于每一单个买主都不可能成为供方的重要顾客；供方各企业的产品各具有一定特色，以至于买主难以转换或转换成本太高，或者很难找到可与供方企业产品相竞争的替代品；供方能够方便地实行前向联合或一体化，而买主难以进行后向联合或一体化。

2. 购买者的议价能力

购买者主要通过其压价与要求提供较高的产品或服务质量的能力，来影响行业中现有企业的盈利能力。购买者的总数较少，而每个购买者的购买量较大，占了卖方销售量的很大比例；卖方行业由大量相对来说规模较小的企业所组成；购买者所购买的基本上是一种标准化产品，同时向多个卖主购买产品在经济上也完全可行；购买者有能力实现后向一体化，而卖主不可能前向一体化。

3. 新进入者的威胁

新进入者在给行业带来新生产能力、新资源的同时，将希望在已被现有企业瓜分完毕的市场中赢得一席之地，带来现有企业发生原材料与市场份额的竞争，最终导致行业中现有企业盈利水平降低，严重的话还有可能危及这些企业的生存。竞争性进入威胁的严重程度取决于两个方面的因素，这就是进入新领域的障碍大小与预期现有企业对于进入者的反应情况。新企业进入一个行业的可能性大小，取决于进入者主观估计进入所能带来的潜在利益、所需花费的代价与所要承担的风险这三者的相对大小情况。

4. 替代品的威胁

两个处于不同行业中的企业，可能会由于所生产的产品是互为替代品，从而在它们之间产生相互竞争行为，这种源自替代品的竞争会以各种形式影响行业中现有企业的竞争战略。替代品价格越低、质量越好、用户转换成本越低，其所能产生的竞争压力就强；而这种来自替代品生产者的竞争压力的强度，可以具体通过考察替代品销售增长率、替代品厂家生产能力与盈利扩张情况来加以描述。

5. 同业竞争者的竞争程度

大部分行业中的企业，相互之间的利益都是紧密联系在一起的，作为企业整体战略一部分的各企业竞争战略，其目标都在于使得自己的企业获得相对于竞争对手的优势。所以，在实施中就必然会产生冲突与对抗现象，这些冲突与对抗就构成了现有企业之间的竞争。行业进入障碍较低，势均力敌竞争对手较多，竞争参与者范围广泛；市场趋于成熟，产品需求增长缓慢；竞争者提供几乎相同的产品或服务，用户转换成本很低；退出障碍较高，即退出竞争要比继续参与竞争代价更高。

（五）7S 模型

7S 模型是麦肯锡顾问公司研究中心设计的企业组织七要素，企业在发展过程中必须全面考虑各方面情况。七要素包括结构（structure）、制度（system）、风格（style）、人员（staff）、技能（skill）、战略（strategy）、共同的价值观（shared vision）。企业仅具有明确战略和深思熟虑的行动计划是远远不够，因为企业还可能会在战略执行过程中失误。因此，战略只是其中一个要素。在 7S 模型（图 2-18）中，战略、结构和制度被认为是企业成功的“硬件”，风格、人员、技能和共同的价值观被认为是企业成功经验的“软件”。

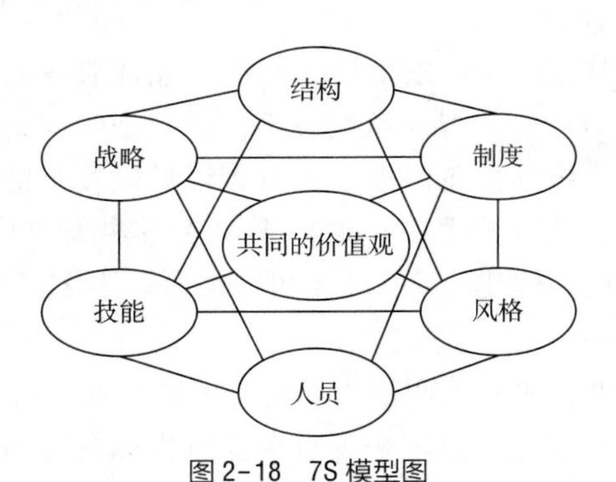

图 2-18　7S 模型图

麦肯锡的 7S 模型提醒世界各国的经理们，软件和硬件同样重要，各公司长期以来忽略的人性，如非理性、固执、直觉、喜欢非正式的组织等，其实都可以加以管理，这与各公司的成败息息相关，绝不能忽略。

1. 硬件要素分析

（1）战略　战略是企业根据内外环境及可取得资源的情况，为求得企业生存做长期稳定地发展，对企业发展目标、达到目标的途径和手段的总体谋划，它是企业经营思想的集中体现，是一系列战略决策的结果，同时又是制定企业规划和计划的基础。企业战略这一管理理论是 20 世纪 50 年代到 60 年代由发达国家的企业经营者在社会经济、技术、产品和市场竞争的推动下，在总结自己的经营管理实践经验的基础上建立起来的。在美国调查，有 90% 以上的企业家认为企业取得成功的重要因素，企业的经营已经进入了“战略制胜”的时代。

（2）结构　战略需要健全的组织结构来保证实施，组织结构是企业的组织意义和组织机制赖以生存的基础，它是企业组织的构成形式，即企业的目标、协同、人员、职位、相互关系、信息等组织要素的有效排列组合方式，就是将企业的目标任务分解到职位，再把职位综合到部门，由众多的部门组成垂直的权利系统和水平分工协作系统的一个有机的整体。组织结构是为战略实施服务的，不同的战略需要不同的组织结构与之对应，组织结构必须与战略相协调。企业组织结构一定要适应实施企业战略的需要，它是企业战略贯彻实施的组织保证。

（3）制度　企业的发展和战略实施需要完善的制度作为保证，而实际上各项制度又是企业精神和战略思想的具体体现。所以，在战略实施过程中，应制定与战略思想相一致的制度体系，要防止制度的不配套、不协调，更要避免背离战略的制度出现。例如具有创新精神的创新制度，一个人只要参加新产品创新事业的开发工作，他在公司里的职位和薪酬自然会随着产品的成绩而改变。这种制度极大地激发了员工创新的积极性，促进了企业发展。

2. 软件要素分析

（1）风格　研究学者发现，杰出企业都呈现出既中央集权又地方分权的宽严并济的管理风格。他们让生产部门和产品开发部门极端自主，又固执地遵守着几项流传久远的价值观。

（2）共同的价值观　由于战略是企业发展的指导思想，只有企业的所有员工都领会了这种思想并用其指导实际行动，战略才能得到成功的实施。因此，战略研究不能只停留在企业高层管理者和战略研究人员一个层次上，而是应该让执行战略的所有人员都能够了解企业的整个战略意图。企业成员共同的价值观念具有导向、约束、凝聚、激励及辐射作用，可以激发全体员工的热情，使得领导层制定的战略能够顺利、迅速地付诸实施。

（3）人员　战略实施还需用充分的人力准备，有时战略实施的成败确系于有无合适的人员去实施，实践证明，人力准备是战略实施的关键。企业在做好组织设计的同时，应注意配备符合战略思想的需要的员工队伍，将他们培训好，分配给他们适当的工作，并加强宣传教育，使企业各层次人员都树立起与企业的战略相适应的思想观念和工作作风。

（4）技能　在执行公司战略时，需要员工掌握一定的技能，这依赖于严格、系统的培训。松下幸之助认为，每个人都要经过严格的训练，才能成为优秀的人才，譬如在运动场上驰骋的健将们大显身手，但他们惊人的体质和技术，不是凭空而来的，而是长期在生理和精神上严格训练的结果。如果不接受训练，一个人即使有非常好的天赋资质，也可能无从发挥。

（六）ECIRM 战略模型

ECIRM 战略模型是在系统研究欧美典型公司和中国本土的大企业成长经验之后，

和君咨询总结提炼出的一个在中国商务环境下如何造就公司的一般模式。自安索夫开创企业战略学以来，迄今已出现了十大战略流派观点纷呈的所谓“战略管理理论丛林”。各派理论观点各异，但有共同认识，即世界上不存在唯一正确的公司战略模型，需要的是应因各个企业的个性和约束条件作出合适的选择。在 ECIRM 战略模型（图 2-19）中，E（entrepreneur）是企业家、C（capital）是资本、I（industry）是产业、R（resource）是资源、M（management）是管理，共同构成公司战略五个要素或维度，共同耦合成为一个以企业家精神和企业家能力为核心的公司战略模型。一个企业能否成功，取决于 ECIRM 战略版图里五个要素的量级和品质；五个要素之间的适配性；五个要素在各自改进和发展过程中的彼此协同性；五个要素构成的企业整体作为一个系统，对外部经济环境演变的适应性。

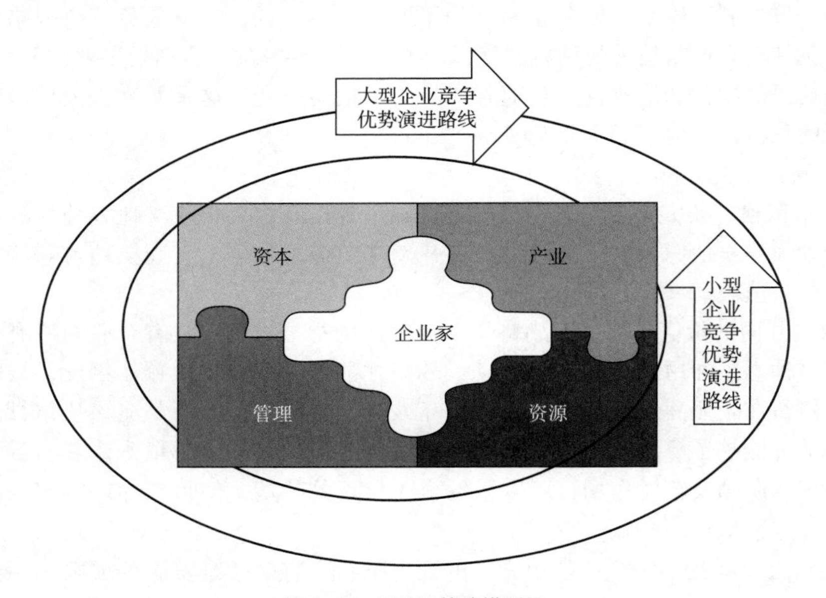

图 2-19 ECIRM 战略模型图

1. ECIRM 战略五要素分析

（1）E——企业家 这里所说的企业家，是指一个企业的经营主持者和最高管理者，是企业经营意志的源泉和灵魂。所谓企业的经营意志，也就是奈特所讲的“在存在不确定性的情况下决定做什么和怎样去做”。一个企业能否成长，第一个决定性因素就是主持这个企业经营的企业家是否具备足够的素质、知识和能力，或者说第一决定性因素就是这个企业能否拥有一个具备足够素质、知识和能力的企业家。一个企业倘若要成功，首先必须拥有一个卓越的、志存高远的企业家。美国管理学协会花了 5 年时间研究，发现一个成功的管理者一般应具备 20 种能力：工作效率高；有主动进取精神，总想不断改进工作；逻辑思维能力强，善于分析问题；有概括能力；有很强的判断能力；有自信心；能帮助别人提高工作能力；能以自己的行为影响别人；善于用权；善于调动别人的积极性；善于利用谈心做工作；热情关心别人，建立亲密的人际关系；能使别人积极而又乐观地工作；能实行集体领导；能自我克制；主动果断；能客观地听取各方面的意见；对自己正确估价，能以他人之长补自己之短；勤俭刻苦和具有灵活性；具有技术和管理方面的知识。以上 20 条，有的属于才能，有的属于个性，还有的则属于处理人际关系方面的社会能力。企业家最不可或缺的素质和能力应该是雄心壮志、胆识、决断力、号召力、统驭力和体力。

（2）C——资本　企业的组建与诞生，需要有资本的投入。企业的持续成长，需要有持续的资本供给。一个企业从诞生到分阶段地一步步成长，成为大型公司，必定是一个“融资→投资→再融资→再投资”的规模不断放大的资本循环过程，同时也是一个伴随着大量收购、兼并、重组、合资、战略结盟等活动的资本扩张过程。实证研究表明，一个企业能否或能以一个什么样的速度成长成为一个大蓝筹企业，一个很重要的制约因素就是它动员和吸纳资本的能力和效率究竟有多大。大多数大型公司的成长史，实质上就是持续地和大规模地动员和吸纳社会资本的结果。在 ECIRM 模型中，“C——资本”要素的质地优劣可以归结为三点：①资本规模，即资本量的大小；②资本成本或资本价格，即公司占用的存量资本成本和增量融资成本；③资本生成的速度，即融资的时效性。努力做到资本生成规模大、成本低、速率快，应该是所有公司在改善资本要素的品质方面所致力于追求的目标。人们也可以依据这三个指标来衡量一个企业的竞争优势和成长质量。总之，成功的公司或者竞争为王，或者垄断制胜，终究离不开源源不断和大规模的资本供给。一个致力于成为现代公司的企业，必须确立资本信誉、擅用金融工具、广开资本通路、拓宽金融渠道、扩大资本规模、擅长资本运作，努力构建起一个可持续、大规模和有效率的资本吞吐体系。

（3）I——产业　一个企业能否成功还与它所在或所选择从事的产业或产品领域紧密相关。迈克尔·波特说：“制定战略很重要的一步，是企业家必须花心思好好界定企业所经营的产业。”产业选择对企业的生存和发展是至关重要的，产业的盈利能力制约着产业内厂商的盈利水平。企业为追求满意的赢利，就应该找出最佳的产业定位，以期能对抗“波特五力”竞争力的作用。产品市场总量和产业规模决定着企业的成长空间和规模极限。有的产品市场总量小，产业规模不够，局限于该领域的企业，即便竞争为王成了该领域的垄断性企业，也不足以成就蓝筹规模。能够成就为蓝筹公司的企业，在产品和产业选择上，要么是选择一个产品或产业具备足够大的规模，要么是企业的战略能力和系统能力足以能够把多个产业多个产品有效率地纳入自己的事业领域。企业成长典型路线往往是从一个产品做起，然后是多个相关产品，之后由多个相关产品组成的一个产业，进入相关产业，最后甚至进入非相关产业，最终发展成为从事多个产业、拥有多个产品的巨型公司。一个特定公司在 ECIRM 模型中“I——产业”要素的质地优劣影响因素：产业规模、产业的竞争结构和产业吸引力、产业盈利模式、产业政策、公司业务协同效应、公司经营特定产业的效率优势。总之，企业在产品和产业选择上，须进入或创造条件准备进入那些市场足够的大型产业，而且必须有能力创造产业利基，主导产业秩序，领导产业升级换代。

（4）R——资源 资源是指一个企业从事某一特定产品或产业的经营所必须具备的那些有形的和无形的生产要素、条件、技能（skill）和能力（capabilities）。资源可简单分成：①天然资源，如矿藏、土地、水利、景观、气候；②物质资源，如产品、技术、装备、资产，甚至是存货；③人力资源，如团队、技工、熟练工、低成本劳工等；④市场资源，如品牌、营销网络、顾客、供应商；⑤公共关系资源；⑥从事特定产品或服务的企业经营所必备的要素等。首先，资源决定着企业的业务范围。一切企业的生产经营过程，都是一个投入资源然后转化为产出的过程。其次，资源决定着企业的成长空间。在一定的生产函数[①]或技术水平下，企业所能达到的成长极限是被其所拥有的资源量限定的。存量资源的多少决定着企业所能达到的经营规模大小，获取或积累增量资源的速度，制约着企业的成长速度。再次，资源决定着企业的竞争优势。战略不能偏离自身资源和能力的基础。确保公司的资源和能力能被充分利用并使赢利潜力发挥到极致。建立公司的资源基础，填补资源缺口。一个特定公司在ECIRM模型中“R——资源”要素的质地优劣：①资源保有量；②资源的价值性、稀缺性和不可模仿性；③获得资源的规模、成本和速度；④公司所处的资源环境。从事任何一个产业的经营，都必须占领、控制、拥有或培育出与之相适应的产业资源。否则，企业家再能干也将“巧妇难为无米之炊”，货币意义上的资本再充裕也无法转化为现实的生产。

（5）M——管理 当资本和资源都为着特定的产业经营而聚合到一个企业体之后，如何保证企业组织在运营上的有效，从而使这些资本和资源能够得到有效率的使用，就成为企业经营中的致命问题。在ECIRM战略模型中，“管理”是一个促进组织结构合理和保障组织运营效率的要素，细分言之，ECIRM模型中的“M——管理”，主要包括公司治理结构、决策体制、组织结构、机制和流程、责权利体系的安排和落实、绩效考核和薪酬体系、企业文化、企业信息化等，足以影响组织运营效率的所有方方面面。企业人都知道，上述管理体系中的任何一个层面或环节失当、失效或失灵，都将导致企业组织的整体无效率。要成为蓝筹公司的企业，必须具备良好的管理，确保组织运行效率。

2. ECIRM战略逻辑

ECIRM——企业家、资本、产业、资源和管理，是成就企业不可或缺的五大要素。一个公司的成长过程，就是不断地优选企业家、持续地聚集资本，占领最有规模和最有盈利能力的产业，整合和控制相应的产业资源，持续不断地进行组织变革和管理改进的过程。纵观国外成熟市场经济体里的那些著名公司，虽然从事着不同

① 用于描述在特定技术水平下，生产要素的数量与产品产量之间的函数关系。

的行业且有着迥异的企业个性，但在这五个方面却高度的一致，即：①企业家——优秀的企业家；②资本——良好的资本信誉和可持续的、大容量的、高效率的资本通路；③产业——市场规模巨大和行业赢利能力不俗的产业位置；④资源——良好的甚至是独占性的产业资源；⑤管理——足以成为世界范围内企业标杆的优秀管理。任何一方面出了问题，都将动摇其蓝筹地位。简而言之，一个企业能否成功，取决于 ECIRM 战略版图里每个要素的量级和品质、五个要素之间的适配性、五个要素在各自改进和发展过程中的彼此协同性。

(1) 有两点需要重点关注　第一点关注，企业家、资本、产业、资源和管理共五个语汇的概念内涵是因应不同的语境而有着不同所指。尤其是"产业""资源"和"管理"三个概念，歧义丛生，人们在使用中总是依据特定的语境而有特定的所指。同样是资源战略学派，不同的学者往往有着不同的资源内涵界定；在 ECIRM 模型中，五个要素的概念内涵也是特定的，与其他语境下的概念内容有出入。第二点关注，现实中的企业成长过程，往往不是五个要素并驾齐驱、齐头并进的，更多的时候总是表现为某一个或某几个要素"先行"而后其它要素跟进的势态。没有哪个企业天生与五要素完整适配。五要素永远处于动态平衡，平衡是短暂的，不平衡是永恒的。

(2) 致力五方面战略行动

①战略行动第一方面：立足长远，致力于构建 ECIRM 战略的完整版图，而不是只专注于企业的眼前盈利，这是一个蓝筹型企业家与一个普通生意人的"分水岭"。普通生意人追求的是发财赚钱，蓝筹型企业家追求的是基业长青和产业引领地位，毕竟稳定的企业盈利是企业稳定发展和产业引领地位的自然结果。一个致力于造就蓝筹公司的企业或企业家，应该致力于构建起 ECIRM 战略的完整版图，判断一个企业是否可能成长为蓝筹公司，主要是依据这个企业是否具备足够的能力和效率构建起完整的 ECIRM 版图并保持它们发展的可持续性。

②战略行动第二方面：持续提升 ECIRM 战略里每个要素的量级和品质。企业必须致力于营造一套优选企业家的机制和文化，或者能促使在位企业家持续改进其素质和能力，或者能以优替劣地实现企业家的有序更新和过渡。全方位构建和疏通企业吸纳资本的渠道，在资本规模、资本成本、资本增值率和资本循环的可持续性这四个方面塑造企业的资本强势，营造企业的资本竞争力。尽量淡出规模不足的行业，集中资源占领总量大、利基厚、盈利能力强的产业，而且要十分注重踏准产业生命周期和循环周期的节奏。不遗余力地发育、整合和控制产业资源，扩大资源的规模，改善资源的品质。完善公司治理机制，优化组织结构和业务流程，塑造良好的企业文化，持续提升管理水平，促进企业运营效率。

③战略行动第三方面：努力促进五要素之间的性质适配和功能耦合，推动五要素的结构优化。任何一个企业的 ECIRM 五要素都形成一个特定的结构，或天然的原因，或历史的原因。企业必须因应发展的需要，随时检视自己 ECIRM 五要素的适配性，并持续地推动五要素的结构优化：基于资源重组业务和发育能力，基于业务重

组能力和整合资源，或者基于能力发育资源和重组业务。

④战略行动第四方面：保持五个要素在各自改进和发展过程中的彼此协同性。ECIRM五要素中的任一要素，都会有其自主的演进轨迹和发展进程。企业在需要保证五个要素之间性质适配的同时，还需确保五个要素之间演进方向的一致和发展速度的协同。过量的要素将形成闲置和浪费，不足的要素将成为“短板”而制约企业的总体效率和发展。企业要致力于保持五要素各自发展过程中的协同性，重点是发现“短板”、补长“短板”，补长短板的边际效果最大。

⑤战略行动第五方面：对外部经济环境变迁作出适时反应，引导环境向有利于自己的方向改变，改变自己以适应环境演变的新态势。在成长过程中，企业更多地是适应环境和利用环境。在成长成为产业引领者之后，大公司有着足够的产业势力，可能主导产业的秩序和业态，领导产业的走势和方向，在一定程度上改变环境。但总体上讲，企业还是环境的产物，必须随时改变以适应环境的变迁。

第三章　文化资源梳理与开发

第一节　文化资源研判

一、文化资源的内涵与外延

文化资源是能够满足人类文化需求、为文化产业提供基础的自然资源或社会资源，分为物质文化遗产、非物质文化遗产、自然遗产和智能文化资源四个大类。对地方文化资源存量和价值进行科学分析和准确评估，明确地方文化资源禀赋与市场潜力之间的相互关系，从中找到地方文化资源进入文化市场的契机，能够为科学、合理地制订地方文化资源保护、开发规划提供重要参考，同时也是地方文化资源参与产业化经营的重要步骤。只有对地方文化资源进行准确界定和分类，才能构建起科学合理的文化资源统计指标体系，才能据此对文化资源的存量、价值做出正确评估，从而勾画出地方文化资源现状的清晰图景。对“地方”的界定，是以传统上的行政区域（如浙江省）和经济区域（如长江三角洲城市群）为基础，但又不完全囿于此，还充分考虑了文化产业、文化资源、文化市场等的特殊性。

（一）文化资源概念界定

“文化资源”（cultural resources），作为一个独立的概念虽然已经得到普遍认可，但至今并未被国家法律、法规等正式文件所采用。

第一，区分文化与文化性。文化资源的基本性质是“文化性”，而其文化性可能表现在两个方面：一方面，资源本身具有文化性，是人类的文化产物，如各种物质文化遗产、非物质文化遗产等属于此类；另一方面，资源本身不具有文化性，但是能够满足人的文化需求，如自然遗产本身并非人类的产物，但是由于其可以满足人们的审美、求知等需求，也属于文化资源。另外，智能文化资源两者兼备。

第二，区分“文化资源”与“文化产业资源”。马克思将人类的生产劳动划分为劳动者、劳动工具和劳动对象三个部分，传统上仅把劳动对象理解为资源，而当前对于资源的理解却越来越宽泛，趋向于把生产劳动的不同要素都理解为资源，这就增加了资源的复杂性。对于文化资源来说也存在这个问题，如所谓的“文化资源”包含了“人力资源”。直接从事创意、创作的人可以归为文化资源，而从事文化产业经营管理和研究的人就不宜归为文化资源，而应归为“文化产业资源”。文化产业资源包括文化产业运行需要的所有资源，其中文化资源是基础和生产对象，另外还包括金融资本、人力资源、传播渠道和平台等。

第三，以文化产业运作框架为参照。对文化资源的理解应该以文化产业为基本参照。文化产业的基本运作过程包含“创意→生产→传播→消费→再生产”五个基本环节。文化产业运作过程的推进对应着文化表现形态的演变，即“文化资源→文化产品→意义和快感+资金和品牌”。文化资源是文化产业运作的起点，它经由创意的加工而转化为文化产品。文化资源定义为能够满足人类文化需求、为文化产业提供基础的自然资源或社会资源。

（二）文化资源的分类

对文化资源进行恰当分类是进行文化资源统计、调研以及制定文化产业发展战略的重要前提。借用国际上得到公认、比较流行，且在国内也得到认可的文化财产、文化遗产、自然遗产、水下文化遗产、非物质文化遗产等概念来构建文化资源的分类体系。文化资源应包括物质文化遗产、非物质文化遗产、自然遗产和智能文化资源四个部分，其中物质文化遗产与“历史文化资源”相对应，非物质文化遗产与“民俗文化资源”相对应，智能文化资源则属于现实文化资源（图3-1）。

二、文化资源的价值评估

文化资源是文化产业生产过程中文化形态演变的第一环节，也是创意的基础。因此，对地方文化资源的价值评估也就成为地方文化产业发展的第一步。首先，为地方文化资源找准价值定位，明确地方文化产业图景的框架结构。文化资源评估是产业化的先行步骤。从资源禀赋和市场潜力等方面对文化资源进行评估，就要明确文化产业发展的可利用资源、资源的价值点，厘清资源可开发性、产业化条件，为科学、合理制定文化资源保护、开发的规划提供重要参考。其次，为文化资源开发利用模式与规模提供决策依据。设立科学的指标体系，调查和测评文化资源，形成当地文化资源价值特征、价值潜力、价值预期效应之间的层次体系和相互关系，明确产业开发的目标和方向。再次，为打造文化产业核心竞争力提供保障。文化资源评估有利于明确文化资源的核心价值，通过横向比较，逐项确定各类资源的综合性排序，依据产业优先的原则划分出各类资源之间的优先层次列表。最后，为文化资源产业化的市场匹配提供参考价值。通过价值评估，进一步明确文化资源禀赋与市场潜力之间的关系，从中找到文化资源进入文化市场的契机，这是文化资源参与产业化经营的重要步骤。

（一）价值评估的基本原则

基于文化资源本身固有的精神和物质双重属性，对其价值所做出的评价和度量就有了双重意义，也正因如此，文化资源往往表现出可度量性和不可度量性。可度量的文化资源有其鲜明的价值量化形式，如历史文物、建筑、工艺品等；不可度量的文化资源则鲜有明确的经济价值标尺，如民俗、戏曲等。客观评价文化资源的价

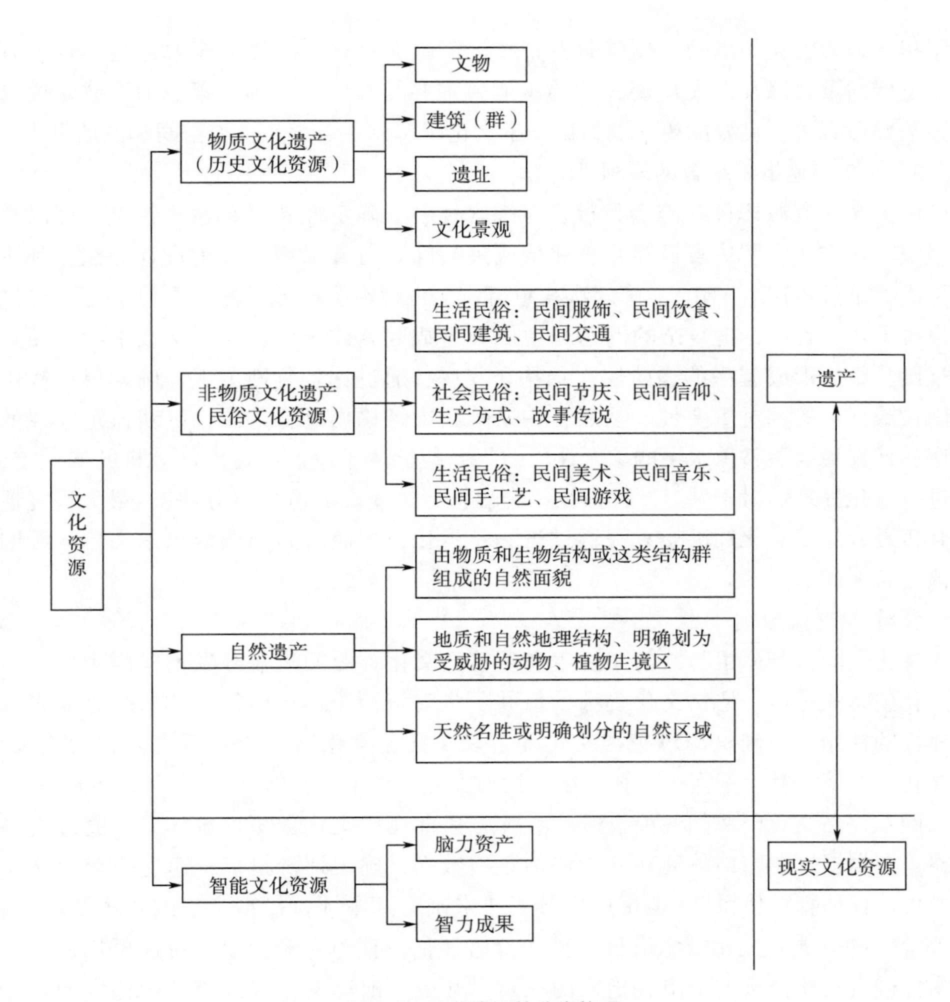

图3-1　文化资源的分类体系

值，需要建立一个兼顾可度量和不可度量性的评价基准。文化资源价值评估的基本原则如下。

1. 客观性原则

对文化资源进行价值评估，避免根据主观偏好进行臆测，杜绝片面性与局限性，要运用科学方法，结合文化产业历史发展的主流价值方向，尽量接近现实的角度来测度文化资源，反映出文化资源的真实价值。

2. 地方性原则

文化资源评估，包含着寻找地方文化资源独特性与比较优势的倾向性。文化资源评估的一个重要任务就是考察当地文化脉络中的主流成分的传承能力。在进行价值评价时，应注意体现对核心价值资源的探测与价值的深入挖掘。地方文化产业发展承担着地方文化传承的重要使命，而文化资源本身具有的传承能力也是影响地方文化发展的重要因素。文化资源的传承能力主要与其综合规模、竞争力、成熟度以及相关环境有关，良好的传承能力保证了文化资源的生命力、发展空间和发展潜力。

3. 定性与定量相结合的原则

因为文化资源评价具有多目标性、综合性、不确定性和复杂性等特点，可以参考系统工程方法中解决多目标系统评价或决策问题时常采用的权重设计方法，利用多层次权重解析法（ANP）。多层次权重解析法也称为层次分析法，本质上是一种决策思维方法。首先，把复杂的问题分解成各组成因素或指标，将因素或指标按照某种规则分组，形成有序的递阶层次结构。其次，通过比较判断方式，确定每层次中各因素或指标的相对重要性。然后，在递阶层次结构内进行并合，以获得重要性的排序，计算最高层整体水平的综合评价结果。指标体系设计应在定性分析的基础上，再进行量化处理。对于缺乏统计数据的定性指标，建议采用“评分法”，最大程度地使其接近或达到量化标准。只有通过进一步量化，才能较为准确地揭示文化资源的价值分布形式。

4. 全面整体原则

文化资源有其原生与共的文化生态环境，文化资源的产业开发也应当考虑到与其文化生态相呼应。评估文化资源价值并不是对资源个体进行简单的打分，应当以整体性的视角，看到资源风貌与文化环境以及社会文化活动之间不可分割的关系，从文化、经济、社会的多维一体角度，给出文化资源准确价值评判。

确定评估文化资源的各项指标，形成一套直观的文化资源评价体系。通过现场考察、数据提炼、归纳整理和分析评估各项数据，确定评价指标，建立一套“文化资源价值评估指标体系”，运用层次分析法来确立基本评价模型。采用“先赋权重、后评价”的方式对文化资源进行存量和价值评估。整合专家力量，对评价模型中各层指标进行对比分析，得出各指标的权重，开展对前述文化资源统计中选定的目标文化资源的综合评价分析。

（二）价值评估指标的确定

评估指标的设置是文化资源综合评估系统的基础，指标体系构造的合理性和科学性关系到评估系统运作的成败。具体指标的构造过程中，要考虑指标三性：代表性、独立性、双向性。首先要考虑指标的代表性，选择最具有特征、最能反映出评估目的的指标。而且指标要少而精，避免将问题复杂化。其次，考虑指标的独立性，指标要有独立的内容、独立的含义和解释，避免出现指标的二义性和重复性。最后，要考虑指标的“双向性”，即不能只设置考察文化资源应该具备某种价值要素的指标，还要设置当地能够提供的资源产业化转化效能指标。

文化资源的价值要素包括文化资源的文化价值、经济价值、社会价值、发展价值等方面。文化资源的文化价值在于其本身的资源禀赋，在进行评估时主要考虑其地方文化成分功能和文化影响力；经济价值包括经济效用、消费价值、资源竞争力、资源消费人群、资源市场规模、稀缺性；社会价值包括文化价值、社会效用、文化资源保护等级、知名度、独特性；发展价值包括文化特色、分布范围、资源属地经济发展水平、交通运输便利度。在选择文化资源价值评估指标时，相应地应该考虑到文化资源品相指标、资源效用指标、资源传承能力以及发展预期指标等。确定评估指标应遵循以下三个原则。

1. 差异性原则

指标的选择要全面，但同时应分清主次和轻重，明确影响文化资源价值评估的最重要因素，以突出资源的个性、特征及资源类别优势，最终实现文化资源价值的真实体现。

2. 可比性原则

指标体系中同一层次的指标，应该满足可比性的原则，即具有相同的计量范围、计量口径和计量方法，指标取值宜采用相对值，尽可能不采用绝对值，使得评估能够反映出资源的相对优势状态。

3. 系统性原则

建立一套科学的指标体系是进行价值评估的基础。指标体系的结构，是形成指标组合的逻辑关系和表达形式的基础。只有结构科学合理，最终形成完整的评估体系，才能客观、真实地对文化资源进行有效评价。

研究地方文化产业，除了历史价值外，更应关注当地文化资源的产业价值。与地方文化资源关系最为密切的莫过于当地民众，因此，了解当地居民对这些文化资源价值的认知情况，对于制订文化资源价值评估标准意义极为重大。专家系统地方物质文化遗产价值评估体系、地方非物质文化遗产价值评估体系及地方自然遗产价值评估体系见表3-1～表3-3。

表3-1　专家系统地方物质文化遗产价值评估体系表

序号	名称	要素																				备注
		资源品相					历史价值			文化价值				审美价值		开发成本						
		指标	稀缺性	知名度	保存状态	传承能力	久远度	时代特色	历史影响力	文化（地域）特色	文化内涵	信仰内涵	情感内涵	艺术代表性	艺术感染力	交通条件	服务能力	开发程度	民众认同度	环境优化度	恢复、保护投入	
1	茶筅																					
……																						

表 3-2　专家系统地方非物质文化遗产价值评估体系表

序号	名称	要素																				备注
		资源品相					历史价值			文化价值				审美价值		开发成本						
		指标	稀缺性	知名度	保存状态	传承能力	久远度	时代特色	历史影响力	文化（地域）特色	文化内涵	信仰内涵	情感内涵	艺术代表性	艺术感染力	交通条件	服务能力	开发程度	民众认同度	环境优化度	恢复、保护投入	
1	径山茶宴																					
……																						

表 3-3　专家系统地方自然遗产价值评估体系表

序号	名称	要素																备注
		资源品相				科学价值		文化价值		审美价值		开发成本						
		指标	稀缺性	知名度	保存状态	科学典型性	实际应用	文化内涵	情感内涵	艺术代表性	艺术感染力	交通条件	服务能力	开发程度	环境承受力	民众生活关联度	保护投入	
1	西湖																	
……																		

（三）价值评估应该注意的问题

1. 文化价值观

基于地方社会特征、经济特征的文化价值观，影响着当地的文化消费习惯。价值评估不应忽视这一点，因为它直接关系到文化资源产业化的可行性与应有模式。

2. 文化资源价值的潜在性

未开发资源中可能具有意想不到的价值，已开发的资源也可能因为当前开发途径的不合理而掩盖了其真正的价值等级。用前瞻性的眼光，通过评估发现文化资源的潜在价值，把握产业化过程中的先机，是评估环节的重要价值。

3. 文化资源价值的滞后性

滞后性指由于现有产业条件未能达到资源价值转化的程度，而导致其价值未能体现。对于这种情况，应当及时发现并进行价值重申，以便在之后的战略规划中积极创造条件，促进此类资源的价值实现。

4. 文化资源价值的回归性

文化资源价值的回归性与当下崇尚复古、怀旧的文化现象息息相关。积极关注当下文化风尚，寻找具有回归意义的文化资源，是实现地方文化资源深度、全面开发的一个契机。

三、文化产品的价值构成

文化产品与其他产品相比，具有其价值内核，即满足人们文化精神需要的特有价值承载与传播。这种价值内核既可以独立存在，也可以与个体的其他价值需要相复合，成为具有文化价值属性的产品。因而，文化产品本身具有价值复合性、形态多样性、功用集合性和创意丰富性等特点。从文化产品价值内核的角度分析，对应个体文化精神在美、思、传、用四个维度上的需要，文化产品的价值主要由审美价值、思想价值、传播价值和工具价值四个方面构成。

（一）审美价值

审美价值是人们对于文化产品能够满足自身审美需要、带来美的感受和主体快乐体验的一种价值属性。审美作为人的一种对象化的活动，既是一种客观世界在人们头脑中的反映实在，又是主观见之于客观的能动历史过程。文化产品之美与自然景物之美不同，它是人们基于对美的规律认识基础上的价值追求和劳动创造，代表着更高层次的审美价值表达与人的精神生活需要。

文化产品作为审美主体的创造物，融入了主体对美的价值理解和表达；当这一创造物作为客体在满足人们审美需要的过程中，则将美的价值及其表达传播开来，进而影响人们的审美认知和体验。在全球化的背景下，不同国家和民族之间的审美交流日渐深入，人类命运共同体下的自然之美、生命之美、生态之美为人们奠定了共性的审美价值。同时，文化审美的互鉴也将各美其美的价值包容与共生共享理念普及开来，为文化产品的世界市场注入了活力、拓展了空间。

美是世界通行的语言，文化产品只有将审美价值充分彰显，才能更好地发挥文化使者和人类命运共同体文化之桥的作用，在激发人类社会共同对美的追求和创造的历史进程中，不断实现人的全面和谐之发展。

（二）思想价值

思想是人区别于动物的精神活动及其成果，其相对独立性使得思想成果可以在不同个体间进行交流传播，并形成代际传承的累积效应，成为推动人类社会不断前行的文化力和生产力。思想价值是文化产品能够满足人们在认知积累和精神建构需要上的本质属性，构成了文化产品价值内核。因而，对文化产品的内在质量评价与其他物质产品有着明显不同，文化产品品质根本上是以其思想价值来衡量的，直接体现在满足人的理性建构需要和增强人们精神力量上。

文化产品既体现人们在社会生活实践中的思想劳动和创造成果，又促进人们将这种成果作为精神活动的对象，进一步丰富和拓展人的思维实践和精神创造。思想劳动是构成文化产品思想价值的源泉，其成果具有的知识产权体现了对思想劳动者的劳动尊重和权利保护。文化产品的思想价值作为其本质属性，体现在文化产品的生产、交换、消费的过程之中，也是区分文化产品与非文化产品的显著标志。尽管文化产品的类型多样、具体形态千差万别，但其承载的思想价值或对思想价值的艺术表达则是共性的，不应因形式上的不同而丧失思想价值，否则就不能称之为文化产品。文化产品的思想价值是直接作用于人们精神内能的，也是文化共同体长期形成与持续发展的共同基础所在。

（三）传播价值

人类劳动创造的产品随着使用范围的扩大，都体现出其传播性。文化产品承载着特定文化内容和意涵，在满足人的认知需要和情感体验中有着其特殊的一面，即文化产品所承载的信息不因满足个体的需要而耗损，也不为个体所独占，而是随着其传播范围的扩大不断实现其对社会生活的影响作用。

传播价值是文化产品在满足人们需要过程中形成的一种特有属性，对于人们的思想认知的建构过程、思维想象、人格塑造等精神活动具有直接或间接的影响，并通过大众传播、组织传播、人际传播等各种方式，渗透到社会生活的各个方面。文化产品在信息内容上的可复制性，是构成其传播的重要条件，同时也成为实现其价值的重要路径。因而，文化产品的群体共用性传播与其他物化产品的个体独占式传播不同。文化产品作为文化传播的载体，不仅对于文化共同体内部成员的精神塑造起着重要作用，在满足个体精神需要的过程中，促进共同体形成并不断巩固文化共同体的特质；而且对于人类文明的丰富发展、交流互鉴，以生命同源、理想共通推进人类命运共同体的构建意义重大。

文化产品从文化传播层面考量，具有三个“一”的表里结构：“一张脸，是指民族、国家的文化特征；一颗心，是彼此坦诚、真挚、温厚之心；一个魂，是共同珍爱、维护世界和平之魂。”现代通信技术为文化产品的传播提供了强大的技术支撑，而数字技术与文化产品的有机融合，则将文化产品的传播价值以前所未有的方式拓展开来，建构起文化创造、交流交融的价值生态新格局。

（四）工具价值

工具价值是文化产品满足人们作为一种思维实践或生活实践中某种功用需要的价值属性，表现在为人们的价值生成提供某种手段或条件。文化产品的工具价值可以体现为单一的观念性功用，也可以体现为观念与某种生活实用物功用的结合，其核心在于对人的认知思维和情感体验提供唤醒、对照、借鉴、批判等功能性作用。从人的思维活动层面看，人们需要建立自身的思维工具，进行概念判断推理、抽象想象意象等一系列思维活动，不断丰富自己的精神世界；从人的情感体验层面看，人们需要建构自身的心理工具，完成自我心理调适和情感释放，建立心理平衡与情感平衡。对于社会个体来说，每个人也都是文化产品工具价值的需求者和创造者，人们通过自身对文化产品的功用需求与创造，构建起个体精神生活和社会精神活动现实图景，不断丰富和扩大人类物质文明成果和精神文明成果。

四、文化价值的产品形态

文化价值作为凝结在人的劳动产品之中的特殊价值形态，体现的是主体精神创造对客体精神需要的一种满足。无论是审美、思想之价值，还是传播、工具之价值，都是将主体的精神世界通过思维劳动投射到产品中来。由于投射方式与使用媒介的不同，文化价值具有不同的产品形态，从主体精神因子对客体精神作用方式上可以分为固化形态、塑化形态、默化形态和活化形态四种产品形态。

（一）固化形态

文化价值的固化产品形态是指生产主体将精神信息通过物化媒介进行的一种确定性的显性表达，其产品形态具有固定不变性。比如书法、绘画、雕塑、图书、影视作品、装置艺术、文化建筑，以及其他固定物态的艺术品、文创用品等。这类形态产品所蕴含的文化价值指向明显，产品一经完成就已经固化下来，其后的产品经历所形成的叙事价值，则不包含在其中。尽管固化形态产品的文化价值承载与表达自身不再发生变化，但人们对其的精神理解可能会因人、因时、因地而不同。一方面，不同的个体对同一固化形态产品的文化价值理解可以不同，这主要是由个体性差异所导致，而非产品本身的价值意涵变化。另一方面，人们对于固化形态产品的价值解读可能会因场景的不同而有所不同，虽然其存在场景可以由人们加以重新设置，进而通过与场景的组合产生新的意义指征，但这属于人们利用已有的文化价值固化产品所进行的新的精神创造活动。

（二）塑化形态

文化价值的塑化形态与固化形态不同，虽然二者价值指向都是显性的，但塑化形态产品不是将价值意涵一次性地凝聚在某个产品中，而是持续性地累积到不断叠加的产品中。这类产品在对人们的精神影响上，呈现出一种经年累月的塑造功能。例如新闻产品在影响人们的社会关注、事实判断和价值追求上，就起着累积塑造作用。同样，基于互联网的社交媒体平台上各种自媒体也有着类似的功能和作用。文化价值塑化形态产品本质上体现的是不同主体间信息传授与交往，传播者以特定的表达内容持续地对信息客体施加影响，在满足客体信息需要的过程中，施以价值影响。对于不同个体来说，在文化价值塑化形态产品选择上有着充分的自主权，可以根据自己的需要和偏好选择不同的信息交往对象，甚至建立起不同交往圈层，与专业新闻机构和媒体平台一道，成为社会信息生态参与者和构建者。

（三）默化形态

文化价值的默化形态与固化、塑化形态的价值显性化表达不同，是一种价值隐性化表达的产品形态，即在产品表象上不直接表现出明显的价值指征。例如人们日常生活用品、非互动性的静态服务产品等。这一类产品本身并没有直接承载用各种语言文字或某种艺术语言所标示价值性内容，而是通过产品背后的生产过程和工艺品质间接地体现某种文化价值追求，使人们在“日用而不觉”中，潜在地接受其对人的生活旨趣和精神影响。如果说文化价值固化和塑化产品形态更多的是直接作用于人们的内在精神，那么文化价值默化产品形态则是从外部入手作用于人的生活感性体验，再逐步进入人的精神中。品牌文化并不是产品自身直接揭示的文化价值，而是基于产品工艺、品质乃至生产者叙事的一种价值追求和文化身份认同。产品品牌文化在一定意义上可以视作文化价值默化形态的一种转化。

（四）活化形态

文化价值的活化形态是指需要主体以自身的创作动态来展现和传递价值的产品形态，体现为人与人在某种场景下的直接互动。比如演讲朗诵、音乐表演、戏剧表演等各类艺术表演，以及向人们提供的互动性服务等，都是将文化价值的表达和传递，通过现实主体的动态行为直接作用于人的精神感受。在这种情形下，作为文化价值产品接受对象的人，并非处于完全的被动状态，而是可以积极主动地参与进来，形成主体间的价值互动和情感互济。典型的文化价值活化产品形态通常被称作文化活动，是构成和维系文化共同体集体记忆的重要方式，其仪式化的内容则发展为民俗文化。现代科技的发展尤其是人工智能技术为文化价值活化形态增加了拟人化的机器主体，目前主要集中在向人所提供的互动性服务方面，少部分也进入人与机器人的共同表演中，为文化价值活化注入了新鲜的科技动力。

第二节　文化资源开发

中国地大物博历史悠久，人口众多，文化资源极为丰富，大量各具特色的文化资源是我国发展文化产业最重要的基本因素，发展文化产业必须以文化资源作为基础。21 世纪是一个文化制胜的时代，随着文化经济一体化的融合进程加速，文化的产业属性逐渐彰显。历史文化资源的成功开发利用既源自一种丰厚的文化底蕴，更是这种文化的张扬与发展。在中国式现代化进程中实现中华优秀传统文化的创造性转化、创新性发展，不断增强中国的文化软实力、感召力与影响力。弘扬与传承优秀文化资源，就要不断增强文化认同和文化自信，深化文化体制改革，激发文化发展活力，优化产业开发，促进文化资源创造性转化与文化产业创新性发展、文化与科技融合、文化资源与旅游开发深度融合。

一、文化资源形态

中国的文化资源禀赋独特丰厚，有着多样的表现形态。所谓禀赋原指人先天方面的素质，如人的体魄、智力等。文化资源禀赋则用以表示文化资源先天固有的潜力和素质。就资源禀赋的表现形态而言，中国文化资源主要由三种形态构成，即有形物质文化资源、无形精神文化资源和文化智能资源。

（一）有形物质文化资源

有形的物质资源是文化产业的基本载体，文化资源之中的有形物质资源通常处于稳定状态，如江河湖海、山峰洞窟、居民楼宇等，虽然会随着时间的流逝而有所变化，但在一定的时期之内大致是稳定的。我国有形的物质文化资源主要包括四个方面的基本内容：一是富含历史文化内涵的遗址和文物，如名胜古迹、陶瓷、碑刻、历史人物故居及祠墓、各类纪念地等；二是富有特色的自然生态景观，如名山大川、园林、地质公园等；三是文化设施，如图书馆、博物馆、体育场馆、电影院及其他各种公共文化服务设施与设备等；四是具有鲜明民族、地方特色的工艺，如苏、湘、粤、蜀四大绣品，鲁、川、湘、苏、浙、徽、粤、闽八大菜系等。联合国教科文组织《世界遗产名录》将世界遗产分成自然遗产和历史文化遗产两个大类。我国自1985年加入《保护世界文化和自然遗产公约》以来，已成功申报世界遗产59项（截止到2024年），其中包括文化遗产40项、自然遗产15项、自然与文化双遗产4项。世界遗产总数、自然遗产和双遗产数量均居世界第一。这些遗产包括长城、明清皇宫（北京故宫、沈阳故宫）、莫高窟、秦始皇陵及兵马俑坑、黄山、承德避暑山庄及周围庙宇、武当山古建筑群、龙门石窟、明清皇家陵寝、云冈石窟、澳门历史城区、安阳殷墟等。这些文物、遗址与景观，多方面展示了我国的悠久历史和灿烂文化，成为引人瞩目的重要文化资源。

（二）无形精神文化资源

中国广博且丰富的精神文化创造是文化产业取之不尽用之不竭的智慧源泉，它不仅是文化产业区别于其他产业的重要特征，也是中国文化产业独有的精神气质。因此要深入挖掘中国传统精神文化资源，大力弘扬民族精神和时代精神，不断丰富人民精神世界、增强中国文化产业内涵。无形精神文化资源包括以下五个方面。

第一，中国优良的精神传统资源，通常是指在长期的社会发展和文化发展过程中形成的独具特色的认知传统、思维方式、生活方式和精神风貌等。中国历史上灿若繁星的哲学家、政治家、军事家、科学家和文学艺术家以非凡的才智和杰出的成就在中国历史上树立了不朽的丰碑。这其中包括深邃的思想以及道德境界，如“先天下之忧而忧，后天下之乐而乐”的崇高品质；“天下兴亡，匹夫有责”的爱国精神；“天下为公”的大同思想；不畏强暴、英勇不屈的反抗斗争精神；学、问、思、辩、行结合的教育思想等。这些民族精神构成了当代文化产业基础性的优质资源，值得深度挖掘和开发。

第二，通过文化艺术体现出的艺术审美资源，如道家思想中对人与自然和谐共生的审美理念的追求；佛教通过石窟壁画、佛雕像，以及绘画、工艺美术等，向世人传达出的海纳百川、仁慈博爱、超凡而又入世的精神内核；《楚辞》体现的楚汉浪漫主义精神；“盛唐之音”显示出来的慷慨襟怀；明清市民文学的现实主义与上流社会浪漫主义的争鸣等。

第三，民族民俗文化资源，如生活生产习俗、社交礼仪习俗、岁时节令习俗和信仰习俗等。在长达数千年的历史长河中，我国各族人民在辽阔的土地上继承和创造了丰富多彩的民俗文化，包括传统民俗节庆，如端午赛龙舟、壮族“三月三”歌会、每年藏历七月一日的西藏雪顿节和祭敖包节等；现代民俗节庆，如孔子文化节、哈尔滨冰雪节、绍兴兰亭书法节、潍坊国际风筝会、丰都“鬼城”庙会等；各地的习俗风尚，如陕西八大怪、云南十八怪，“斗笠当锅盖”“鸡蛋拴着卖”“吹火筒当烟袋”等。当下这些民族民俗文化资源已成为彰显民族文化特色、凝聚民族文化认同的重要精神标识。

第四，品牌资源，如品牌名称、品牌标志、商标等，品牌资源化在我国已成为一种趋势。若在品牌的成长阶段，品牌的存在可使员工产生凝聚力，能够吸引更多的品牌忠诚者，随着企业的不断发展，品牌也不断成长，成为一笔巨大的无形财富。可以说，品牌是企业最大的财富和价值，也是企业长盛不衰之道。特别是一些如北京同仁堂、山西广誉远、湖北马应龙等中华老字号是品牌资源中的代表。

第五，非物质文化遗产资源。所谓非物质性，并不是与物质绝缘，而是指其偏重以人为核心的技艺、经验与精神。中国作为拥有五千年文明的大国，在非物质文化资源方面具有丰厚的积累。自2006年以来，国务院先后公布了五批共计1557个国家级非物质文化遗产代表性项目名录，涉及3610个子项。国家级非遗名录将非遗分为民间文学，传统音乐，传统舞蹈，传统戏剧，曲艺，传统体育、游艺与杂技，传统美术，传统技艺，传统医药，民俗共十大门类。具有高度历史、文化、艺术、科学及产业价值的非遗文化资源不仅是中华优秀传统文化的重要组成部分，相关非遗实践更是推动其创造性转化、创新性发展的题中之义。因此，文化产业应该有效地使用这些宝贵的文化资源，使其成为发展文化产业深厚的文化资源宝库。

（三）文化智能资源

文化智能资源指的是通过人的智力运作发挥知识的创造力，在产业运行中创造价值、实现价值增值的资源，是文化资源产业化开发过程中极具价值的文化资源，也是不可穷尽、无限延伸的文化资源，可以与其他文化资源以新的方式组合起来，从而形成巨大的财富。在知识经济背景下，人力资本主导经济发展的时代已经来临，人才已成为现代社会最有效的竞争资源。与其他产业相比，文化产业对人才资源有三个特殊要求：一是对人才的文化素质有更高的要求；二是对人才的市场开发和文化经营能力有较高的要求；三是创新型、复合型、高素质人才越来越成为文化产业竞争的对象。当今和未来的国际竞争、区域竞争，归根到底是人才的竞争，所以人才是最宝贵的资源。

二、文化资源类型

中国的文化资源既存在于中华民族悠久辉煌的历史进程之中，又显见于华夏大地多姿多彩的地域风情之中，面对如此丰富多彩的中国文化资源，如何对其进行科学的分类，从而准确把握各类文化资源的特性，为合理开发文化资源提供保障，便成为一个重要的问题。文化资源随着人类生产实践、社会生活和行为方式等的变化，按不同的标准可以形成不同的分类体系。

（一）根据文化资源历时性划分

文化资源可以分为历史文化资源和现实文化资源。历史文化资源主要指前人创造物质方面的凝聚，其典型代表是文化遗产，包括物质文化遗产和非物质文化遗产。近年来，党和国家领导人对全面发掘我国优秀文化历史资源、展示中华文化独特魅力的问题越来越重视。现实文化资源则主要是指人类劳动创造的物质成果的转化，其代表是创意、发明、专利等，核心要素是知识和智力。我们既要开发利用丰厚的历史文化资源、加强对其的开发和保护，又要重视现实文化资源的培育和创新，使历史文化的精华与当代社会相适应、与现代文明相协调。

（二）根据文化资源统计与评价划分

从文化资源的统计与评价的角度，文化资源可以分为可度量文化资源与不可度量文化资源：可度量的文化资源是指可以建立相应的评价体系的来具体评估和测量其瞬间利用价值的文化资源类型；而不可度量的文化资源是指不能用现实价值来衡量的文化资源类型。可度量文化资源一般以可感的物质化、符号化形式存在，包含的内容有比较常见的历史文物、建筑、工艺品、自然素材等。它们在进入市场和进行产业开发的过程比较容易，具有积极的现实意义。不可度量文化一般则以思想化、智能化的形式存在，包括民俗、音乐、舞蹈、设计等。这类资源可复制、加工，转换、融入文化产品之中等。相对于可度量文化资源，不可度量文化资源较难以转化为具体的包含着经济价值的文化产品，但经过一定的策划，也可以被推向市场化和产业化，如当下结合旅游资源和当地的民俗发展的“民俗旅游村”等现象就是很好的例证。

（三）根据文化资源主题的划分

按照文化资源的不同主题，我国的文化资源可以划分为历史文化主题、红色文化主题、名人文化主题、商业文化主题、民俗风情主题、民族文化主题、宗教文化主题、城市文化主题、乡村文化主题等。

1. 历史文化主题

历史文化就是在悠久的历史长河中沉淀下来的历史文化遗产，从形态上看，历史文化资源既包含遗迹、文物、古建筑等有形的物质财富，又包含民族精神、民间神话、民间传说等无形的精神财富；从时间和空间上看，悠久的中华文化源远流长，蕴藏着丰富的历史文化资源。

2. 红色文化主题

红色文化是在革命战争年代，由中国共产党人和人民群众共同创造并极具中国特色的先进文化，蕴含着丰富的革命精神和厚重的历史文化内涵，它包含着革命遗址、遗物等物质文化和革命理论、革命精神、革命文艺作品等非物质文化，是组织红色文化活动教育所利用的各种资源。

3. 名人文化主题

名人文化主题包括古代名士以及当代名人等，多以名胜遗迹、故里故居、著述、传说等形式存在。文化名人作为历史事件的载体和传统文化传承者，是这些宝贵文化遗存的集中体现。我们不能遗忘民族历史，不能漠视这些文化名人创造的业绩。代表着民族优秀传统的文化名人，他们的品格精神是进行爱国教育、传统教育的好素材，同时也是新时代文化产业发展的深厚源泉。

4. 商业文化主题

商业文化主要包括商品营销文化、商业环境文化、商业伦理文化、商业精神等方面。良好的商业文化具有感召力、鼓舞力、凝聚力、约束力等作用，可以塑造优秀的现代商业精神，建构完善的商业制度，弘扬高尚的商业道德，既繁荣经济又发展文化。

5. 民俗风情主题

民俗文化资源直接反映了民众的生活和情感需要，是民众在满足自身需要的文化活动中创造和积累并可以承传和弘扬的资源，包括传统岁时节俗、信仰、礼仪、风俗习惯、民间文学艺术，乃至生产活动、生产经验等，不同地区和不同民族形成各具特色的民俗系列，使得我国的民俗文化资源无比丰富。特别是各类民俗节庆活动衍生出的节庆文化产业，现已成为文化产业的重要组成部分，在文旅融合发展中显示出独特魅力，成为以文促旅、以旅彰文的典范。

6. 民族文化主题

民族物质文化资源是指各民族创造的物质产品和赖以生存的物质资料和物质环境，如民族服饰、民族建筑、民族环境等；民族精神文化资源是指各民族创造的意识形态观念和各种文化内容与形式，包括民族信仰、民族文艺、民族风俗、节庆礼仪、工艺技能等，尤其是各类列入非遗名录的民族文化瑰宝，已成为民族地区的重要文化标识与优质文化品牌。

7. 宗教文化主题

宗教文化主题几乎包含了与道教、佛教、伊斯兰教、基督教、天主教等各种宗教在漫长历史发展过程中，形成的哲学、思想、文学到建筑、绘画、雕塑等方面的所有精华，其独特的魅力和神秘性，为宗教文化资源的开发提供了巨大的潜力和无限的可能。目前，宗教旅游已经作为我国文化旅游的重要组成部分。

8. 城市文化主题

每一个城市都有发展的历史，今天是昨天的延续。因为有了城市历史，我们才能知道过去；因为有了历史遗存，我们才能看见过去的影子。城市的历史基因，是城市延续过程中保有其唯一性的保证。城市文化资源是一笔重要的文化财富，认识它的价值，在科学规划的基础上对之进行充分的挖掘，有效合理地开发利用，应是当前一项紧迫的任务。

9. 乡村文化主题

乡村文化存在于日常的田间地头，是生活于乡村的广大人民群众的日常生活方式和精神世界的反映。乡村日常文化事象中表现出的饮食男女、耕作、居住、交往、礼仪、习惯、邻里关系、婚姻家庭、节庆活动等，构成了乡村文化最基本的内容。

三、文化资源及其转化的再认识

（一）转变对文化资源的认识

第一，文化资源是一种价值综合体，包括实用价值、艺术价值、文化价值和经济价值等多种价值。文化能够被称为资源，根源在于其价值性，可以说价值是文化的根基。从文化的角度说，价值就是其对于人的需要的一种满足状态。实用价值是文化现象或者文化事物主要对于人的物质需要满足的一种形式，艺术价值和文化价值是文化现象或者文化事物精神化或者复杂化的一种结果，经济价值则是前述三种价值的经济形式、实现形式或者综合形式。

第二，文化资源是一种历史的存在，具有自身发展演变的规律。自然民俗阶段，文化资源可能仅是一种日常用品或日常活动；技术与艺术阶段，文化资源是一种传统技术和民间艺术；遗产与文化阶段，文化资源被当作文化遗产和历史研究的资料；资源与产业阶段，文化资源才转变为一种“资源”，成为市场要素。

第三，文化资源正由“遗产与文化阶段”向“资源与产业阶段”过渡，对于像杨家埠木版年画一样的文化遗产进行产业化开发初期出现的“重经济、轻文化”、缺乏保护意识和可持续发展观念的伪文化产业化行为应当进行辩证的认识。在坚持文化产业化方向的基础上，不规范、破坏性的现象不只出现在文化产业中，关键是如何防止和规范这些行为和现象，从而推动文化产业化进程的顺利开展。

（二）转变对文化资源保护和利用的认识

对于文化资源保护，一大障碍就是将保护与利用对立起来的错误认识，认为对于文化资源的保护只能是“投入式保护”，“利用式保护”就是对于文化资源的攫取和破坏。“授人以鱼，不如授人以渔”，只有具备了自我生存和发展的能力，能够被人们所利用，并通过利用获得自身发展的资源，才能够不断推陈出新、精进深入，获得不竭的动力。任何企图单纯通过外界的扶持来维续自身生命的文化形式都是不可持续的。根据《保护非物质文化遗产公约》定义，“保护”指确保非物质文化遗产生命力的各种措施，包括这种遗产各个方面的确认、立档、研究、保存、保护、宣传、弘扬、传承（特别是通过正规和非正规教育）和振兴。定义涵盖了文化保护的诸多方面和流程，开发是实现这些方面和流程的最佳形式和必要前提。离开了开发，文化资源保护的资源供给和发展动力都将枯竭。

单纯采取展览馆、博物馆式的“归档”“保存”，意义有限。文化和艺术如果只是待在博物馆里，必然失去生活的滋养，成为“记忆”，成为当代社会不可理解之物。众多文化资源之所以能够历经变乱留存下来，根源在于艺人可以从中获“利”，百姓可以使用和赏鉴。借助对于文化资源的开发和利用，形成一个自生、自发、自我维持的产业链，无论是自然经济还是在市场经济状态下皆如此。

（三）转变对文化资源产业化的认识

“产业化”（industrialization）是一个经济学名词，“文化产业”是产业化的一个属概念，是指以文化产品为中心要素，由资本驱动，依照市场规律运行而形成的文化产品生产、传播和流通产业及其机制。在国际上，法兰克福学派最初提出“文化产业”（即“文化工业”，cultural industry）的概念，认为在资本主义环境下，借助于资本的渗透和控制，完成对于社会文化和大众思想的塑造和控制，是一种社会化、体制性的思维控制方式和意识形态工具。法兰克福学派一贯秉持政治批判立场，是从资本的政治属性理解文化产业化，只是给我们提供了看待文化产业化的视角。实际上，我们在看到资本主义国家文化产业化的政治属性的同时，也要承认文化产业化也是一套高效、可持续的文化生产、传播和流动方式方法。在文化产业化的条件下，文化活动从“文化人”的小众偏好成长为“社会人”的大众行为，从单纯的文化行为拓展到多领域的包含政治行为、文化行为、经济行为和社会行为在内的复合体，大大拓展了文化的界域。

文化资源是包含实用价值、艺术价值、文化价值和经济价值在内的价值综合体，实用价值是其价值的根基，经济价值是其价值实现形式，具有产业化的价值基础。非物质文化遗产不仅具有产业的资源禀赋基础，而且已经形成了一条行之有效的产业化路径。从一般意义上讲，文化同产业化并不是对立的关系，需要考虑的只是不同的文化和艺术类型所具有的受众群体基数，以及文化行业内部要素的齐备程度和运行状况。这都取决于某种文化本身的艺术感染力和文化生产者的创造力，市场化或者产业化只是一种遴选和评判机制。

四、促进文化资源转化的策略

（一）通过科技促转化

文化资源的高质量产业转化应当是质的提升和飞跃，其重要特征是以高科技为支撑。科学技术的每一次重大进步和应用，都推动了文化资源的转化内容创新、表现方式创新和传播手段创新，也不断引发文化资源转化利用的形式革新与业态更迭。信息技术、数字技术和网络技术的发展为文化产业带来了颠覆性的革命，成为文化产品生产从低端向高端跃升的重要驱动力，也是将文化资源储备转化为产业资本和产品成果的关键环节。科技手段的使用能提高产品附加值、降低转化风险、提高转化效率，从而创造高知识性、高附加值的产品。同时，科技也是形成创意资本的要素，实现文化资源创意转化的手段。美国的影视产业、韩国的演艺产业、日本的动漫产业和英国的创意产业都是利用科技转化高附加值产品的典型代表。由于科技受社会经济因素影响显著，因而经济基础发达、研发实力雄厚的大中型城市应率先加大科技投入，推动文化资源产业转化向高端领域跃升。

（二）通过平台促转化

企业是文化资源向文化产业转化的直接单元，企业与企业之间通过文化产品的上下游关系形成相互关联的产业链条，链条之间又因合作与竞争关系而形成网络。这种产业内部网络状的单元依存关系需要大量的信息交换来促进上下游、产供销的协同联动。各环节间若信息不畅将导致交易成本高昂和转化低效。建设数字供应链“平台”和工业互联网，能够打破网络化生产的信息瓶颈，从产业链和产业网络发展的角度强化产业内部联系，还能突破空间的限制，打造跨越物理边界的“虚拟”产业园和产业集群，推动文化产业形成内生动力和再造能力。通过信息“平台”的建设，每一个处于其中的文化企业都能实现订单、产能和渠道等信息共享，实现资源供需调配和精准对接，从而降低转化风险、提高转化效率。

（三）通过空间政策促转化

空间政策对于文化资源的高质量产业转化至关重要。首先在供地方面，土地要素供给应优先向文化资源丰富和经济程度发达的地区倾斜，并根据市场情况和土地利用效率评估增减文化产业发展的用地供给，优化土地供给的适配性。其次在空间管控方面，由于文化产业集聚能够降低交易成本、提高转化效率、促进创新和实现规模效应，而且对于投资者而言，在集聚区投资配套环境比较完善，集中的顾客群降低了设立新企业的风险、成功率比较高，因此应从空间布局角度强化产业的横向集聚。对于生产性的文化资源产业转化企业，应秉持做大做强的目标，优化整体布局，促进其集中选址、集聚发展，形成文化资源特别是非物质文化资源大规模、批量化、深度转化的基地（如文化科技园区、文化产业相关工业园区、文化创意产业园等），塑造富有活力的文化资源产业转化空间。对于生活性的文化资源消费空间，应灵活制定优惠政策，本着增加文化产品和服务有效供给及营造高品质空间的原则，根据集约程度高低适当放宽或收紧管控条件。城市内的建筑用途、建筑密度、容积率和景观风貌等控制性指标应根据文化资源产业转化的具体需要单独论证制定，乡村地区可以推出田园型农创空间的培育助推政策。

（四）通过开放促转化

从对外开放角度看，文化交流互鉴仍是当代世界发展的趋势，具有文化全球影响力的发达国家，多数都是通过开放性的文化政策，与其他国家的文化进行交流，快速积累了大量的文化资本和人才优势，从而推动了本国文化资源的产业转化与发展。从国内城市的开放氛围营造看，只有实现人才的集群，才能进一步实现企业集聚和文化资源的高质量产业转化。文化产业边界模糊且动态变化的特点恰恰需要多样多元的人才结构与之适应，城市的开放程度高意味着城市中的人包容性高，从而使人的多样性和文化的多元性增强，进而对创意人才产生巨大吸引力。举办展会活动、培育高品质生活环境等举措能够吸引高素质人群，增加城市的开放性和吸引力。

（五）通过融合促转化

融合能够提高文化资源的转化质量、促进产业创新。产业融合整合过程中往往会产生新的高附加值的文化产品，附加值的提高又提升了消费者对文化资源的需求层次，最终推动整个产业的创新。为了追求利益最大化并获得竞争优势，企业往往会自发寻求产业融合的机会，但由于不同产业间普遍存在进入壁垒，需要政府以优惠政策引领产业融合发展。放松价格、准入、投资和服务等方面的管制，加大资金、人才扶持，都能为产业融合发展提供较为宽松的政策环境。在文化与各产业融合中，文旅融合应作为主要的着力点，借助旅游业受众多、传播广的市场化优势，推动文化资源的深入挖掘和规模转化，促进文化资源和旅游要素在政策支持和市场拉动下自由流动。

五、文化资源梳理与分析方法

（一）文化资源的梳理

梳理本义是指用梳子整理。纺织工艺中指用植有针或齿的机件使纤维排列一致，并清除其中短纤维和杂质的过程。比喻对事物进行整理、分析，如梳理大家提出的意见。

1. 丽江民族文化资源禀赋分析

丽江地处东南亚交通要道，是南方丝绸之路重镇，从古羌人迁徙到近代国人躲避战乱，从草原游牧到山地种植，从边疆偏安一隅到民族交流融合，逐渐形成了独具丽江特色的传统民族文化，具体可归纳为七大类型：茶马古道文化、纳西东巴文化、民族节日文化、民族歌舞文化、摩梭母系文化、传统饮食文化、现代民俗文化。

2. 成都休闲文化资源禀赋分析

成都市名胜古迹名扬中外，李白赋予成都“九天开出一成都，万户千门入画图”的美誉，成都的文化资源有着得天独厚的优势，形式多种多样，并独具巴蜀文化鲜明特色，具体可归纳为六大类型：历史文化资源、饮食文化资源、市井文化资源、茶馆文化资源、表演文化资源、宗教文化资源。一般来说，文化资源的产业化开发过程主要包括两个环节：文化资源向文化产品转化，以及文化产品的市场化运作过程。文化资源的产业化开发，就是以文化资源为基础，以现代科技创新为手段，以文化创意为灵魂，以文化保护为核心，以文化产业园区为载体，以市场需求为导向，以文化品牌塑造为模式选择，以体制创新为动力，以政策配套为保障，不断推进文化传承、创新与发展的过程（图 3-2）。

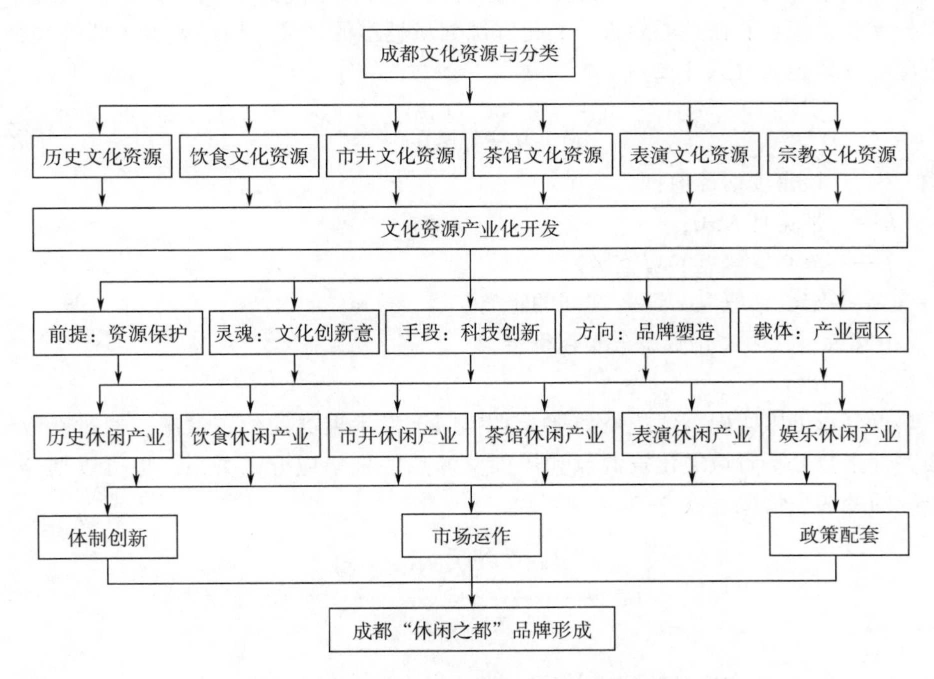

图 3-2　成都文化休闲产业典型开发模式

（二）文化资源分析方法

1. 最邻近指数法

中国式现代化的主要内容之一是物质文明和精神文明相协调的现代化，即在我国现代化的进程中要注重物质与精神的统一，推进文化自信自强，凸显中国特色。最邻近指数能科学直观地反映点状要素的空间分布特征，利用最邻近指数来分析省域文化遗产资源点在地理空间中相互邻近的程度（式 3-1）：

$$R = \frac{\bar{r}_1}{\bar{r}_E};\ \bar{r}_E = \frac{1}{2\sqrt{n/A}} \tag{3-1}$$

式中 R——最邻近指数；

$\bar{r}_1$——最邻近点之间距离 r_1 的平均值；

r_E——期望的最邻近距离；

A——省域的面积；

n——省域文化资源点数量。

根据最邻近指数 R 的大小可判别空间分布的 3 种类型：当 $R=1$ 时，资源点随机分布；当 $R>1$ 时，资源点趋于均匀；当 $R<1$ 时，资源点趋于凝聚。

2. 核密度估计法

核密度估计法可以很好地描述距离远近与事物关联度之间的关系。在研究中，可以把文化资源点看作核心要素，文化资源数量越多的区域，核心要素关联性越强，核密度估计值越大（式 3-2）：

$$y = \frac{1}{nH}\sum_{i=1}^{n} k\left(\frac{x - x_i}{H}\right) \tag{3-2}$$

式中 y——核密度估计值；

H——带宽且 $H>0$；

k——核心要素点的权重函数；

$x-x_i$——密度估值点 x 到 x_i 之间的距离。

y 值越大，代表文化资源分布越密集。

3. 热点分析

热点分析可以明确高值或低值要素在空间上发生聚类的位置情况，通过获取局部相关性指数分析省域文化资源点和周围资源点的聚集或分离关系，也可以划分文化资源的冷热点情况（式 3-3）：

$$G_i^* = \frac{n(x_i - \bar{x})\sum_{j=1}^{n} w_{ij}(x_i - \bar{x})}{\sum_{i=1}^{n}(x_i - \bar{x})} \tag{3-3}$$

式中 G_i^*——文化资源的冷热点值；

$(x_i - \bar{x})$——第 i 个目标要素值与总体要素均值之差；

w_{ij}——要素 i、j 的空间权重。

4. 地理探测器

地理探测器通常用于检验单变量的空间分异性或两个及以上变量的空间耦合程度，进而探究因变量与自变量存在的因果关系 q（又称因子力）（式 3-4）：

$$q = 1 - \frac{1}{n\sigma^2}\sum_{i=1}^{n} N_h \sigma_h^2 \tag{3-4}$$

式中 h——自变量 X 与因变量 Y 的定量分类，又称分区分层；

N——全区的总数；

N_h——第 h 层的单元数；

σ——全区中因变量 Y 的方差；

σ_h^2——第 h 层中 Y 的方差。

q 值与空间分异性强弱成正比，依据 X 划分后得到分层，q 值越大，自变量 X 对因变量 Y 的“因子力”越强，反之则越弱。

5. 文化资源保护赋值表

省域文化资源的空间分布现状形成过程复杂，保护情况也受到政治、经济、人口、地形等多方面综合的影响。依据研究整理的省域文化资源数据库，采用权重赋值法来测度省域各市文化资源的保护现状，主要赋值情况以中共中央党史研究室科研管理部及中共党史出版社共同出版的《全国革命遗址普查成果丛书》中关于保护情况的划分界定为重要参考依据（表 3-4）。用各市不同保护现状等级的资源数量占比乘以对应赋值，加总后得到研究因变量。

表 3-4 省域（红色）文化资源的保护现状赋值情况

序号	资源保护现状	界定说明	赋值
1	好	已修复并评为教育基地、纪念设施等	6
2	较好	房屋保护半数以上并保存较好	5
3	一般	房屋保护约半数并且房屋主体尚存	4
4	较差	房屋仅存一两间，亟待修缮	3
5	差	房屋残破或坍塌严重，仅剩残骸	2
6	损毁	遗址不复存在或面目皆非	1

（三）历史资源梳理方法——以北京西部地区为例

历史资源梳理指对一定范围内的物质文化遗产和非物质文化遗产进行调查和整理，是名城保护的基础性工作。历史资源是文化发展在空间上的自然呈现，从文化脉络梳理和文化价值提炼入手，开展历史资源整理的思路与方法。重在区域历史资源整体框架的构建，关注资源在历史演进及文化发展方面的脉络联系（资源之间的“纵”向联系），关注资源空间分布的有机关联（资源之间的“横”向联系），关注资源背后蕴含的文化价值（资源的“深”度），为区域历史资源的整体保护奠定基础。在历史发展进程分析的基础上，梳理出北京西部地区十条主要的历史文化脉络，文化脉络梳理主要关注资源在历史演进及文化发展方面的脉络联系，即资源之间的“纵”向联系，包括北京起源文化、宗教寺庙文化、军事防御文化、民族融合文化、皇家（园林）特区文化、陵寝墓园文化、工业生产文化、科学考察文化、近现代教育文化、红色革命文化。

通过对上述十大文化脉络的总结提炼，提出西部地区历史文化价值，文化价值的提炼主要关注资源背后蕴含的文化价值，即资源的“深”度。北京西部地区是北京人类活动与城市文明的起源地，是民族迁徙与多元文化融合的见证地，是近现代文明与进步思潮的聚集地，是历代名人与史迹荟萃的胜地。在文化脉络梳理、文化价值提炼的基础上，以两种不同的线索进行历史资源的梳理，其一以历史资源类型为线索，其二以上述总结的十条文化脉络为线索。西部地区历史资源主要包括以下六类：世界文化遗产、文保单位及具有保护价值建筑、历史文化街区、历史文化名村、风景名胜区以及非物质文化遗产，其中文保单位及具有保护价值建筑包括国家级文保单位、市级文保单位、区县级文保单位、普查登记在册文物、地下文物埋藏区、优秀近现代建筑以及工业文化遗产。

1. 以文化脉络为线索

在常规的以类型进行历史资源梳理的基础上，为掌握各个文化脉络的完整体系，以十条文化脉络为线索进行资源梳理，形成以文化脉络分类的历史资源库。采用的主要方法为关键词检索，为每条文化脉络设定若干关键词，将符合关键词的历史资源纳入相应的文化脉络资源库。以宗教寺庙文化和陵寝墓园文化为例，宗教寺庙文化选取的关键词包括“寺”“庵”“庙”“佛”“塔”等，陵寝墓园文化的关键词包括“陵”“墓”“坟”“葬”等。这一方法在实际操作中较为复杂，还需要专业人员查缺补漏、去“伪”存“真”。

2. 文化精华地区

经过文化价值提炼、历史资源梳理后，发现文化价值得到集中体现、历史资源集聚分布的区域为大房山地区、永定河沿岸地区以及三山五园地区，将这三个地区确定为西部精华地区。精华地区的提出主要是关注资源空间分布的有机关联，即资源之间的“横”向联系，对每个精华地区，在确定研究范围的基础上提出了其代表性的资源类型及重要节点。

（四）古城复兴文化资源梳理——以韶关为例

中央城市工作会议指出，城市的发展要续文脉、提气质，要延续城市历史文脉、保护文化遗产。城市的历史文化资源是城市文化发展的重要载体，历史文化资源梳理是对各类历史文化资源的调查和整理，是历史文化保护与利用的基础工作。文化是无形的，而有形的空间是无形的文化在时空概念中的投影。古城复兴理念的偏差主要表现在空间上，古城复兴空间规划存在城市格局、廊道、极核的体系不健全及秩序缺失等问题。从《历史文化名城名镇名村保护条例》（2008）对历史文化名城、名镇保护与建设的明确要求，部分城市政府要求“五年一届城市出形象”的短期诉求，文化资源的分布特征、古城复兴问题的根源在于合理地处理中国传统文化的传承性与以“保”为主的规划体系、经济建设的迫切性与文化沉淀的历史性、文化资源的无形性与城市价值兑现的有形性、文化资源的散点性与文化系统的体系性这四组矛盾的关系。

1. 古城复兴内涵及定义

基于中国传统文化强调“生生不息”而非“永恒”的文化特质，明确古城复兴中针对文化资源应该坚持保护与传承并重的观念，“复”，往来也；“兴”，兴起也。就是让过往的东西重新兴旺、繁盛起来。“复”，忠于历史，“兴”，弘扬优秀传统文化，振兴文化精神，从而复兴古城的城市精神，更好地进行古城保护。古城复兴规划基于城市文化基因，对城市历史文化、生态文化和民俗文化进行分类保护、传承与扬弃，从宏观文化格局引导、中观文化脉络控制和微观文化场景塑造三个层面让主题文化重新兴旺、繁盛起来，进而将城市文化基因空间化、形象化，提升城市空间品质与城市品牌。

2. 古城复兴规划的出路

古城复兴战略坚持保护与传承并重，注重文化资源保护，通过无形文化实现空间有形化，并实现散点文化资源整合体系化。古城复兴策略主要包括“找出来、保下来、用起来、串起来、亮出来、活起来”。古城复兴规划应坚持文化优先，强化全域整合，突显极核引领，推进传承复兴，引入“维度”的概念，从历史的纵轴及各历史阶段“文化遗存”的横轴出发，将城市文化分为历史文化、生态文化和民俗文化三个维度，将文化的空间表现落实到历史载体、生态载体和民俗载体三个方面，并以某个区域为对象、以现状文化遗存为载体，表现某个年代的文化故事，搭建文化的空间投影。具体实施步骤：①全面梳理古城文化资源（地域分布）；②分析文化资源现存的文化载体（历史遗存）；③分析文化资源在历史上的高度（历史进程）；④构建城市文化基因库；⑤运用层次分析法比较具体文化单元的文化基因；⑥将具体文化基因形式化、模式化，形成若干文化基因空间模块；⑦通过文化模块的运用，组合控制文化单元的文化环境品质。

3. 韶关历史文化资源梳理思路

韶关自古就是中原和岭南经济交流和人员往来最便捷的通道，是中原文化与岭南文化，也是中华文化与外来文化的交融碰撞点。丰富的历史文化在韶关市域内留下了丰富多样的历史文化遗产，可以从时间与空间两个维度展开对历史文化遗产的梳理，具体梳理思路见图 3-3。

（1）时间维度（文化脉络）　梳理历史文化资源是保护与利用历史文化的基础工作。以韶关为例，确定历史文化资源梳理框架，从时间维度即韶关历史文化脉络进行梳理，总结出韶关历史文化脉络共经历五个不同阶段的历史时期。

（2）空间维度（文化资源）　从空间维度对韶关市域的历史文化资源进行梳理，包括对物质层面的城市文化资源，即自然要素（由山体及河湖水系构成的山水格局）、人工要素（历史城区、历史街区、历史村镇、文化线路、文物古迹、历史建

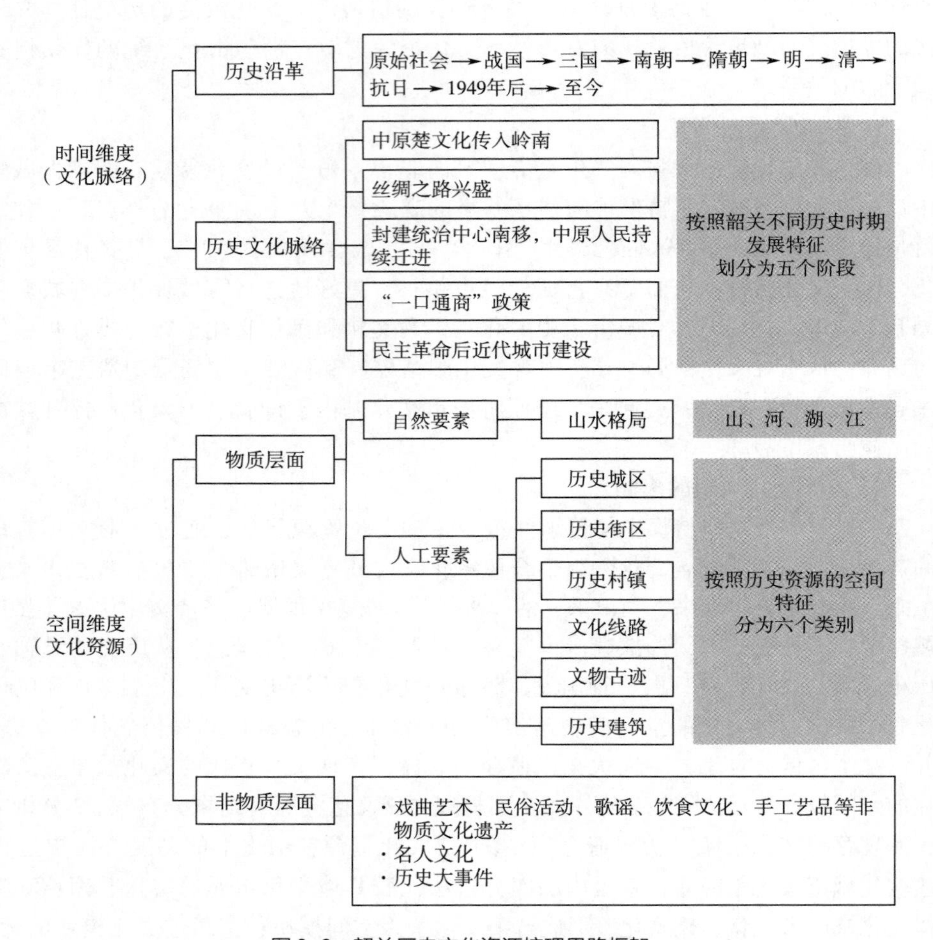

图 3-3　韶关历史文化资源梳理思路框架

筑），以及对非物质文化层面的梳理，总结出韶关历史文化资源空间分布可以概括为三江三山、一城多点、三线五主题。

此外，采取文化价值提炼法，提炼出韶关历史文化价值为南北交流的咽喉锁钥、禅宗弘法的祖庭圣地、岭南文明的人文高地、北伐起点和革新首城、华南重工业城市范例。这为韶关历史文化资源的展示与利用提供了梳理历史文化资源的方法，为编制名城保护规划提供了重要的研究思路。

六、文化资源的开发思路

2017 年 1 月，中共中央办公厅、国务院办公厅印发了《关于实施中华优秀传统文化传承发展工程的意见》，提出传承发展中华优秀传统文化；坚持创造性转化和创新性发展；把中华优秀传统文化内涵更好更多地融入生产生活各方面。所谓创造性转化，就是按照时代特点和要求，对中华优秀传统文化中至今仍有借鉴价值的内涵和陈旧的表现形式加以改造，赋予其新的时代内涵和现代表达形式，激活其生命力；所谓创新性发展，就是按照时代的新进步新进展，对中华优秀传统文化的内涵加以补充、拓展、完善，增强其影响力和感召力。文化产业是以文化资源为基础、以文化创意为核心、以文化科技为动力，充分发挥人的智慧，进而创造财富与就业的新兴产业。

（一）整合区域文化要素，发展文化产业集群

区域要素整合是指在特定的区域范围、空间范围和时间范围内，对区域资源要素、区位条件和区域制度要素等进行有效配置，使之在市场竞争过程中动态调节，相互补充、相互作用、相互协调，从而产生整体聚合能动效应的行为过程。近年来，产业文化的发展成为人们不断追求、不断发展的目标，文化产业集群受到了高度关注。在各种文化不断地产生和发展的同时，文化产业凭借自身的优势，配合天时、地利、人和等多种优越的条件，崭露头角，标新立异。文化产业集群不仅有其独有的特点，还具有强烈的区域性，这是区域文化要素创新的整合结果，着力凸显各个区域文化资源的独特优势，打造富有地方特色的文化产业品牌产品。

（二）拓展融资渠道，调整和优化文化产业的所有制结构

充分发挥财政、税收的杠杆作用。第一，政府应该在财政方面也作出相对的调整，制订一套完整的支出结构，可将一部分预算资金用于推动文化产业发展，作为引导资金使得产业发展更加迅速。第二，政府也要在税收方面进行调整，为了鼓励传统文化产业化的发展，可适当调整当下税收的百分比，对于文化产业化发展好的企业，则通过税金减免等优惠政策进行鼓励。第三，发展产业文化的投资方式不是单一的，可以采取不同的形式来进行融资，推动产业的发展。形成包含政府预算资金、企业投资、银行信贷、股市融资等多渠道的融资平台，以满足文化产业化发展的资金需要。用政府资金为引导，以企业投入作为融资基础，形成一个以公有制为主体，多种产业所有制共同发展的文化新格局。

（三）促进居民消费结构完善，提高文化消费在居民消费结构中的比重

根据当前的社会情形来看，人民群众的消费仅限于普通居民消费，要大力引导城镇居民的文化消费习惯，提供优惠条件，促使他们进行产业文化消费。通过各种文化市场的开发，节庆、展览等文化演出活动的增加来提高大众的文化消费水平。制订一系列的方案，积极发展文化要素市场，促使市场文化的进步和发展。任何事物的发展都需要一个平台，政府作为市场的监督者和引导者，应为企业和民众提供文化产权市场、文化资金市场、文化中介市场等文化要素市场作为文化资源配置的平台，促使文化产业行业更好地发展。

（四）充分挖掘地区文化资源禀赋，加大优势文化资源开发利用

文化要素禀赋是指一个国家或地区拥有的文化资源、文化产业基础和条件，是区域文化产业发展所需要的特殊要素准备。选择好地区自身的文化资源优势产业，不仅有利于当地的文化产业发展，还可以带动当地文化产业的相关外围产业的发展。加快文化信息运作数字化进程，发展相对新颖的文化网站和高科技应用软件；大力推广动漫事业的发展，发展艺术品的交易行业，使人民在对文化继承和发扬的基础上，推进新兴文化产业的发展。根据区域文化要素禀赋，打造一批更具特色的文化产业以提高文化产品的市场竞争力。全方位整合文化资源，提高文化资源集约化经营水平，催生文化资源开发新业态，加强文化与科技的融合，推动新的以国内大循环为主的数字文化产品生产链、供给链与需求链的形成。

（五）推动非物质文化遗产与旅游融合发展、高质量发展

深入挖掘乡村旅游消费潜力，支持利用非物质文化遗产资源发展乡村旅游等业态，以文塑旅、以旅彰文，推出一批具有鲜明非物质文化遗产特色的主题旅游线路、研学旅游产品和演艺作品。鼓励合理利用非物质文化遗产资源进行文艺创作和文创设计，提高品质和文化内涵，营造出一个更加宽松、更适合非物质文化遗产生存的环境。特别是要把非遗的传承保护与中国式现代化背景下的各项国家实践有机结合起来，让非遗成为服务重大战略和推动经济社会发展的重要抓手，要在坚持国家的外部引领与激发农民的内生动力基础上，传承、保护好传统乡村文化，创新、发展好现代乡村文化，推动非遗赋能乡村文化振兴。

（六）立足文化产业人才培养，内引外联集聚文化产业高端人才

要大力发展文化产业，形成文化产业集聚，培养和吸引高素质的产业管理人才和高技术人才。文化产业是新兴产业，既需要文化资源的研究型人才，又需要熟练掌握市场运营方式、擅长管理的经济类人才，人才稀缺是制约文化资源产业化开发的大问题。加强文化人才资源开发与利用是文化产业发展的核心工作，破除人才培养、流动、集聚的各种障碍，积极主动地吸引优秀的国内外文化人才到文化资源产业化这一领域发展，尽快培育文化产业主体的文化艺术素养和创意能力，努力打造一批复合型、高素质的文化产业人才。

第三节　茶文化特色资源

一、茶文化资源类型

文化产业学者依据文化构成理论，将文化资源分为语言、图画、观念、遗存、精神、知识、科技、艺术、组织、习俗、人力、市场共12种类型。学者基于农业遗产分类方法，将茶文化资源分为特产、遗址、景观、文献、技术、民俗文化共6个主要类型。但这些分类尚不全面，如音乐、语言、歌舞、哲学、茶德等茶文化中的重要部分都未涵盖。结合文化构成理论和农业遗产分类方法，以及茶文化的物质和精神概念来探讨茶文化资源的具体类型。物质文化包括科学技术、实践经验，也包括生产流通、生活消费、茶政设施；精神文化指一切茶的物质文化存在反映到人们记忆中的学习，包括茶的知识、礼俗、宗教等。若将茶文化视为可开发文化经济资源来考虑，它的定义应是广义的。按照有形和无形之分可分为五大主要类型，并进一步细分为15个基本分类（图3-4）。其中，隶属于有形资源的文化遗存为珍贵古迹和文物，要重点保护，不宜进行产业开发；地理遗迹如古茶园、古茶树等，应适度开发，以免破坏产业生态环境。隶属于无形资源的历史观念，如茶人茶史、茶政制度、茶德哲学等，在商业品牌文化包装、宣传推广上可适度引用；制作工艺和语言习俗，在农业文化、民俗节庆等领域，可大力开发，有较高的转化价值。

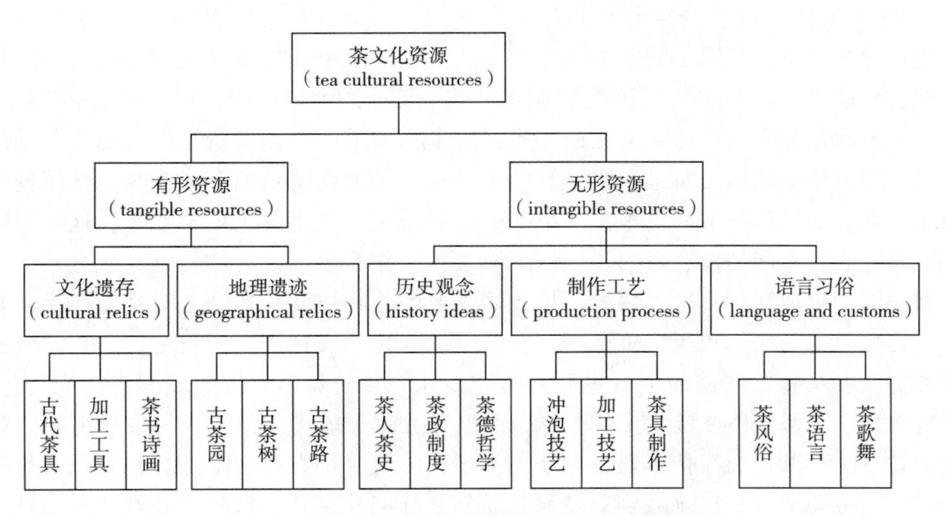

图3-4　茶文化资源类型分类图

文化资源必须开发，只有开发才能转化为文化生产力。文化资源只有进一步与产业结合，附加在商品中，之后形成文化产业。根据文化产业的分类，可以将茶文化遗产资源商业转化后的产业开发进一步分为 13 种文化产业子类型（图 3-5）。

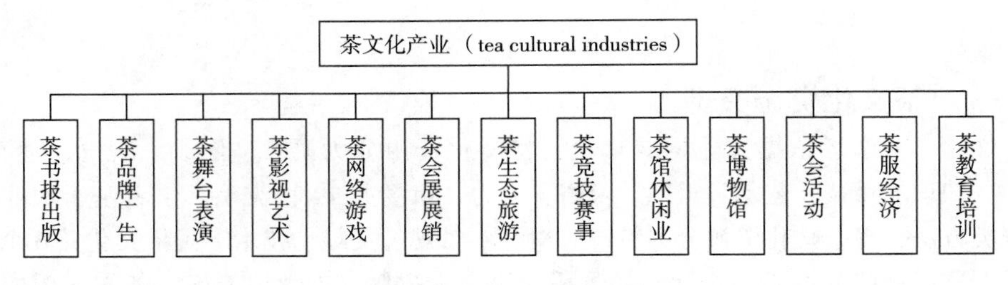

图 3-5 茶文化产业类型图

这些类型都已在业界实践，每种范式不仅独立发展为文化产业，也呈现出复合型发展态势。比如茶舞台表演与茶生态旅游、茶馆休闲业等结合，促进地方经济发展。茶馆休闲业在自身商业定位的基础上，也积极涉及书报出版、舞台表演、茶会活动等产业类型。

二、茶非物质文化遗产资源

2022 年 11 月 29 日晚，我国申报的“中国传统制茶技艺及其相关习俗”在摩洛哥拉巴特召开的联合国教科文组织保护非物质文化遗产政府间委员会第 17 届常会上通过评审，被列入联合国教科文组织人类非物质文化遗产代表作名录。至此，我国共有 43 个项目（截至 2024 年，共有 44 个项目）被列入联合国教科文组织非物质文化遗产总数名录、名册，总数位居世界第一。“中国传统制茶技艺及其相关习俗”是有关茶园管理、茶叶采摘、茶的手工制作，以及茶的饮用和分享的知识、技艺和实践。

茶文化作为我国非物质文化遗产旅游开发当中的一种重要资源，其类型包括历史名茶、贡焙遗址以及明泉和古龙窖等遗址类、茶文化博览园等景观类、传统制茶技术和紫砂壶制作技术等技术类、茶礼茶俗以及文学艺术等民俗文化类，这些不同的茶文化有着不同的特点和内涵。传统制茶技艺作为中国优秀的传统技艺之一，包含着民众的生活智慧和思想情感，是我国重要的非物质文化遗产，对其进行保护具有重要的历史、文化和经济价值等。在国家级非物质文化遗产项目中，有关茶及器具和烧制器具相关非遗的项目主要有传统音乐、传统舞蹈、传统戏剧、传统技艺、传统医药、民俗 6 种类型。其中，传统音乐有发源于福州市台江区的茶亭街的“茶亭十番音乐”和广泛流传于瑶乡的茶山号子；传统舞蹈有龙岩采茶灯，表现的是采茶时节的劳动情景；传统戏剧有赣南采茶戏、桂南采茶戏、抚州采茶戏、高安采茶戏、粤北采茶戏、吉安采茶戏以及湖北省阳新县采茶戏，一边采茶一边唱山歌以鼓舞劳动热情，这种在茶区流传的山歌，被人称为“采茶歌”；传统技艺有六大茶类制作技艺和再加工茶，如茉莉花和凉茶制作技艺，还有德昂族酸茶制作技艺及富春茶点制作技艺等；传统医药中有中医养生茶和苗医九节茶药制作工艺、和田药茶制作技艺等；民俗有庙会（赶茶场、茶园游会）、径山茶宴、潮州工夫茶艺、茶俗（白族三道茶、瑶族油茶习俗）等。

在国家级非物质文化遗产项目中与茶相关的非遗项目简称“茶字号”非遗项目，共有62个，包括传统音乐、传统舞蹈、传统戏剧、传统医药、民俗及传统技艺共6种类型，主要集中在传统技艺非遗项目，有42个，占比达67.7%。其中，花茶技艺3个、绿茶技艺15个、红茶技艺4个、乌龙茶技艺3个、黑茶技艺10个、凉茶技艺3个，白茶技艺、黄茶技艺、茶点技艺、酸茶技艺各1个。国家级“茶字号”62个非遗项目分布在全国18省（自治区、直辖市、特别行政区），占全国33个省（自治区、直辖市、特别行政区）的54.55%。18个地区基本上可以分为三个水平层次，即福建、江西、浙江及云南属于发展很好的第一层次；湖南、湖北、广东、安徽、江苏、广西属于发展较好的第二层次；四川、贵州、北京、陕西、河南、新疆、香港、澳门属于第三层次；全国18个茶叶主产区中还有甘肃、海南、重庆、山东没有“茶字号”国家级非遗项目，未来需要加强建设。五批次国家级非物质文化遗产项目类型中，“茶字号”非遗项目在非遗推出的第二批次即2008年最多，有21项，超过总项目的1/3，可能与2008年公布非遗项目总量基数大也有一定的关系。最近三批次都比较稳定在10个以上，表明茶字号国家非遗项目建设已经在各地都得到重视并可以稳定发展。

通常在分析茶相关的非物质文化遗产主要是统计茶叶加工、饮茶习俗及茶事方面的茶文化遗产，大多不会去考量饮茶器具烧制及窑相关的非遗项目。因此，为了更好地梳理非物质茶文化相关的遗产资源，特将饮茶器具的非遗资源一并作为研究对象进行分析。考虑到实际具体情况，分析主要以“陶、瓷、窑”三个关键词进行检索梳理，将其命名为“陶瓷窑”国家级非物质文化遗产项目。共有67个项目，主要分为传统技艺、传统美术两大类，其中传统技艺61个、传统美术6个。67个非遗项目分布在全国22个省（自治区、直辖市），占全国33个省（自治区、直辖市）的66.67%。22个地区基本上可以分为三个水平层次即广东、河南、浙江及江西属于发展很好的第一层次，山西、江苏、新疆、云南、陕西、四川属于发展较好的第二层次，福建、上海、山东、湖南、河北、海南、安徽、重庆、青海、贵州、广西、甘肃属于第三层次。全国18个茶叶主产区中仅有湖北省没有“陶瓷窑”国家级非遗项目，这与茶具发展历史和地理资源条件有渊源，不是该强化发展的方向。五批次国家级非物质文化遗产项目种，“陶瓷窑”非遗项目在非遗推出的第二批次即2008年最多，有19项，接近总项目的1/3，可能与2008年公布非遗项目总量基数大也有一定的关系。最近三批次非遗项目中“陶瓷窑”非遗项目数量稳中有降，表明“陶瓷窑”国家非遗项目建设同“茶字号”非遗项目建设有一定的差异，只能在深度和厚度上下功夫，无法在数量上进行拓展。

三、中国文化特色茶馆梳理

（一）茶馆定义及历史文化

茶馆被称为茶坊、茶屋、茶肆、茶寮等，是一个专业性的饮茶场所。在《现代汉语词典》中对茶馆的解释为“卖茶水的铺子，设有座位，供顾客喝茶。”茶馆作为社会的窗口与缩影，往往从侧面折射出一个国家或者一个地区的地域文化与民族文化。茶馆是对地域文化和传统文化的最好传承，是茶文化的重要组成部分之一。茶馆最早出现在南北朝时期，那时候品茗之风日趋盛行，便出现了一种专门供人们饮茶的茶寮。人们可以在这里喝茶，也可以给来往的客商住宿，这样的经营方式是中国茶馆和旅馆的雏形。

茶馆兴盛于唐代，在宋代达到了鼎盛时期，至明清时期蔚为大观。在千年发展中，茶馆承载了太多的文化、社会、教化、休闲等或重于泰山或轻于鸿毛的担子，人们在这里沟通信息、议论国事、联络感情、消磨时光。发展到今天，茶馆的类型由简朴到华丽、从古典到现代，应有尽有。唐代，经济的发展、饮茶的普及使得茶馆迅速发展起来。这一时期，饮茶不仅成了产茶地及中原地区的习俗，还远播塞外。宋代，开始出现专业的茶馆，有的规模较大，档次高中低档不等，如唐代那样的茶馆也还有，并且也得到了很好的发展。宋代皇室的崇茶，尤其是宋徽宗亲自作《大观茶论》，对朝野的饮茶活动起到了推波助澜的作用。

到了元明以后，茶馆更为普遍。人们开始对茶馆饮茶的水、茶、用具更为讲究，内部的装饰更加精致讲究，这些都从各个方面体现了茶文化的渗入。这个时代的茶馆还逐渐结合了曲艺，在茶馆繁荣发展的同时，使民间的曲艺广泛传播。清代以后，茶馆成为必需品，遍及大江南北，数量提高、种类繁多，越来越具备了一定的审美特征。晚清以后，社会动荡、百业凋敝，茶业也日趋萎缩，此时，茶馆业却异常火爆。有些人甚至以茶馆为家，终日与茶为伴；也有人在这里交换信息，为家国的前途与命运担忧。茶馆的形成与发展经历了漫长的过程，蕴含着一定的传统文化，通过茶馆，我们可以将传统文化展现在世人面前。

（二）中国茶馆的功能分析

一是茶馆的社交功能。这是茶馆与生俱来的一种功能。在人际交往中，老友新朋相聚，带到某人家中多有不便，此时，茶馆就是一个好的去处。许多人谈生意也通常选在茶馆，比起酒楼的喧闹，有着幽雅的环境的茶馆是更合适的场所。茶馆还是调解纠纷的一个重要场所，人们把到茶馆调解纠纷叫作“吃讲茶”。

二是茶馆的文化功能。茶馆自其产生以来就是一个文化传播的场所。首先，这里是茶文化的集散地，茶客们汇集于此，交流茶叶知识、品茗心得，玩赏茶具，茶文化因茶馆的存在得以丰富和发扬。其次，茶馆是俗文化的中心，自唐宋以来，茶馆就是说书、讲经、唱曲人讨生活的地方，小说、戏曲也由这里诞生或繁荣。

三是茶馆的教化功能。这是通过茶馆的环境及文化活动来实现的。茶馆幽雅、洁净的内外环境使人自然而然地注意到自己的言行举止；茶馆高雅、朴素的陈设又使人受到潜移默化的熏陶，艺术品位与鉴赏力得到提高；优美、流畅、安静的茶艺表演则使每日忙于事务的人们得到一次精神上的“按摩”，情操上的陶冶。

四是茶馆的休闲功能。人们在茶馆进行社交活动，可能纯粹是为了休闲而来。一个好的茶馆全身都散发着文化的魅力，让人全面感受到茶馆的美。它包含了外环境的自然之美、茶馆建筑的姿态之美、茶馆布置的格调之美、茶具的典雅之美、音乐的琴瑟之美，以及缕缕茶香所散发出来的优雅沉静之美。

（三）中国文化茶馆 IP 形成

“一器成名只为茗，悦来客满是茶香。”IP（intellectual property）译为“知识产权”，指称“心智创造”（creations of the mind）的法律术语，包括音乐、文学和其他艺术作品、发现与发明，以及一切倾注了作者心智的词语、短语、符号和设计等，均被法律赋予独享权利的知识产权。中国文化型茶馆（简称文化茶馆），是指将文学与艺术等功能结合在一起，依托各种讲座、座谈会推广茶文化，同时兼顾字画、书籍、艺术品等买卖，提供休闲娱乐与艺术表演等服务，富有浓厚文化气息的公共空间，既是人们身心休憩的场所，又是民间文化交流的载体，更承担着物质文明和精神文明建设的双重责任（图 3-6）。

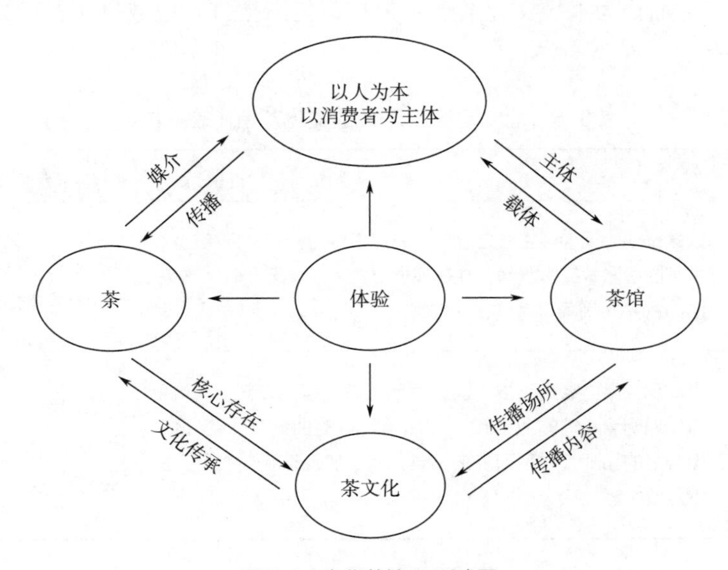

图 3-6　文化茶馆 IP 形成图

随着“新媒体”“互联网”“文化”等思维的不断丰富与发展，IP 被赋予了新的文化内涵。狭义上说，文化茶馆指具有知名度、商业价值的 IP 原创内容衍生而来的、以茶馆为载体的文化地标。广义上看，文化茶馆是指具有IP效应的以茶为媒介承接文娱、休闲等综合功能的公共空间与信息共享平台。

1. 文化茶馆的IP效应

文化茶馆的IP效应主要体现在以下三个方面。一是IP既是文化资源，又是文化资本，即基于IP形成一套全知识产权运营的文化茶馆产业链，以IP内容为核心，以知识产权交易为基本形式，与其他产业相融合，通过跨界开发被赋予新的价值和物质形态，实现长尾效应。二是文化茶馆作为IP资源源头，往往是地区的一种文化符号，在创新原有IP的基础上，强化甚至将其影响力提至新高度，通过衍生，已有的IP资源得以在代际更替的受众群体中传承，可以得到反哺与市场增值效应。三是IP具有情感效应，与通过产品与服务支撑品牌价值不同，利用IP构建的文化茶馆是基于意义内容实现受众的人格化打造，建立在精神消费的价值共享诉求上，超越单纯的品茶需求，使品茶成为品“文化”。

2. 文化茶馆地域元素IP形成

茶是自然，茶馆是文化，文化茶馆寄托着国人深刻的精神内涵，展现着地域独特的民风民俗。文化地标、特色建筑、历史传说等作为地域文化的符号，承载着地区发展的共同记忆，是一个地区最具魅力的文化载体。利用地域特色元素打造的文化茶馆，通过对地域历史文化的重现，一方面实现了自身历史感与文化底蕴的积累与叠加；另一方面作为地域文化的展示窗口，逐渐被打上地域烙印，成为新的文化地标（表3-5）。

表3-5 地域元素IP形成的文化茶馆代表及特点

<table>
<tr><th>名称</th><th>简介</th><th>特点</th></tr>
<tr><td>长沙白沙源茶馆</td><td>以被长沙人视为“生命之泉”的白沙古井为依托，标榜白沙古井的澄澈、纯净水源，并在视觉形象上以展示“气”字来演绎古井的气派与精髓</td><td rowspan="2">①多与地区特色风景名胜形成一体化格局；
②以文化符号、地标为承载；
③是连接传统文化与都市文化，沟通区域内外文化交流的桥梁</td></tr>
<tr><td>湖心亭茶楼</td><td>上海现存最古老的茶楼，以上海豫园湖心亭为依托。除拥有体现明清建筑本色的设计、江南丝竹的曲韵外，还围绕湖心亭的品牌开展系列茶文化节，如“状元茶”“竹丝茶艺赏月会”等</td></tr>
</table>

3. 文化茶馆文学IP衍生形成

文学作为文化IP的源头，拥有提炼文化符号、推动IP衍生集结成链的重要功能。随着社会文化生活的日趋丰富，文学IP的效应除涉及电影电视领域外，逐渐跨界至新的时尚生活与艺术领域。其具有很强的艺术性与兼容性，逐渐形成多处集聚文学效应的综合平台与空间（表3-6）。

表3-6　文学IP衍生形成的文化茶馆代表及特点

名称	简介	特点
老舍茶馆	以老舍先生及其话剧《茶馆》命名的茶馆，集书、餐、艺于一体的多功能复合型茶馆，同时也是一座展示京味文化的博物馆	①多承担文学、艺术博物馆的功能； ②借“粉丝”发展，利用名人、名著效益传播； ③拥有丰富的产业链延伸空间
红楼茶馆·脂砚斋	以《红楼梦》为主题的茶馆，与江南织造博物馆连体，共同展现一府《织造》、一馆《云锦》、一楼《红楼梦》、一园《园林》	
金庸茶馆	以“金庸书友会”为主题打造的茶馆，其功能主要是书茶馆，同时承担汇集书友、书迷的社交功能	

4. 文化茶馆价值情怀IP形成

以人的情感为基础及文化价值要素为依托，与所发生情绪相对应的感情即为情怀。随着时代的发展与大众生活态度的转变，部分特定的回忆或乡土情感等再次涌现，去粗取精，以文化载体的形式愈发展现出精髓。文化茶馆作为特殊情感IP的重要载体，一方面具有文化传情的功能，另一方面能够提升IP自身的内在层次与价值认同（表3-7）。

表3-7　价值情怀IP形成的文化茶馆代表及特点

名称	简介	特点
顺兴老茶馆	以传承巴蜀文化为核心，有“以复古创新时尚，以怀旧打造经典”的宗旨，是天府之国生活展现与体验平台	①文化底蕴丰厚； ②多以怀旧为设计风格； ③茶馆主题具有特定的时代背景
大可堂普洱茶馆	位于西式洋房中，以浓厚的老上海韵味为特色，以中西式古董家具作为茶馆布置风格	

5. 文化茶馆概念创新IP形成

基于这类IP元素打造的文化茶馆，利用创新型概念本身的“时代敏感性、超常规创意性”特点，蕴含“时代基因”的文化符号，传递认同感，聚合受众群，一方面凭借与传统茶馆IP元素对立的“陌生化”方式在注意力稀缺的时代实现突围；另一方面凭借“新”概念个性与新颖的特点，弱化文化茶馆的“静雅”，突显娱乐化倾向（表3-8）。

表 3-8 概念创新 IP 形成的文化茶馆代表及特点

名称	简介	特点
88 号青年空间创客茶馆	以新生概念“创客”为茶馆 IP 内容源，在结合“大众创业、万众创新”主题的基础上，转变正式创客空间严肃的人文格调，形成突显青年人群朝气、活力的非正式“成长成才”社群活动空间	①具有鲜明的个性元素；②以俱乐部的形式存在；③多是承担特定人群信息共享与交流的平台
五福茶艺馆	在原有“长寿、富贵、康宁、好德、善终”五福临门的基础上，为社区大众开辟专门议事茶厅，形成“民事、民意、民定、民享、民乐”的新“五福同乐”主题	

（四）文化茶馆设计特色分析

茶馆海纳八方来客，装饰设计、材质风格、色彩及光一定要符合主题，且美观、精致、醒目有竞争力。清静自然、富贵华丽、新颖生动……不同的设计会产生不同的印象。历史也留给我们许多标志性的物件和装饰方法，可以直奔这种特殊商业休闲空间的主题。

1. 茶馆设计的特色：牌匾字画

牌匾、对联是体现茶馆的品位能给人留下深刻的印象的元素。入口区域是递给消费者的第一印象名片，直观地体现出茶馆的文化主题：故事主题、风景主题、曲艺主题、书画主题、民族主题等。餐饮服务区、接待服务区会有书画作品的展示。卷轴画一张张地悬挂，古色古韵就立刻呈现出来。在现代，墙体彩绘也是书画展示的一种常用形式。绘画主图以自然风景为主，水墨淡彩意境悠远，整面墙的绘制具有拓展空间的效果。

2. 茶馆设计的特色：茶艺

根据茶馆的主题不同，陈设各有不同。细细地体会茶馆的很多物件，有其特殊的功用。桌、台、案、几、屏风、花池、框格、博古架、神龛、条案、名人字……这些物件都在静静地“讲述”中国古典茶文化。茶具展示时，博古架或是展示墙是茶馆文化与主题展示最有效果的一处。此处集结了与茶馆主题相关的众多摆件：各式的茶壶、不同的茶具、各种茶叶、充满古韵气息的老物件。直观的茶工艺展示，方式比较复杂，可以是物件，也可以现场表演，还可以用影音播放。现场表演烹茶过程是展示茶文化、增加环境气氛的常见方式。

3. 茶馆设计的特色：灯笼

各式各样的灯笼在茶馆烘托气氛中起重要作用，其独特的味道会让茶馆熠熠生辉。灯笼蕴含指引的寓意，因此中式的餐饮空间喜欢用这种造型的灯具，悬挂的大红灯笼几乎是每家茶馆都有的装饰。茶馆室内运用灯笼作为装饰灯具也十分常见。茶馆设计门窗通常会比较宽大，白天基本能够满足散座的照明。灯笼的特殊造型和色彩，无需点亮就可以起到装饰效果。灯笼的灯光会比较柔和，可以根据灯罩的变化来改变，灯罩上面可以绘图、书写装饰效果丰富。可以根据茶馆的主题定制图案，是茶馆装饰灯具的首要选择。

4. 茶馆设计的特色：雕刻

国内各流派、类型的茶馆都追求自然惬意，自然的材质在茶馆广泛使用。例如石材、木材能够适应周围环境的变化，具有调节室内冷暖的作用，对于追求的舒适感以及视觉、心理上的亲切和谐的茶馆设计效果是极佳的。茶馆墙体、梁柱、隔断最常用的装饰手法是雕刻，砖石雕刻的挂件、墙砖、花纹、边框以及雕塑作为摆件。花纹的图案常常使用云纹、如意纹，追求富丽堂皇效果则会使用龙凤纹。使用木质门窗、隔断装饰常用浮雕与镂空雕刻手法。

5. 茶馆设计的特色：刺绣

茶馆室内的布艺软装较少，这与其经营的产品——饮品有关。因此茶馆的地面铺装极少使用地毯，即使使用也不在餐饮区域。例如，窗帘的颜色常用单色，面料也要轻柔通透，利于采光。为体现茶馆的文化性，布艺装饰的手法最常用刺绣。老茶馆都喜欢用门帘，布料常为一种单色，上面的刺绣能显示出当地的特色。

（五）茶馆文化特色要求

茶馆是以茶或茶事为媒介，为消费者提供喝茶与茶文化的服务行为。人民群众以茶会友、人际交往、休闲娱乐的场所，是弘扬茶文化、促进茶消费、发展茶产业的重要平台。中国文化特色茶馆，在具备茶馆功能与职能的基础上，同时富有中国传统文化的展示、服务、体验或文化传播的功能，是传播中国文化的窗口。

1. 文化生态环境要求

茶馆能够营造出一种良好的文化氛围，可以体现出悠久历史文化和丰富多彩的茶文化元素。茶馆通过山水、花草等环境的装饰与美化，具有优美的生态环境，能给顾客清心优雅之感。

2. 历史文化传承要求

茶馆具有历史、人文、娱乐、民族、地域等文化特色，通过曲艺、戏剧、歌舞、说唱、茶艺、古典乐器演奏等艺术手段，向顾客呈现中华优秀传统文化及茶文化表演。通过各种冲泡技艺和器具，呈现出六大茶类的特色，传承茶文化技艺。

3. 文化内容展示要求

茶馆营业场所内具有中国历史文化图书、字画、艺术品、茶叶、茶器、视频等陈列、展览，可供顾客阅读、浏览、观看、欣赏。具有完备的互联网展示平台，有一定规模的粉丝、阅读量积累，且长期致力于通过互联网平台发布原创中国文化、茶文化的文章和视频。

4. 特色文化服务要求

茶馆具有开展特色文化服务的能力，能将茶馆经营活动与当地党委、政府、政协、工会、妇联、共青团、社团组织、企事业单位、学校的有关活动结合起来，有利于茶馆业融入社会主流活动；能定期开展茶艺、茶知识培训，举办小型茶会及茶事活动，成为推广与宣传茶文化、茶产业、茶科技的平台与窗口。

5. 员工文化素养要求

服务人员具有较好的文化素养，具有诚实有信、爱岗敬业、守职尽责、注重效率的服务意识，服务技能娴熟，保持热情、周到、礼貌的服务态度和优质高效的服务质量。服务人员具有茶艺师职业技能资格证书，并熟练掌握中国六大茶类冲泡技艺，能充分诠释茶叶的色、香、味、形。

6. 创新特色要求

创新特色要求包括茶馆荣获全国性或省市级技能大师工作室、非遗传承人和老字号等荣誉；茶馆近 3 年获得国家、省、市县及社团组织的各类奖励和荣誉；茶馆具有自己运营的商号、商标或品牌，且运营时间达到 3 年及以上。

四、文化数字化策略

党的二十大报告提出“繁荣发展文化事业和文化产业”“实施国家文化数字化战略”。2022 年 5 月 22 日，《关于推进实施国家文化数字化战略的意见》提出“为贯彻落实党中央关于推动公共文化数字化建设、实施文化产业数字化战略的决策部署，积极应对互联网快速发展给文化建设带来的机遇和挑战，满足人民日益增长的精神文化需要，建设社会主义文化强国”，推进实施国家文化数字化战略，并明确主要目标，包括到 2035 年，实现中华文化全景呈现、中华文化数字化成果全民共享。文化数字化实质上是通过数字技术提升和改善文化的保护、传承、弘扬的方式方法，提升文化管理效率，进一步增强文化自信。

（一）数字化

数字化首先是个技术概念，是指将任何连续变化的输入，如图画的线条或声音信号转化为一串分离的单元，在计算机中用 0 和 1 表示。人们对于数字化概念的理解，特指工业时代向数字时代的转化，数字技术是一个分水岭，把人类从工业社会带入数字社会。数字孪生（digital twin）是指充分利用物理模型、传感器更新、运行历史等数据，集成多学科、多物理量、多尺度、多概率的仿真过程，在虚拟空间中完成映射，从而反映相对应的实体装备的全生命周期过程。数字化是指现实世界与虚拟世界并存且融合的新世界。数字化正是将现实世界重构为数字世界，同时，重构不是单纯的复制，而是包含数字世界对现实世界的再创造，还意味着数字世界通过数字技术与现实世界相连接、深度互动与学习、融合为一体，共生创造出全新的价值。

（二）文化数字化措施

1. 文化数字化保护

数字化作为一种文化保护与展示手段被广泛运用，特别是在文化遗产保护、民族文化与红色文化保护和展示、公共文化展示等方面数字化成就斐然。

（1）文化遗产的数字化　文化遗产数字化的概念是运用高新技术将客观世界文化遗产的各种信息用数字化设备转化成数字信号。

（2）民族文化与红色文化的数字化　民族文化主要包括民族语言文字、文学、歌舞、艺术、医药、建筑、饮食、服饰、风俗等方面。民族文化的数字化保护是实现文化强国战略的基础性工作，是中华民族文化传承与弘扬关键。

（3）公共文化展示的数字化　《“十四五”文化发展规划》强调，提升公共文化数字化水平，加快文化产业数字化布局，推动科技赋能文化产业。

2. 文化数字化利用

实现文化的数字化活化与利用，完成文化数字化产品的落地，需要将文化与旅游等产业高度融合，培育和发展数字文化生态，打造文化数字化产业链。首先，文化数字化利用呈现出稳健的增长和繁荣态势，新型文化数字化业态担当引领和示范文化产业发展的重要角色。其次，文化数字化与网络直播、网络动漫、网络游戏等大众网络消费文化新业态结合紧密。最后，随着“元宇宙”概念的提出，数字文化的利用模式发生了更加深刻的变革，人的身份异构化，在虚实相生的数字化环境中重塑人、场、物，营造沉浸式的体验效果。

3. 文化数字化传播

文化数字化传播是运用数字技术对传统文化、传统工艺等通过图片、文字、音视频等方式进行数字化记录，借助现代网络传播优势，实现传统文化的永久保存和传播。除了数字媒体外，数字游戏同样是传承中华文化的载体，游戏的场景布置、人物选取、情节设置等均来源于原著，让玩家在娱乐的过程中体味中华优秀传统文化，推动中华优秀传统文化的传承与发展。虚拟展馆运用 VR 技术打造线上博物馆，运用数字化的方式复刻、唤醒、活化展品和文物，实现了参观体验的升级，使得文化学习与传播的过程都更加轻松和高效，节省了人力资源和物力资源。

（三）数字化赋能茶文化

弘扬中国茶文化，讲好中国茶的故事，有利于传播中华优秀传统文化，推进文化自信自强。利用新媒体技术，以现代中国茶界有突出贡献茶人（吴觉农、庄晚芳、张天福、王家扬、冯绍裘、李联标、王泽农、顾景舟、陈椽等）以及在乡村振兴共同富裕中将“文章写在大地上”普通茶叶科技工作者、茶站长等“新茶人”为素材攫取对象，基于融媒体（文字+图片+课程思政视频）“码书”形式讲述新时代新茶经的中国茶人励志故事，传播新时代新茶人“强农梦”“中国梦”，营造“爱茶助茶兴茶”的良好社会氛围，为省域感召一批“懂茶业、爱茶乡、爱茶人”的本地化三农人才队伍，为社会选育一批“有情怀、有知识、有本领”新茶人。

数据采集技术包括笔录、录音、录像、高精扫描、三维建模等。在选择数据采集技术时遵循“可还原性”原则，即选择未来可以还原对象的技术，如对于民间故事、神话传说采取笔录或录音方式，制茶工艺、民俗礼仪、音乐舞蹈采取录像方式，古籍古画可采用高精扫描技术，茶楼、茶舍等建筑可选择激光三维建模技术，物件如茶具、茶桌等可采用红外线三维建模技术，古道、茶场等大范围场所则采用无人机实景建模技术。运用书籍、音频、视频、全息影像、虚拟现实、增强现实、混合现实等手段。对茶文化遗产进行适度加工和包装，并通过传统媒体及新媒体等多种途径进行宣传，以鼓励关注茶文化遗产，激发人们的保护意识，将数字化保护回归到大家保护、人人保护，真正做到茶文化遗产的保护与传承。

第四章　中国茶话语体系建构

第一节　中国茶话语体系建构的历史演进

一、话语及话语体系内涵

话语（discourse）是与意识形态、价值信仰、思想观念相关涉的概念，最早由 J. R. 弗思（J. R. Firth）和哈里斯（Harris）提出。话语源于生活，又高于生活，是思想的时代表达，也是彰显价值立场和利益诉求的特殊表现形式；问题是时代的呼声，引导着话语的发展。作为语言分析对象，话语不属于上层建筑；作为社会科学研究对象，话语不能脱离开人的主观因素（如说话人、听话人以及话语研究者的世界观、价值观、文化视角），以及所反映出的态度、情感、兴趣、概念等。海登·怀特（Hayden White）说："话语不是关于客观事实的表达，不反映也不表达真理，只是一种传递对象物信息的工具和生产意义的手段，具有解构真理的意义。"

话语通常指"运用中的语言"和"谈话的内容"，是一个国家思想、文化与价值的理论表达。在唯物史观中，话语属于意识的范畴，是文化的表达或呈现，根植于经济基础和社会生活之中，实践是其根本特性，源于实践，且以实践为发展动力；话语是形式，实践是内容；话语不仅是内容的符号表征，更是一种具有建构性的社会实践，具有鲜明的时代性，"鲜活的话语"总是时代内涵的显现；话语是一种规则和秩序，体现着权力关系，指涉思想和传播的交互过程与最终结果，是人类思维表达的主要载体，也是人类传播信息的重要工具。

弗里德里希·威廉·尼采（Friedrich Wilhelm Nietzsche）在《权力意志论》一书中指出"知识是一种权力的工具"，米歇尔·福柯（Michel Foucault）获得了重要启示，在"知识+权力"关系架构的基础上，深刻地揭明并阐释了语言与权力的共生共谋关系，认为"话语即权力"；权力一直与话语如影随形，最终话语演变成了一种权力，任何话语都是权力的产物，其本身就是一种权力；因此人们常把"话语即权力"简称为"话语权"，指话语主体发声的权力以及由"声音话语"所产生的权力；话语权实际上是一个关系范畴，只有在关系之中才能把握，由此话语权是指通过话语的表达、描述和建构而形成的作用力或影响力。将话语进行规范、系统地表达就构成话语体系，话语权便成为话语体系的首要价值。

话语体系是由特定的话语按照一定的逻辑关系组成的语言符号系统，是话语表达体系，可被视为以"话语"为基本单元的思想理论体系和知识体系的外显，由概念、范畴、命题、判断、术语、语言等基本要素构成，辅之以人的肢体语言与情感渗透，构建于话语的基础上，承载了话语主体的意识认知、情感表达和价值评价功能，是思想意识的表达系统；作为一定时代经济社会发展方式、时代精神和文化传统的表达范式，表达和传播着特定的思想体系和知识体系，承载着个体、国家和民族特定的价值观念，具有鲜明的思想性和价值性。简而言之，话语体系以政策性、学术性及实践性话语为基础，蕴含各要素间相互关联、互成整体的逻辑规范，是构成学科体系之网的纽结、载体，也是学术体系的反映、表达和传播方式；能有效做到对某种思想理论、价值理念的系统化、全面化表达，是一个国家传统文化与价值观的外在体现，是一个民族发展的内在动力和昂扬气象，是对话世界和拓展影响的有效手段。话语体系对于国家而言，是一国之文化脉络和文化基调的社会呈现，是一国特定价值凝聚与思想外化的主要表现方式，是衡量国家软实力强弱的显性标尺，更是塑造和提升其国际话语权的重要标志。

二、中国是茶的故乡

中国古代伟大的诗人——楚人屈原（公元前340—前278）写下了一首了不起的诗篇《天问》。以172个问题，怀疑上古时代的一切神话和传说，发前人之不敢发。在这首四言长诗里，屈原从哲学的高度，叩问天地万物究竟是谁创造，人类又从何而来。1956年和1975年，在中国云南省开远市和禄丰市先后发现了与“腊玛古猿”（1400万年前见于非洲）同一时代古猿化石，说明在茫茫的古老中华大地上有本地“土产”的猿类先祖，进化而为古老的中国猿人。但从1987年起古人类“生于非洲，走向全球”之说，再次风靡世界。自然，中国也是古人类故乡的信念依旧在中华大地上坚挺地竖立着。公元前2500年前后，中国开始了一场永远写在中国历史“前几页”的“炎黄蚩尤涿鹿之战”。炎帝、黄帝、蚩尤，都是中华民族的英雄，为了部族的生存而战，在战争中又彼此交融，开辟了中华民族繁衍生息的沃土，无论胜者还是败者，都为中华文明的创立作出贡献，这正日益成为中华民族的共识。神农，即炎帝，中国远古传说中的太阳神，教民耕种，尝百草而医天下之疾，因而受万民拥戴，成为各部落的首领。相传，《神农本草经》中有记载：“神农尝百草，一日而遇七十毒，得茶以解之”。

茶原产于中国而后传播于世界。但在中华人民共和国成立以前很少有人研究茶树的原产地问题，国外学者认为茶树原产地不在中国。自1824年英国人勃鲁士（Bruce）在印度阿萨姆发现所谓野生茶树后，勃鲁士、贝尔登竟宣称“茶树原产于印度”。勃拉克、易培生、勃郎等人随声附和，随后日本的加藤繁、横井时敬、伊藤圭介、村上直次郎等人也附和这一“谬论”，从而引发了茶树原产地的争论。为了维护祖国茶叶的声誉和科学的尊严，早在1919年，吴觉农留学日本期间就注意收集资料，对于企图动摇中国是茶树原产地的科学理论，否定中国茶树在世界上产销的光荣历史的种种谬论，回国后专心研究。1922年，吴觉农带着一份沉重的责任，根据我国古籍有关茶的记载，引经据典，撰写了《茶树原产地考》，发表于1923年《中华农学会报》，该文对茶树起源于中国作了论证。这是自有文献记载以来第一篇运用史实驳斥英国人勃鲁士于1826年提出“茶树原产于印度”的观点；同时，该文也批判了1911年出版的《日本大辞典》中关于“茶的自生地在印度阿萨姆”的错误解释。文章以丰富翔实的史料，向世人展示中国是茶树的原产地，列举了《尔雅》《广雅》《晏子春秋》《华佗食论》《韦曜传》《茶史》等大量古籍文献对茶的记述；一针见血地指出，对茶树原产地的偏见，其根源在于“使学术为商品化，以商业态度，借重书籍过事宣传，硬要玩弄文字……在学术上最黑暗，最痛苦的事情，实在无过于此了。”“要想把中国以外的国家当作茶的家乡，仿佛想以阿美利克思（意大利航海者）来替代哥伦布，或是以培根去替代莎士比亚啊！”

自20世纪20年代发表《茶树原产地考》后，经过半个多世纪的潜心研究，吴觉农于1978年在昆明召开的中国茶叶学会学术讨论会上，发表了颇有学术创见的《我国西南地区是世界茶树的原产地》。吴先生把茶树原产地研究拓展到古地理学、古地质学、古气候学、古生物学和植物学等多个学科，以自己的学术创新实力和骄人的业绩向世人展现，创立“中国西南地区是世界茶树的原产地”学说，谱写了茶树原产于中国的新篇章。

三、中国茶的轴心时代

轴心时代的概念源自德国历史哲学家卡尔·雅斯贝斯的《历史的起源与目标》（1949）一书。雅斯贝斯提出：“世界历史的轴心位于公元前500年左右，它存在于公元前800年到前200年间发生的精神进程之中，那里有最深刻的历史转折。我们今天所了解的人类文化突破从那时产生，这段时间简称为轴心时代。”这个时代诞生了苏格拉底、柏拉图、以色列先知、释迦牟尼、孔子、老子；各自创立自己的思想体系，共同构成人类文明的精神基础，直到今天，仍然附着在这种基础之上。雅斯贝斯把轴心时代主要理解为文化的急剧发展，或者说理解为文化突进，然后用文化突进来解释历史的转折。雅斯贝斯认为，轴心时代之所以被称作“轴心”，是因为这一时代的文化突进使得人类历史以它为轴发生转折。回顾中国茶发展历史，在现有历史文献记录及田野调研研究的基础上，大胆提出中国茶发展经历了一个轴心时代。这个时代，就是应对“茶，源于中国，兴于唐，盛于宋”的唐宋时期，以古代茶圣陆羽《茶经》和《大观茶论》为标志，五大官窑独树一帜。公元780年，茶圣陆羽《茶经》问世，世界上第一部最全面、最系统的茶学专著诞生于中国，为中国作为茶的故乡殊荣奠定了地位。陆羽开启了一个茶的时代，为世界茶业发展作出了卓越贡献。“自从陆羽生人间，人间相学事春茶。”唐代陆羽《茶经》载：“茶之为饮，发乎神农氏，闻于鲁周公。”表明中国是最早栽培和利用茶的国家，秦汉之前就开始栽培茶树。《茶经》又云："茶之为用，味至寒，为饮，最宜精行俭德之人。"首次提出"精行俭德"作为茶道思想内涵；就是说，通过饮茶活动陶冶情操，使自己成为具有美好的行为和俭朴、道德高尚的人。每个人都可以有自己的"茶经"。宋代有了系统的制茶技术后，上至朝廷，下至民间，对茶叶的品质要求都更为讲究。饮茶方式也逐渐发生了新的变化，人们意识到煎茶法的烦琐复杂，而发明了新的"点茶法"，自此点茶成了当时的一种时尚饮法。公元1107年，即大观元年，宋徽宗所著的关于茶的专论，对北宋时期蒸青团茶的产地、采制、烹试、品质、斗茶风尚等均有详细记述；共二十篇，其中"点茶"一篇，见解精辟，论述深刻，故后人称之为《大观茶论》。之所以说"茶兴于唐，盛于宋"，是因为宋代不仅仅将茶产、茶饮推到了极盛时期，也是将茶文化进行升华的巅峰时期，茶业专著传世的就有25部之多，为唐代茶著的6倍；除此之外，宋代五大官窑的面世也是一个有力佐证。宋代是我国茶事演进的重要阶段，宋代朝廷在地方建立了贡茶制度，点茶法一开始就是挑选贡品茶叶品质高下的评定方法，后来慢慢演变为斗茶及茶百戏。南宋开庆年间，斗茶的游戏漂洋过海传到日本逐渐变为当今日本风行的"茶道"。从唐代煎茶到宋代点茶，是在一脉相承中不断攀升审美的境界，以臻于极致。但当追求过程偏于一隅，为了视觉效果而达到乳花凝聚的巅峰状态，就难免会忽视茶香与茶味，最终注定走向不可持续发展之路。马克思说："哲学家们只是用不同的方式解释世界，而问题在于改变世界。"新轴心时代是一场新的文化突进，更是除旧布新、触及各方利益的深刻社会变革。这将是一个漫长的历史过程，每一步都充满斗争，文化创新只有在社会实践中才有可能实现。我们总是走在历史的延长线上，只有了解从哪里来，才更可能预知将要往哪里去。

四、新时代中国新茶经

党的十九大报告提出了中国发展新的历史方位——中国特色社会主义进入了新时代。社会主要矛盾为人民日益增长的美好生活需要和不平衡不充分的发展之间的矛盾。文化是一个国家、一个民族的灵魂，文化兴国运兴，文化强民族强；中国特色社会主义文化，源自于中华民族五千多年文明历史所孕育的中华优秀传统文化，推动中华优秀传统文化创造性转化、创新性发展，增强意识形态领域主导权和话语权，构筑中国精神、中国价值、中国力量，为人民提供精神指引。优先发展教育事业，办好人民满意的教育；坚持人与自然和谐共生，践行绿水青山就是金山银山理念；坚持农业农村优先发展，实施乡村振兴战略，实施健康中国战略。习近平总书记在全国6省9地工作，其中时间跨度最长的两个省是福建（16年）、浙江（5年），两个省都是沿海经济发达省份，也是茶文化、茶产业发展中心。"小叶子"可成大产业、蕴含新科技、承载茶之道，以下对习近平总书记的"1234"新茶经进行阐述。

"1"即一片叶子。2003年4月9日，时任中共浙江省委书记的习近平，在安吉县溪龙乡黄杜白茶基地视察、调研时说：“一片叶子，成就了一个产业，富裕了一方百姓。”中国茶叶，美了环境、兴了经济、富了百姓。

“2”即两次考察。①2020年4月21日习近平总书记考察调研陕西平利县女娲凤凰茶业现代示范园区，察看茶园种植情况，鼓励村民做好茶叶产业时提出：“因茶致富，因茶兴业，能够在这里脱贫奔小康，做好这些事情，把茶叶这个产业做好。”②2021年3月22日，习近平总书记赴福建考察调研，指出：“要把茶文化、茶产业、茶科技统筹起来，过去茶产业是你们这里脱贫攻坚的支柱产业，今后要成为乡村振兴的支柱产业。”

“3”即三封信件。①2017年5月18日，首届中国国际茶叶博览会，习近平总书记在致贺信中指出：“中国是茶的故乡。茶叶深深融入中国人生活，成为传承中华文化的重要载体。”②2018年4月，浙江省安吉县黄杜村20名农民党员给习近平总书记写信，提出捐赠1500万株茶苗帮助贫困地区群众脱贫。收到信后，习近平总书记对信中提出向贫困地区捐赠白茶苗作出重要指示，“吃水不忘挖井人，致富不忘党的恩”。增强饮水思源、不忘党恩的意识，弘扬为党分忧、先富帮后富的精神。③2020年5月21日，习近平在给国际茶日发来贺信指出，“茶起源于中国，盛行于世界。……中国愿同各方一道，推动全球茶产业持续健康发展，深化茶文化交融互鉴，让更多的人知茶、爱茶，共品茶香茶韵，共享美好生活。”

“4”即四大方略。①2005年8月，时任浙江省委书记的习近平在考察安吉县余村时首次提出“绿水青山就是金山银山”的重要发展理念“即两山理念”（2017年写入党章）。“茶”字拆开，人在草木间，道出中华文化“道法自然”真谛。人不负青山，青山定不负人。“两山理念”为新时代推进生态文明指明了方向，成为中国共产党的重要执政理念。②茶文化是增进中外友谊的纽带和桥梁。自2013年以来，习近平总书记先后多次与多位外国元首茶叙。茶事外交呈现常态化，且频率高。③从“一带一路”倡议到国家战略。2013年9月和10月，习近平总书记在出访中亚和东南亚国家期间，提出“新丝绸之路经济带”和“21世纪海上丝绸之路”的重大倡议，简称“一带一路”倡议。丝绸之路是一条东方与西方之间在经济、政治、文化进行交流的主要道路。全球八成的茶叶都产自“一带一路”沿线国家。④2022年12月12日，习近平总书记对非物质文化遗产保护工作作出重要指示强调，“中国传统制茶技艺及其相关习俗”列入联合国教科文组织人类非物质文化遗产代表作名录，对于弘扬中国茶文化很有意义。要扎实做好非物质文化遗产的系统性保护，更好满足人民日益增长的精神文化需求，推进文化自信自强。

第二节　中国茶话语体系建构的生成逻辑

一、理论逻辑：马克思主义基本原理同中华优秀传统文化相结合的科学指导

马克思主义是关于全世界无产阶级和全人类彻底解放的学说，由马克思主义哲学、马克思主义政治经济学和科学社会主义三个部分组成。中华优秀传统文化源远流长、博大精深，是中华文明的智慧结晶，其中蕴含着天下为公、民为邦本、为政以德、革故鼎新、任人唯贤、天人合一、自强不息、厚德载物、讲信修睦、亲仁善邻等价值元素。中国茶深深融入中国人生活，成为“传承中华文化的重要载体”，以及“中国文化走出去的重要一翼”。习近平总书记在建党百年重要讲话中首次提出“坚持把马克思主义基本原理同中国具体实际相结合、同中华优秀传统文化相结合”（简称“第二个结合”）的重大命题；党的二十大报告进一步指出：“坚持和发展马克思主义，必须同中华优秀传统文化相结合。只有植根本国、本民族历史文化沃土，马克思主义真理之树才能根深叶茂。”因此将“第二个结合”作为中国茶话语体系建构的理论指导具有重要价值。2023年6月，习近平总书记在文化传承发展座谈会上，科学揭示了“结合”的重大价值意蕴并指明：“‘第二个结合’，是我们党对马克思主义中国化时代化历史经验的深刻总结，是对中华文明发展规律的深刻把握，……表明我们党在传承中华优秀传统文化中推进文化创新的自觉性达到了新高度。”“第二个结合”赓续了中华优秀传统文化这一中华民族的“根和魂”，把创造性转化、创新性发展作为结合的关键，充分发掘中华优秀传统文化中的思想观念、人文精神、道德规范，赋予其跨越时空、具有当代价值的新内涵。

“第二个结合”不是二者在概念上的机械式拼接、内涵上的拼凑式排布、价值上的教条式组合，而是体现在叙事方式上“创新性”的结合、思想理论上“科学性”的结合、价值导向上“人民性”的结合、理论品质上“开放性”的结合；让中国茶话语体系成为体现中国人民宇宙观、天下观、社会观、道德观的重要载体，向世界展现中国文化的重要一翼。首先在叙事方式上，马克思主义因中华优秀传统文化的价值滋养，富有鲜明的民族风格、民族特征和民族形式；中华优秀传统文化因马克思主义的真理浇筑，而呈现出典型的科学内涵、逻辑方法和思想力量。即中华优秀传统文化被赋予更为引领性的内容、科学性的方法、真理性的价值，以及马克思科学真理被赋予丰富的民族形式、民族风格、民族话语的生动表现。其次在思想理论上，马克思主义是认识世界、改造世界的强大思想武器，是观察时代、把握时代、引领时代的科学理论体系；中华优秀传统文化是内含历史逻辑、价值情怀、经验启

迪的强大精神力量，蕴含着丰厚的思想道德资源和治国理政的有益启示。增强中华优秀传统文化在当代的影响力和感召力，使之焕发出强大的生机和活力，实现中华优秀传统文化的赓续传承和弘扬光大。再次在价值导向上，以人民的立场为基准、以人民的愿望为目标、以人民为关切为指针、以人民的创造为力量。着眼当下社会主义主要矛盾的变化，满足人民日益增长的精神文化需求，增强实现中华民族伟大复兴的精神力量，成为马克思主义与中华优秀传统文化"人民性"特质相通的时代特征与奋斗指向。最后在理论品质上，"开放"是结合的前提，两个自我封闭的思想体系无论如何也无法完成融合共生使命。将中华优秀传统文化赋于开放的马克思主义科学理论体系之中，让马克思主义"说中国话""有中国味"；将马克思主义赋于兼收并蓄的中华优秀传统文化之中，在博人类文明之长、通时代发展之势的中华优秀传统文化中，增添马克思主义的科学真理、价值准则和实践伟力，让中华优秀传统文化以更加科学的面貌面向现代化、面向世界、面向未来，不断提升国家文化软实力和中华文化影响力。

二、历史逻辑：中国茶从以茶治边到鸦片战争再到国际茶日的千百年演变

"以茶治边"是我国古代封建王朝为加强对西北地区的统治，利用其茶叶经济垄断权对西北游牧民族实行的一项羁縻统治政策，关系到政治、经济、军事、文化诸方面，不是一个单纯的贸易问题，而是融茶法、马政、边政于一体的一种边疆经略政策，也是一个重大的政治问题。随着唐宋时期茶法的形成、茶马互市的兴起而开始出现，至明代臻于完善，贯彻最为彻底、最为纯粹，其他各朝都贯穿着或多或少的统治者"怀柔"味道；它以西北游牧民族生活必需的茶叶作为经济武器，通过垄断茶马市场、"以茶赏番"等手段，"俾仰给于我，而不能叛"，成为"制两番以控北虏之上策"，在民族史上具有较大的影响。公元 1573 年，蒙古各部联合女真，共同起兵，以武力胁迫明王朝开放边境贸易，继续向关外供给茶叶，两年后，明王朝终于恢复了清河的茶马互市。茶马互市，不再是游牧部落换取生活资料的交易场所，更成了女真人获得生产资料、生产技术、提升整个民族生产力的资源渠道。明王朝为自己挑选了"掘墓人"，且培养着自己的掘墓者由弱变强。

茶叶，最古老的国际化非酒精饮料，与丝绸一样，在最早的东西方贸易中炙手可热；没人会把淡雅飘逸的茶香和血腥的战场联系在一起，成为人类争夺的战略资源。19 世纪 30 年代开始，茶叶引发了近代东西方文明间的对抗，进而，一场残酷的战争，将中国拖入半封建半殖民地的悲惨命运，这就是我们熟悉的鸦片战争。尽管鸦片战争是工业革命发展的必然结果，但是从某种角度来说，鸦片战争是一场贸易战争，更是一场被刻意隐瞒真相的茶叶之战。这场战争不始于 1840 年，而始于 1784 年，不结束于 1842 年，而结束于 1876 年，前后延续了 92 年。1840 年至 1842 年的

“鸦片战争”，不过是这场经济战的短暂军事形态。有一点长期被史学界忽略的事实是，在鸦片战争前后，茶叶所扮演的角色，它不仅是晚清行走世界的通行证，也是全球化贸易最彻底的物质。坦率地说，茶运与国运是密切相关的。在茶叶兴起的时间里，中国也是随之兴起。茶、瓷、丝是中国对世界物质文明最卓越的三大贡献，它们在不同的历史时期分别影响了世界性的经济格局和文化格局，最终在一定程度上改变了全世界人民日常的生活方式以及生活品质。

目前，全球产茶国和地区已达60多个，茶叶产量超过700万吨，贸易量超过240万吨，茶消费国和地区已达200个，饮茶人口超过20亿。千百年来，茶从中国出发，沿着丝绸之路、茶马古道、茶船古道走向世界，受到了各国人民喜爱。茶叶作为最重要的经济作物之一，已经成为很多国家特别是发展中国家的农业支柱产业和农民收入的重要来源，也是若干不发达国家数百万贫困家庭的主要谋生手段。2019年11月27日，第74届联合国大会通过由中国主导推动的“国际茶日”，这是中国茶话语权的重要体现；宣布每年5月21日为“国际茶日”，以赞美茶叶的经济、社会和文化价值，促进全球茶业的可持续发展。联合国大会决议希望国际社会根据各国侧重以适当的方式庆祝“国际茶日”，通过教育及各类活动帮助公众更好地了解茶叶对农业发展和可持续生计等的重要性。国际茶日的创设，是世界对中国茶文化的认同，将有助于我国同各国茶文化的交融互鉴、茶产业的协同发展，共同维护茶农利益。国际茶日定于5月21日，一是具有国际普遍性，与春茶生产、贸易集中时期高度吻合；二是具有推广便利性，气候适宜，便于各类庆祝活动的开展；三是具有茶叶特殊性，联合国粮农组织政府间茶叶工作组会议固定在5月中旬召开，有利于进一步扩大茶叶国际影响。茶行业是一部分最贫困国家主要的收入及出口收益来源，同时作为劳动密集型行业，茶行业也能提供大量就业岗位。尤其在偏远经济欠发达地区，“国际茶日”的设立充分体现了国际社会对茶产业、茶文化的高度认可，习近平总书记致贺信体现了党和国家对中国茶的高度重视，对推动茶产业振兴和茶文化繁荣，对推动全球茶产业持续健康发展、深化茶文化交融互鉴产生深远的影响。

三、现实逻辑：中国制茶技艺及习俗非遗守正创新与三茶统筹高质量发展

习近平总书记特别重视挖掘中华五千年文明中的精华，弘扬优秀传统文化。他指出：“中华民族是守正创新的民族”“有着守正创新的传统”“无论时代如何发展，我们都要激发守正创新、奋勇向前的民族智慧。”回望五千年中华文明史，“守正创新”一直是其中的精神内核和精华所在。党的二十大报告进一步强调：“必须坚持守正创新。……守正才能不迷失方向、不犯颠覆性错误，创新才能把握时代、引领时代。”按照联合国教科文组织的《保护非物质文化遗产公约》，非物质文化遗产是指被各群体、团体、有时为个人所视为其文化遗产的各种实践、表演、表现形式、知

识体系和技能及其有关的工具、实物、工艺品和文化场所。中国传统制茶技艺及其相关习俗是有关茶园管理、茶叶采摘、茶的手工制作，以及茶的饮用和分享的知识、技艺和实践。中国传统制茶技艺及其相关习俗彰显了社区对自然界和宇宙的认知、社会实践的经验和手工实践的能力，促进了茶器、茶歌、茶戏等文化表现形式的发展，营造了茶馆等关联性文化空间，生动见证了人类创造力和文化多样性；传达了茶和天下、包容并蓄的理念，并通过丝绸之路促进了世界文明交流互鉴，在人类社会可持续发展中发挥着重要作用。中国传统制茶技艺及其相关习俗作为中华优秀传统文化，包含着民众的生活智慧和思想情感，进行保护具有重要的历史、文化和经济价值等。

2022 年，“中国传统制茶技艺及其相关习俗”项目申报联合国教科文组织人类非物质文化遗产代表作名录取得圆满成功，11 月 29 日在摩洛哥举行的保护非遗政府间委员会第 17 届常会上通过评审，正式宣布列入联合国教科文组织人类非物质文化遗产代表作名录。此次“中国传统制茶技艺及其相关习俗”列入人类非物质文化遗产代表作名录，不仅是中华文明绵延传承的生动见证，更是凝聚中华民族多元一体的文化认同、坚定中国人民的文化自信的重要契机。习近平总书记对非物质文化遗产保护工作作出重要指示强调，“中国传统制茶技艺及其相关习俗”列入联合国教科文组织人类非物质文化遗产代表作名录，对于弘扬中国茶文化很有意义。要扎实做好非物质文化遗产的系统性保护，更好满足人民日益增长的精神文化需求，推进文化自信自强。要推动中华优秀传统文化创造性转化、创新性发展，不断增强中华民族凝聚力和中华文化影响力，深化文化交流互鉴，讲好中华优秀传统文化故事，推动中华文化更好走向世界。

1978 年改革开放以来，中国乡村发展经历了一个由低水平、基础型向高质量、创新型不断发展过程，大体可分为“解决温饱、小康建设和实现富裕”三个阶段；中国乡村振兴是乡村发展演化到一定阶段后，迈向更高层次的战略必然选择。党的十九大适时提出实施乡村振兴战略，旨在通过解决城乡发展不平衡、乡村发展不充分等重大问题引领乡村发展迈向更高水平阶段。乡村振兴是继统筹城乡发展、社会主义新农村建设之后，党中央关于乡村发展理论和实践的又一重大创新和飞跃。中国特色社会主义进入了新时代，其基本特征就是我国经济已由高速增长阶段进入高质量发展阶段。党的二十大报告指出：“高质量发展是全面建设社会主义现代化国家的首要任务。”实现高质量发展是中国式现代化的本质要求之一。习近平总书记指出：“高质量发展，就是能够很好满足人民日益增长的美好生活需要的发展”。2021 年 3 月 22 日，习近平总书记在福建武夷山调研时提出了“三茶”统筹理念，弘扬茶文化、振兴茶产业、创新茶科技，构建三茶统筹产业融合高质量发展体系。从全要素生产率（TFP）增长来源看，当下嵌入型要素对 TFP 增长的贡献率达 80%，为三茶统筹产业融合高质量发展提供了优良的经济结构基础；2023 年我国人均 GDP 达 8.94 万元，文化产业已进入中级发展阶段，为三茶统筹产业融合高质量发展发展提供了丰厚的经济实力基础。茶业是我国大部分产茶县的特色农业优势产业，是乡村振兴中“产业是核心”的最好选择，是乡村振兴中“生活富裕”目标实现的保障；通过把茶业从“公共产品”转变为“特色商品”和“生态服务业”，打通茶乡高生态价值难以转化为高经济增长的堵点，自觉践行习近平总书记“三茶”统筹理念，努力把中国茶打造成高质量发展的茶区乡村振兴支柱产业。

第三节　中国茶话语体系建构的实现路径

一、发掘中国茶价值内核，改革中国茶话语“供给侧”

中国茶话语体系的核心内容必须是中国茶哲理、中国茶文化、中国茶故事，构建中国茶话语体系，发掘中国茶价值内核，推进中国茶话语的“供给侧改革”，充分释放中国茶话语的生产力和创新力。首先，中国茶的哲理核心就是中国茶道，能够实现“以理服人”。茶是大自然给予人类的美好馈赠、它清静平和、高雅芬芳，茶中有“艺”，茶中有“礼”，茶中有“道”。在中国，茶不仅是一种饮品，更是崇尚道法自然、天人合一、内省外修的东方智慧。中国茶德“廉美和敬”，廉俭育德、美真康乐、和诚处世、敬爱为人；中国茶礼“俭清和静”，勤俭朴素、清正廉明、和衷共济、宁静致远。中国茶德和中国茶礼的首倡者分别是庄晚芳和张天福先生，二位先生倡导的茶德和茶礼的源头，来自陆羽《茶经》中“茶之为饮，最宜精行俭德之人”的论断。孔子在《论语·述而》中说：“志于道，据于德，依于仁，游于艺。”意思就是说：目标在道，根据在德，依靠在仁，艺是追求仁德过程中的活动方式。换句话说就是：道行在外，德修在己，若要想求道行于天下，就必须得先据守自己的德，以德为根据地，方可得道。德是根本。孔子在《论语·为政》中说：“道之以政，齐之以刑，民免而无耻；道之以德，齐之以礼，有耻且格。”意思是政刑能使人暂时免于犯罪，而德礼却可以潜移默化地改变人。换句话说，用德来引导、用礼来整顿。由此可见，德是内在自省的、礼是外在遵循的。所谓茶道，首先是人们在饮茶过程中遵循的规范程序，并乐在其中；其次是人们最为看重，通过饮茶活动，去陶冶情操、修心悟道；最后就是利用中国茶礼去规范行为，中国茶德去传递文明的精神活动。习近平总书记的经典茶语“品茶品味品人生”“清茶一杯，手捧一卷，操持雅好，神游物外”等，意蕴深厚，物质与精神、人文与自然完美融合，将茶作为中华文化之优秀代表，推向了崇高境界。2014 年 4 月 1 日，习近平总书记在比利时布鲁日欧洲学院发表重要演讲，提出：“茶的含蓄内敛和酒的热烈奔放代表了品味生命、解读世界的两种不同方式。但是，茶和酒并不是不可兼容的，既可以酒逢知己千杯少，也可以品茶品味品人生。中国主张‘和而不同’，而欧盟强调‘多元一体’。”

酒茶是文化的不同表达，和而不同与多元一体则是文明哲理的不同切入，都在以不同方式展现人类文化的多样以及世界文明的多彩。

其次，中国茶文化是中华文化优秀基因的浓缩，是世界解读中华文化的密码，“以文化人”是其最本质的特性。文化，本是“人文教化”的简称，在中国，文化归根结底是知道中华民族行动和内心的坐标。茶文化作为一种具备了精微内在动力的文化，它将中国文化中的“大道”与“器术”如茶水相融般地结合了起来。以文化的角度来观察，茶文化具有“教育人民、服务社会、引领风尚”的人文追求，包括以文致信的信仰功能、以文致思的思考功能、以文致行的行为功能等。要发挥好茶文化育民功能，用优秀的中华茶文化培育人、塑造人，提升人的素质。晋朝陈寿《三国志·韦曜传》：“曜素饮酒不过二升，初见礼异时，常为裁减，或密赐荈以当酒。”这是“以茶代酒”典故由来，至此，茶以物质形式出现渐而渗透至其他领域，并叩响文化的大门。南朝何法盛《晋中兴书》：“汝既不能光益叔父，奈何秽吾素业?”这是“以茶待客”“以茶养廉”典故由来，至此，以茶会友、以茶倡廉得以被后人传承。茶文化，是人们在利用茶的过程中形成的文化特征，是以茶习俗为文化地基、以茶制度为文化框架、以茶美学为文化呈现、以茶哲学文化灵魂的文化体系。茶习俗建立在人类日常生活基础的行为文化层面，其内容为人际交往中约定俗成的茶文化习俗，“柴米油盐酱醋茶”可以作为关键词，包括了各国、各地、各民族之间的礼俗、民俗、风俗的形态。茶制度建立在人类社会生活的制度文化层面，内容包括人类在社会实践中建立的各种社会行为规范，涉及茶生产和流通过程中所形成的生产制度和经济制度。茶美学建立在人类精神生活的审美文化层面，我们往往以“琴棋书画诗酒茶”来概括其内容，以及在审美历程中诞生的关于中国茶的话语体系。茶哲识建立在人类精神活动孕育出来的思维方式文化层面，是茶文化的核心、最高的文化尖端，是人类对茶“形而上”的价值观念的终极思考。茶所体现出的和而不同的君子之风，包容天下的宽容情怀，精行俭德的清廉形象，雅致蕴藉的艺术修养，清新活泼的民俗风味，立刻被主流社会价值观认同。

再次，要说好中国五类茶故事，即中国茶人的故事、中国茶事的故事、中国茶美生活故事、中国三茶统筹故事及中国茶和天下故事，达到“以事感人”。“中国文化走出去”的目的在于使中国文化、中国模式、中国故事走进他国人民的内心，走进岁月和人类历史深处。“讲好中国茶故事”需要“好故事”，更需要“好方法”。把讲好中国茶故事作为生动的说话方式、情感的沟通方式、信任的建立方式，赋予了中国文化以世界认同。讲中国茶人的故事就是要讲20世纪对中国茶文化、茶教育、茶科技及茶产业作出杰出贡献的吴觉农、庄晚芳、张天福、王家扬、冯绍裘、李联标、王泽农、陈椽、顾景舟等功勋“老茶人”故事，讲在乡村振兴共同富裕中将“文章写在大地上”茶叶科技工作者、茶非遗技艺工匠、茶文化传播大师等百位“新茶人”故事；讲“中国茶事的故事”就是要讲制茶非遗技艺及相关习俗、重大活动和重要节展赛事活动故事；讲“中国茶美生活故事”就是要讲茶文化“进学校、进社区、进机关、进企业、进家庭”，逐步转化为人们的情感认同和行为习惯，“让饮茶不仅成为中国的一种民俗，在国际上成为一种民族文化的象征符号。”“茶为国饮”不仅是“以茶会友”“以茶修德”的一种习俗，“让茶作为我们日常生活的伴侣”，还是丰富人们美好生活的一种享受。讲“中国三茶统筹故事”就是要讲新时代“三茶”统筹高质量发展勇担茶乡振兴共富产业故事；讲“中国茶和天下故事”就是要讲“东西方彼此差异的人心，在茶碗里才真正地相知相遇。”茶是中国给予世界最好的礼物，成为我们走向世界的一张名片。将茶产业发展与茶文化传承相融合，将其作为促进“一带一路”沿线贸易的有利“通行证”，让世界感知当代中国发展活力；在国际茶日新征途上，中国茶将再度成为中国与世界和谐共生的友好见证。

二、打造中国茶人才队伍，培养中国茶话语“生产者”

功以才成，业由才广。党的二十大报告提到，必须坚持人才是第一资源，深入实施人才强国战略。习近平总书记指出：“乡村振兴，关键在人、关键在干。”构建中国茶话语体系，必须依靠源源不断的中国茶话语人才，打造中国茶话语队伍，建立中国茶话语智库，努力培养中国茶话语的“生产者”，着力形成人才引领驱动机制。首先，通力打造中国茶话语“三支”队伍。第一支要打造的队伍是中国茶话语缔造者队伍，该支队伍数量多、层次广，不仅有中国茶生产者、经营者，更有将“文章写在大地上”的中国茶科技工作者、大国工匠、非遗传承人，当然还有中国茶文化底蕴深厚、“第二个结合”理论素养高，并知晓西方茶话语的科学研究者和教育工作者。第二支要打造的队伍是中国茶话语专业翻译队伍，该队伍人才既要政治素养高，又要中国茶专业知识扎实、通晓中西方文化差异，目前该支队伍人才相对稀缺，大多借助专业软件或翻译机构力量，很难保障中国茶话语翻译质量。第三支要打造的队伍是中国茶话语传播者队伍，该支队伍数量巨大、层次复杂，专业素养、国际视野都需要提高；目前该支队伍的人才主要分布在三个方面：一是茶艺与茶文化传播者、二是涉茶赛事技艺传承者、三是茶事活动自媒体短视频宣传，尤其短缺业务精湛、视野开阔、国际水准的中国茶话语传播队伍。

其次，创新深化中国茶话语人才培养体系及体制改革。要培养既熟知中国国情，又具有全球视野的属于中国的茶专家茶学者，特别是要培养一批在国际上有影响、能成为“意见领袖”的领军人才；贯彻教育部关于“支持有条件的高校开设茶文化相关课程，积极申报相关本科专业”要求，在国内原有涉茶高等学历教育层次中创设衔接中高职茶艺与茶营销、茶艺与茶文化专业的本科茶文化学学科，完善我国茶高等教育人才培养体系，同时在茶文化学科中强化外语课程教学、新闻传播课程教学，增强中国茶话语翻译人才、传播人才培养。依据党的二十大关于“加快建设教育强国、科技强国、人才强国，坚持为党育人、为国育才”“深化人才发展体制机制改革”的精神要求，要加强和完善党对中国茶话语人才工作和外宣工作的领导，善于挖掘与培育对中国茶的国际宣传和话语传播产生重要影响的学者专家、数媒体从业者、大国工匠大师等，善于发现与支持长期在国际交往、媒体交流、对外宣传颇有建树的民间工作坊茶非遗传承人。打破机关、事业、企业之间的人才流动壁垒，吸引国外进行中国茶研究的“中国通”学者和文化人士，聚天下英才而用之。

三、筑牢中国茶话语阵地，创新中国茶话语“云传播”

党的二十大提出：“加强国际传播能力建设，全面提升国际传播效能，形成同我国综合国力和国际地位相匹配的国际话语权。”中国是茶的故乡，茶叶深度融入中国人的生活，茶叙外交逐步常态化，国际茶日在中国的倡导下已经举办四届，中国国际茶叶博览会已在杭州举办五届，“中国传统制茶技艺及其相关习俗”已被联合国教科文组织列入人类非物质文化遗产代表作名录，表明中国茶在全球范围内具有了一定的话语权，但同国民经济总产值全球第二大国的综合国力及世界产茶最大的国家，茶从业人员最多的国家、茶教育和科研机构最齐国的国际地位相匹配的国际话语权还有很大距离，因此必须筑牢中国茶话语阵地，创新中国茶话语传播。云传播是基于信息计算技术和泛互联网网络下无处不在的一种传播形态。首先充分利用5G网络主导国地位，创新中国茶话语传播技术。5G网络具有高带宽、低时延等优势，5G轻量化（RedCap）实现技术简化，人工智能（AI）技术出现，自主自治网络不再是“梦想”；ChatGPT（Chat Generative Pre-trained Transformer）作为一种嵌入国际传播的公共知识生产工具，能在信息检索、内容生产和情感陪伴层面提供强大的技术支撑，必将造成一种由技术操纵和驱动的话语权力转型，颠覆传统媒介生产和信息交互的方式。“激发创造，带来愉悦”，抖音不仅仅是一个短视频平台，它是我们表达自己的舞台，更是我们追逐梦想的阶梯。“数字孪生、智慧泛在”，6G不再是简单网络容量和传输速率的突破，其数据传输速率可能达到5G的50倍，时延缩短到5G的十分之一，意在缩小数字鸿沟，最终实现万物互联。自从2020年9月首届“全球6G技术大会”在北京成功举办以来，2024年4月中国南京迎来第四届全球6G技术大会，表明中国在6G技术话语上正走在世界前列，为中国茶采用文字、图像、声音和视频等表现方式来构筑主流价值的话语场、传播链及话语权争夺的新阵地，增强国内和国外媒体市场融通，国内主流媒体与国际媒体的对话协作。

其次，充分利用数字技术平台和媒介基础设施，整合“国际茶日、一带一路倡导国、中国国际茶叶博览会、中国传统制茶技艺及其相关习俗人类非遗及茶叙外交常态化”等中国茶话语权标志成果，构筑以中国国际茶文化研究会为领衔机构，连同中国茶叶学会、中国茶叶流通协会等社会组织，中国茶叶研究所、中华全国供销合作社杭州茶叶研究所等科研院所，浙江大学、安徽农业大学等国内高校及中国茶叶博物馆等其他涉茶组织机构，组建中国茶对外传播联盟，制订中国茶话语传播标准、原则及制度，逐步形成从中国茶话语建构、内容翻译再到话语传播等各个环节的工作机制。建立全球茶文化、茶产业、茶科技展示、互动、交流的公共服务平台；创立以茶叙外交常态化为中国茶顶层设计、“一带一路”为中国茶对外交流渠道，以文化展呈、云端传习、视频创作为特色的数字化国际茶文化传播中心，完善国际传播工作格局，汇聚更多资源力量，让中国茶更好走向世界，让世界人民通过中国茶更好地了解中国。

再次，应用传播创新技术，发挥中国茶对外传播联盟人才资源，加快中国茶话语数字化智库建设，为构建中国茶话语体系提供丰富的智库资源。2014 年，习近平总书记在《当前工作中需要注意的几个问题》中指出：“要用好新闻发布机制，用好高端智库交流渠道，用好重大活动和重要节展赛事平台，用好中华传统节日载体，……让中国故事成为国际舆论关注的话题，让中国声音赢得国际社会理解和认同。”将“三个共同体”“三大全球倡议”和“一带一路”倡议等涉及国家体系和国家发展的重大战略政策置于中国茶话语体系建设的核心位置，探索中国茶话语如何与海外舆论关切与国际社会热点议题形成更好的呼应与对话，并以此为基础形成中国茶在国际体系叙事和国家叙事层面的“元话语（metadiscourse）”。要充分发挥国内涉茶高校、科研院所的话语智库作用，建立从茶树育种、品种再到茶衍生品、周边产品及茶文化产业的全链条数据库，发展以涉茶非遗为 IP，以茶文化创意为核心，推进涉茶非遗的创造性转化与创新性发展。充分调动各类涉茶社会组织和企业机构等社会力量进行国际交流和话语传播力，把“我们想讲的”变成“受众想听的”，着力提高中国茶国际传播影响力、中华茶文化感召力、中国形象亲和力、中国茶话语说服力、国际舆论引导力。

第五章　TRIZ 创新与思维导图

第一节　TRIZ 创新方法

在 20 世纪，诞生了三大进化理论，分别是达尔文进化论、社会达尔文主义和 TRIZ。其中，达尔文进化论和社会达尔文主义，分别对应着生物领域和社会领域。而 TRIZ，则对应着创新领域。暂且不说社会达尔文主义的影响范围，就达尔文进化论而言，不仅打破了 20 世纪人类对生物来源的认知，而且还从科学的角度给出生物的进化机制，为后世的研究提供了基础。而 TRIZ 可以与其并列，就可以证明它在创新领域所起到的作用极其重要。

一、何谓 TRIZ

（一）TRIZ 的概念

TRIZ 是俄文的英文音译 Teoriya Resheniya Izobreatatelskikh Zadatch 的缩写，其英文全称是 Theory of the Solution of Inventive Problems，即发明问题的解决理论。由苏联科学家 G. S. 阿奇舒勒和他的研究团队，于 1946 年到 1985 年研究的一套创新问题解决理论体系。从应用角度上来讲，TRIZ 是基于知识的、面向人的发明问题解决系统化方法学。其内容不仅包含了一些趋势的研究理论，还包含了各种问题解决的方法论，是一套解决创新问题的“工具包”。

（二）TRIZ 的核心思想

TRIZ 是通过大量分析专利和创新案例，归纳出来一套方法，研究的是专利和创新案例解决问题方法的范式，该范式是概念化的、高度抽象的，且具有条件普适性。这种对范式的研究方法，背后有两个核心思想的支撑。

一是技术演进范式是重复的。每一项新技术的出现，必然伴随着技术生命周期的路线演化，而对技术演进范式的研究，可以使得这种演化路线可预测，并做好针对性的措施。二是问题和解决方案是重复的。每一个新产品的出现，也必然伴随着产品生命周期的路线演化，不同产品生命周期阶段，问题的发生和解决方法基本一致。而对问题及其解决方案背后范式的研究，可以为不同产品的相同问题提供创新性的解决思路和方法。

（三）TRIZ 问题求解矩阵

从 TRIZ 的概念可知，它是一种方法学，那么怎么来使用这种方法呢？TRIZ 有专门一套针对其问题的求解路径，也叫求解矩阵。求解过程中，首先要定义清楚具体问题，然后根据具体问题去匹配 TRIZ 中的通用问题，再找到 TRIZ 的通用问题通用解，最后根据通用解给出具体问题的具体解。

二、如何用 TRIZ 进行产品创新

TRIZ 是一门创新性的方法学，用以创造性解决问题。无论是对新问题的解决，还是对于已有问题的解决方案优化，TRIZ 都是一种很好的辅助工具，可以提供其他行业或本身行业的解决思路和方法。作者以为，产品经理的工作是一个具有创新性的事情，会针对一个新的或已有的问题点，寻找创造性的方案解决或更优的方案替代，从而形成自己的优势，树立起竞争壁垒。这与 TRIZ 问题的解决思路不谋而合。那么，如何用 TRIZ 的思路和方法，进行产品的创新呢？这还需要回到 TRIZ 的求解矩阵上来，TRIZ 的求解矩阵本身包含了 TRIZ 问题的求解思路，而剩下的是每个环节怎么应用的问题。

（一）识别问题

识别问题是非常重要的一步。如果识别出的当前问题不是根本问题、痛点问题，那么即使通过 TRIZ 求解出了具体解，也不会真正解决原有问题。

从由外及里的维度来看，可以将问题分成三类：外层问题、内层问题和核心问题。外层问题，是表现出来的现象，是人们最直观的感受；内层问题，是某些行为的异常，是导致表层问题的行为冲突；核心问题，是结构问题，每件事情的发展都有一定的逻辑结构，当结构上某一点异常，就会直接导致行为异常，最终表现为外层现象。

TRIZ 中有个专属名词来描述问题，叫冲突或矛盾。问题的来源，一般是当前的问题解与理想解有冲突，当找到最根本的那个冲突的时候，核心问题也就找到了。那么，如何找到最核心的问题呢？比较可靠的方法，是使用“why”分析法，即不断地追问为什么，直到最终找到核心问题。在外层问题的基础上，不断地追问为什么，找到内层问题。然后，在内层问题的基础上，不断地追问为什么，找到核心问题。当核心问题找到之后，剩下的就是对这个问题进行求解。

（二）通用问题和通用解

识别出核心问题和原因后，需要根据核心问题的一些关键特性，去 TRIZ 中寻找通用问题和通用解。TRIZ 在经过不断地对大量专利和创新案例的研究后，其内容也经历了层层迭代和扩充，形成了目前的九大理论体系。其主要内容包括进化趋势、分析方法、标准解法和跨领域创新范式知识库等，覆盖了大多数行业的创新方法。按理论的类型，可以将其分成四大类：趋势型、分析型、标准型和范式型。其中，趋势型是对技术系统趋势的研究，分析型是对思路和方法的研究，标准型是对通用问题通用解的研究，范式型是对不同行业的科学范

式研究。

TRIZ 九大理论体系的简要介绍如下。

1. TRIZ 技术系统进化法则

TRIZ 技术系统进化法则包含八大技术系统进化法则，促使我们知道技术系统是如何进化的，为技术创新指明方向。

2. 最终理想解

抛开客观条件限制，理想化定义问题的最终理想解（IFR），以明确理想解的位置和方向，避免由于缺乏目标所带来的弊端。

3. 40 个发明原理

40 个通用的发明原理（创新原理），为跨行业创新提供了全新视角和可能性。

4. 39 个通用工程参数和阿奇舒勒矛盾矩阵

利用 39 项矛盾参数，制作 39×39 的矩阵表，横轴表示希望得到改善的参数，纵轴表示某技术特性改善引起恶化的参数，交叉处的数字表示用来解决矛盾时，所使用的发明原理的编号。

5. 物理矛盾和四大分离原理

为了解决系统某个参数具有相反需求的物理矛盾，可以使用四大分离原理：空间分离、时间分离、基于条件的分离和系统级别的分离。

6. 物–场模型分析

每个系统都可以分成多个子系统，每个子系统都具有功能，所有的功能都可以分解为两种物质和一种场。物质是指某种物体或过程，场是指完成某种功能所需的手法或手段。物–场模型分析，是一种重要的问题描述和分析工具，用于建立与已存在的系统或新技术系统问题相联系的功能模型。

7. 发明问题的标准解法

发明问题的标准解法共有 5 级 76 个解法，标准解法可以将标准问题在一两步中快速进行解决，是 TRIZ 高级理论的精华之一。同时也是解决非标准问题的基础，即将非标准问题转化成标准问题，从而快速求解。

8. 发明问题的解决算法

发明问题的解决算法（ARIZ）是基于技术系统进化法则的一套完整问题解决的程序，是针对非标准问题而提出的一套解决算法。ARIZ 的思路是将非标准问题通过各种方法进行变换，转化为标准问题，然后应用 76 个标准解法来予以解决。

9. 科学效应和现象知识库

不同领域科学效应和现象的应用，为发明问题的解决提供了强有力的理论和思维方式支持。

TRIZ 九大理论体系框架如图 5–1。

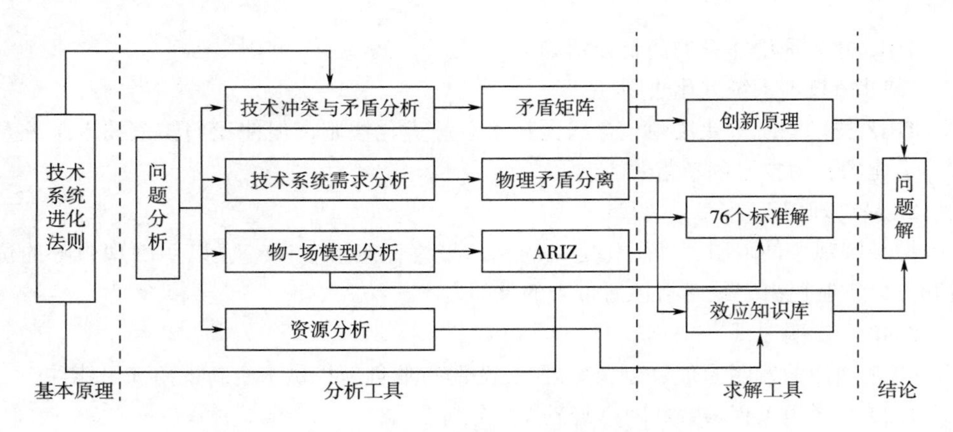

图 5-1 TRIZ 九大理论体系框架示意图

(三) 问题具体解

TRIZ 整个求解过程就是一个从特殊到一般，再从一般到特殊的过程。先从特殊问题到 TRIZ 一般问题，再从 TRIZ 一般解到问题特殊解。所以，在找出 TRIZ 通用问题和通用解后，需要回归到原有的具体问题，并给出具体解答（图 5-2）。

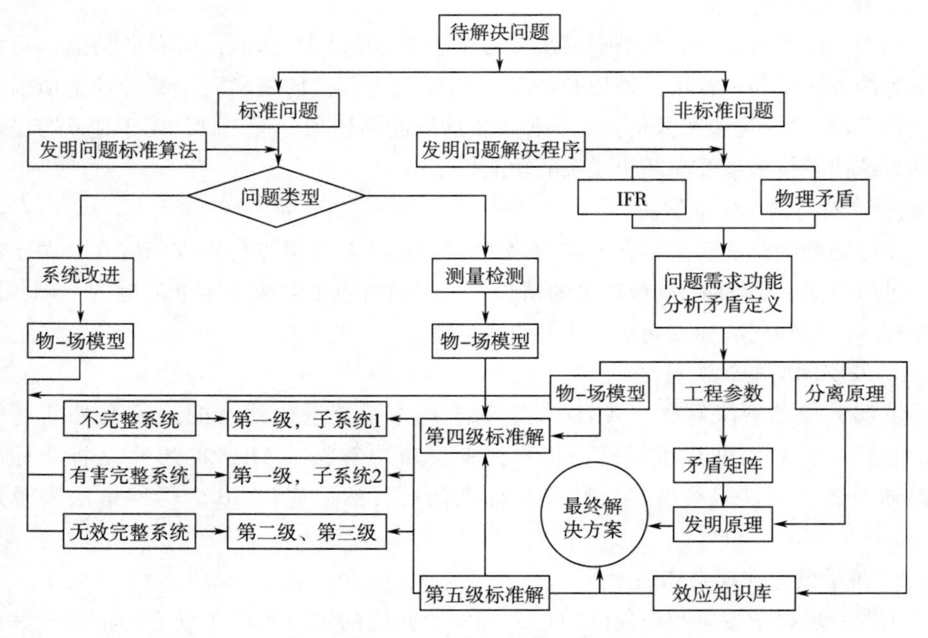

图 5-2 TRIZ 问题解决流程图

TRIZ 的通用解，一定是高度抽象的、概念化的，且去掉约束条件的内容。所以，当将其应用在具体问题后，首先需要做的就是明确清楚问题边界和约束条件。因为在不同的约束条件下，问题的解法就不一样。如同解数学题一样，同一个问题，在某个初始条件下是一个解，但在另一个初始条件下可能就是另外一个解了。

当明确清楚具体问题的边界和约束条件后，就可以利用 TRIZ 的通用解，在约束条件下对具体问题进行求解。只有这样得到的解，才是能真正解决问题的解。例如，铅笔一开始都是一体的，每次使用都得用削笔刀削尖了才能写字。识别问题时，主要冲突是当前的低准备效率和即拿即用目标的冲突，其核心问题是整体性。通过寻找 TRIZ 通用问题和通用解，从“40 个发明原理”中找到了“分割”这个解。再回到具体问题，用“分割”求解，即需要把铅笔的笔芯和壳分成两个独立的部分，铅笔芯随装随用，这样就解决了具体问题的主要冲突。

（四）具体解验证

求出具体问题的解之后，求解过程就算是已经完成了。但对于产品创新来说，还远远未结束，还需要对结果进行有效性验证。有效性验证可以分为两种，过程有效性验证和结果有效性验证。过程有效性是指从识别问题到求出具体解这个过程的有效性；主要关注过程方法使用的是否得当，能否得出有效结果，以及从问题导出结果的逻辑是否自洽。过程有效性的验证，可以为后续的分析方法提供宝贵的经验，怎么做才更加有效，怎么做才能避免错误结果等。结果有效性，是指从求出具体解到应用结果反馈的有效性。主要关注结果是否能真正解决问题，解决后是否重复出现，应用的效果如何等。结果有效性的验证，可以证明当前解是否有实际意义，是否能贴入场景解决问题，并间接为过程有效性的验证提供依据。

三、 40 个 TRIZ 发明原理

技术系统经过设计、制造、装配和调试，或者在产品全寿命周期的某个阶段，人们会发现对技术系统的某项或某些需求会产生矛盾，对于技术系统某一个参数的改进会导致另一个参数的恶化，即技术系统在改进或者说“进化”过程中产生了冲突。系统冲突是 TRIZ 的一个核心概念，指隐藏在问题背后的固有矛盾。如果要改进系统的某一部分属性，必然引起其他的某些属性恶化。G. S. 阿奇舒勒对大量的发明专利研究发现，尽管它们所属技术领域不同，处理的问题千差万别，但是隐含的系统冲突数量是有限的。从几百万个专利中进行筛选，来寻找发明性问题以及研究它们是如何解决的，从具有发明性的专利中提炼出了解决冲突或矛盾的 40 个发明原理（表 5-1），利用这些发明原理来寻找解决问题的可能方案。问题解决了，技术系统进化的障碍就消除了，技术系统就进化发展了。

表 5-1 40 个 TRIZ 发明原理表

序号	原理名称	序号	原理名称	序号	原理名称	序号	原理名称
No. 1	分割	No. 11	预先应急措施	No. 21	紧急行动	No. 31	多孔材料
No. 2	抽取	No. 12	等势性	No. 22	交害为利	No. 32	改变颜色
No. 3	局部质量	No. 13	逆向思维	No. 23	反馈	No. 33	同质性
No. 4	非对称	No. 14	曲面化	No. 24	中介物	No. 34	抛弃与修复
No. 5	合并	No. 15	动态化	No. 25	自服务	No. 35	参数变化
No. 6	多用性	No. 16	不足或超额行动	No. 26	复制	No. 36	相变
No. 7	嵌套	No. 17	维数变化	No. 27	廉价替代品	No. 37	热膨胀
No. 8	重量补偿	No. 18	振动	No. 28	机械系统的替代	No. 38	加速强氧化
No. 9	增加反作用	No. 19	周期性动作	No. 29	气动与液压结构	No. 39	惰性环境
No. 10	预操作	No. 20	有效运动的连续性	No. 30	柔性壳体或薄膜	No. 40	复合材料

（一）发明原理诠释分析

1. 第一阶段发明原理诠释分析

（1）分割原理

①将一个物体分成相互独立的部分。

例：过去的电视机所有按钮（开关、选台、音量、颜色）都在机体上，每个动作都要到电视机前才能操作；现在的电视机都是带遥控器的（目的是方便操作）。

②使物体分成容易组装及拆卸的部分。

例：组合家具（目的是方便操作）。

③增加物体被分割的程度。

例：块状竹制凉席（目的是方便存放、增加舒适性）。

（2）抽取（分离、移除）原理（目的是取其精华、去其糟粕）

①将物体中的“负面”部分或特性抽取出来。

例：将空调的压缩机放在室外。

②只从物体中抽取必要的部分和特性。

例：用狗叫声作为报警器的警声，而不需要养一条真正的狗。

（3）局部质量原理　让物体的不同部分具有不同功能。

①将物体或环境的同类结构转化成异类结构。

例：鸡尾酒（颜色梯度）、饼干（质料梯度）。

②使组成物体的不同部分实现不同的功能。

例：午餐盒被分成放热食、冷食及液体的空间。

③使组成物体的每一部分都最大限度地发挥作用。

例：带有橡皮的铅笔，带有起钉器的榔头等（目的是多样化、多功能细分）。

（4）非对称原理（目的是增强变化和动态性）

①用不对称形式代替对称形式。

例：插接件。

②如果对象已经是不对称的，增加其不对称的程度。

例：将圆形垫片改成椭圆形或异形，来提高垫片的密封性。

（5）合并原理

①合并空间上的同类或相邻的物体或操作。

例：集成电路板上的多个电子芯片。

②合并时间上的同类或相邻的物体或操作。

例：冷热水龙头。

2. 第二阶段发明原理诠释分析

（1）多用性原理（目的是经济性） 也称普遍性原理，使物体或物体的一部分实现多种功能，以代替其他部分的功能。

例：高压锅烧水、煮稀饭、烙饼、烤面包等。

（2）嵌套原理（目的是节省空间）

①将一个物体放在第二个物体中，将第二个物体放在第三个物体中。

例：俄罗斯套娃。

②使一个物体穿过另一物体的空腔。

例：汽车安全带卷收器。

（3）重量补偿（配重）原理（目的是平衡）

①用另一个能产生提升力的物体补偿第一个物体的重量。

例：用气球携带广告条幅。

②通过与环境（利用气体、液体的动力或浮力等）相互作用实现物体重量的补偿。

例：飞机机翼的形状使其上部空气压力减少，下部压力增加，从而产生升力。

（4）预加反作用原理（目的是减少损害或损失）

①预先施加反作用。

例：缓冲器能吸收能量、减少冲击带来的负面影响。

②如果物体处于或将处于受拉伸状态，预先增加压力。

例：浇混凝土之前的预压缩钢筋。

（5）预操作原理（目的是增加便利性、提高效率）

①事先完成部分或全部的动作或功能。

例：不干胶带。

②在方便的位置预先安置物体，使其在第一时间发挥作用，避免时间的浪费。

例：停车位的咪表。

3. 第三阶段发明原理诠释分析

（1）预先应急措施原理（目的是保障安全） 采用预先准备好的应急措施补偿物体相对较低的可靠性。

例：汽车安全气囊。

（2）等势性原理（目的是消除障碍） 在势能场中，避免物体位置的改变。

例：运河上，在两个不同高度的水域之间设置水闸。

（3）逆向思维（反向）原理（目的是拓展思维空间）

①颠倒过去解决问题的办法。

例：为了松开粘连在一起的物体，不是加热外部件，而是冷却内部件。

②使物体中的运动部分静止，静止部分运动。

例：使工件旋转，刀具固定。

③使一个物体的位置颠倒。

例：将“屡战屡败”改成“屡败屡战”，意思就大不一样了。

（4）曲面化原理（目的是节省空间、减少浪费和损害） 圆，是最简单、最稳定、最完整的图形。

①将直线、平面用曲线、曲面代替，将立方结构改变成球体结构。

例：在结构设计中用圆角过渡，避免应力集中。

②采用滚筒、球体、螺旋状等结构。

例：螺旋形楼梯。

③用旋转运动代替直线运动，利用离心力。

例：甩干洗衣机。

（5）动态化原理（目的是增加灵活性）

①使物体或其环境自动调整，以使其在每个动作阶段的性能达到最佳。

例：可调整座椅、可调整反光镜。

②把物体分成几个部分，各部分之间可改变相对位置。

例：笔记本电脑。

③将静止的物体改变成可动的，或使物体具有自适应性。

例：用来检查发动机的柔性内孔窥视仪。

4. 第四阶段发明原理诠释分析

（1）不足或超额行动原理（目的是完美） 如果用现有方法很难完成对象的100%，可用同样的方法“稍多”或“稍少”一点，问题的解决将被大大简化。

例：缸筒外壁刷漆，可将缸筒浸泡在盛漆的容器中完成，但取出缸筒后外壁粘漆太多，通过快速旋转可以甩掉多余的漆。

（2）维数变化原理（目的是节省空间、方便）

①将物体从一维变到二维或三维空间。

例：螺旋楼梯可以减少占用的房屋面积。

②将物体用多层结构代替单层结构。

例：立体车库。

③使物体倾斜或侧向放置。

例：自装自卸车。

④使用给定表面的反面。

例：印制电路板，两面都焊接电子元器件。

（3）振动原理

①使物体处于振动状态。

例：剃须刀。

②对于振动物体，增加其振动频率，甚至到超声波。

例：超声波可以探伤、测厚、测距、遥控和超声成像技术。

③使用共振频率，共振有害有利。

例：人们开始运用音乐产生的共振，来缓解人们由于各种因素造成的紧张、焦虑、忧郁等不良心理状态，而且还能用于治疗人的一些心理和生理上的疾病。

④使用压电振动器代替机械振动器。

例：石英晶体振荡驱动高精度钟表。

⑤使用超声波与电磁场振荡耦合。

例：在电频炉里混合合金，使混合均匀。

（4）周期性动作原理

①用周期性动作或脉动代替连续动作。

例：警灯。

②对周期性的动作改变其动作频率。

例：用变幅值与变频率的报警器代替脉动报警器。

③利用脉动之间的间隙来执行另一动作。

例：医用心肺呼吸系统中，每 5 次胸腔压缩后进行 1 次呼吸。

（5）有效运动的连续性原理（与周期性动作原理相反）

①持续采取行动，使对象的所有部分一直处于满负荷状态。

例：超市的电梯为保证顾客的及时疏散与方便，采用连续性工作。

②消除空闲的、间歇的行动。

例：打印机的打印头在回程过程中也进行打印。

5. 第五阶段发明原理诠释分析

（1）紧急行动原理　以最快的快速完成有害的操作。

例：修理牙齿的钻头高速旋转，以防止牙组织升温被破坏。

（2）变害为利原理

①利用有害因素，特别是对环境有害的因素，获得有益的结果。

例：用炉渣做砖。

②“以毒攻毒”，将有害作用相结合消除另一种有害因素。

例：中医里用含有毒性的药物治疗毒疮、癌症等疾病。

③加大一种有害因素的程度，使其不再有害。

例：逆火灭火，烧掉一部分植物，形成隔离带，防止森林大火蔓延。

（3）反馈原理

①引入反馈，改善性能。

例：声控喷泉。

②如果已引入反馈，改变其控制信号的大小或灵敏度。

例：飞机接近机场时，改变自动驾驶系统的灵敏度。

（4）中介物原理（目的是连接、协调）

①使用中介物传递或完成所需动作。

例：几何证明时常用的辅助线。

②使一物体与另一容易去除物暂时接合。

例：饭店上菜的托盘。

（5）自服务原理

①使物体具有自补充、自恢复的功能。

例：自清洁玻璃、自动饮水机。

②灵活利用废弃的材料、能量与物质。

例：包装材料的再利用、玉米丰收后秸秆还田。

6. 第六阶段发明原理诠释分析

（1）复制原理

①用简单的、低廉的复制品代替复杂的、昂贵的、易碎的或不易获得的物体。

例：虚拟驾驶游戏机。

②用光学拷贝或图像代替实物，可以按比例放大或缩小图像。

例：用卫星照片代替实地考察。

③如果已使用了可见光拷贝，进一步扩展到红外线或紫外线拷贝。

例：B超。

（2）廉价替代品（一次性用品）原理　用便宜的物体代替昂贵的物体，同时降低某些质量要求，实现相同的功能。

例：一次性医药用品。

（3）机械系统的替代原理　也称为“替换场系统”。

①用视觉、听觉、嗅觉系统代替机械系统。

例：天然气中混入难闻的气体代替机械或电子传感器来警告人们天然气的泄漏。

②使用与物体相互作用的电场、磁场及电磁场。

例：感应水龙头。

③将场和铁磁粒子组合使用。

例：铁磁催化剂，呈现顺磁状态。

（4）气动与液压结构原理　将物体的固体部分用气体或流体代替（如利用气垫、液体静压、流体动压产生缓冲功能）。

例：充气床垫。

（5）柔性壳体或薄膜原理

①用柔性壳体或薄膜代替传统三维结构。

例：薄膜开关。

②使用柔性壳体或薄膜将物体与环境隔离。

例：鸡蛋专用箱（代替草）。

7. 第七阶段发明原理诠释分析

（1）多孔材料原理

①使物体多孔或增加多孔元素（通过插入、涂层等）。

例：充气砖、泡沫材料。

②如果物体已是多孔结构，利用多孔结构引入有用的物质或功能。

例：蚊帐（孔为了透气）。

（2）改变颜色原理

①改变物体或环境的颜色。

例：科技大厦车库分区为粉红、蓝、绿。

②改变一个物体的透明度，或改变某一过程的可视性。

例：老榆木家具，用开放漆可见木材纹理。

③采用有颜色的添加物，使不易被观察到的物体或过程被观察到。

例：飞机表演。

④如果已添加了颜色添加物，则用发光迹线追踪物质。

例：高速公路反光材料。

（3）同质性原理　主要物体与其相互作用的其他物体采用同一材料或特性相近的材料。

例：用金刚石切割钻石。

（4）抛弃与修复原理

①采用溶解、蒸发等手段废弃已完成功能的零部件，或在工作过程中直接变化。

例：可降解餐具。

②在工作过程中迅速补充消耗或减少的部分。

例：自动铅笔。

（5）参数变化原理

①改变物体的物理状态。

例：酒心巧克力。

②改变物体的浓度或黏度。

例：洗手液。

③改变物体的柔性。

例：排气系统中的软连接。

④改变物体的温度。

例：食物的烹饪。

⑤改变物体的压力。

例：橡胶硫化（增强柔性）。

8. 第八阶段发明原理诠释分析

（1）相变（状态变化）原理　利用物质相变时产生的某种效应（关注的是效应，如体积改变、吸热或放热等）。

例：合理利用水在结冰时体积膨胀的原理。

（2）热膨胀原理

①利用材料的热膨胀或热收缩性质。

例：在过盈配合装配中，冷却内部件，加热外部件，装配完成后恢复常温，两者实现紧配合。

②使用具有不同热膨胀系数的材料。

例：双金属片传感器。

（3）加速氧化原理

①用富氧空气代替普通空气。

例：医院的高压氧舱提供高纯度氧气，治疗缺氧引发的疾病，如煤气中毒。

②用纯氧代替富氧空气。

例：用氧气-乙炔火焰高温切割。

③用臭氧代替离子化的氧气。

例：臭氧溶于水中去除船体上的有机污染物。

（4）惰性环境原理

①用惰性气体环境代替通常环境。

例：为了防止炽热灯丝的失效，让其置于氩气中（霓虹灯）。

②在物体中添加惰性或中性添加剂。

例：高保真音响中添加泡沫吸收声振动。

③使用真空环境

例：真空包装。

（5）复合材料原理　用复合材料代替均质材料。

例：复合地板。

（二）TRIZ 解决技术冲突问题的一般模式

技术矛盾是指一个作用同时产生有用及有害两种效应，也可指有用效应的引入或有害效应的消除导致一个或几个子系统变坏。技术矛盾常表现为一个系统中两个子系统之间的矛盾，而且总是涉及两个基本参数；当其中一个得到改进时，另一个会变得更差。阿奇舒勒在对专利的研究中发现，仅有 39 个工程参数（表 5-2）在彼此相对改善和恶化，而这些专利都是在不同的领域上解决这些工程参数的冲突与矛盾。在实际应用中，将这些冲突与矛盾解决原理组成一个由 39 个改善参数与 39 个恶化参数构成的矩阵（图 5-3），矩阵的纵轴表示希望得到改善的参数，横轴表示某技术特性改善引起恶化的参数，横纵轴各参数交叉处的数字表示用来解决系统矛盾时所使用创新原理的编号，这就是著名的阿奇舒勒技术矛盾矩阵。

表 5-2 TRIZ 39 个通用工程参数表

物理及几何参数		技术负向参数		技术正向参数	
编号	工程参数名称	编号	工程参数名称	编号	工程参数名称
1	运动物体的重量	15	运动物体的作用时间	13	结构稳定性
2	静止物体的重量	16	静止物体的作用时间	14	强度
3	运动物体的长度	19	运动物体的能量消耗	27	可靠性
4	静置物体的长度	20	静止物体的能量消耗	28	测试精度
5	运动物体的面积	22	能量损失	29	制造精度
6	静止物体的面积	23	物质损失	32	可制造性
7	运动物体的体积	24	信息损失	33	可操作性
8	静止物体的体积	25	时间损失	34	可维修性
9	速度	26	物质或事物的数量	35	适应性及多用性
10	力	30	物体外部有害因素作用的敏感性	36	系统的复杂性
11	应力或压强	31	物体产生的有害因素	37	监控与测试的困难程度
12	形状			38	自动化程度
17	温度			39	生产率
18	光照度				
21	功率				

过去的电视机所有按钮（开关、选台、音量、颜色）都在机体上，每个动作都要到电视机面前操作，现在的电视机为了操作方便都改为遥控器操作。下面以前述技术矛盾问题解决为例，说明如何通过 39 个工程技术参数，借助阿奇舒勒技术矛盾矩阵，构建 TRIZ 桥，解决问题。

（1）创新问题　我的冲突（选台+不方便）。

（2）标准问题　标准冲突（适用性+使用方便），改善参数可操作性 33 号，恶化参数适用性 35 号。

（3）标准解　在矛盾矩阵（33，35），检索到 40 个发明原理中的动态化原理、参数变化原理、分割原理、不足或超额行动原理。

系统恶化的特性 / 系统改善的特性		运动物体质量	静止物体质量	运动物体长度	静止物体的长度	运动物体的面积	静止物体的面积	运动物体的体积	静止物体的体积	速度	力	应力或压力	形状	物体结构稳定性	强度	运动物体作用时间
1	运动物体质量	+		15,8,29,34		29,17,38,34		29,2,40,28		2,8,15,38	8,10,18,37	10,36,37,40	10,14,35,40	1,35,19,39	28,27,18,40	5,34,31,35
2	静止物体质量		+		10,1,29,35		35,30,13,2		5,35,14,2		8,10,19,35	13,29,10,18	13,10,29,14	26,39,1,40	28,2,10,27	
3	适动物体长度	8,15,29,34		+		15,17,4		7,17,4,35		13,4,8	17,10,4	1,8,35	1,8,10,29	1,8,15,34	8,35,29,34	19
4	静止物体的长度		35,28,40,29		+		17,7,10,40		35,8,2,14		28,10	1,14,35	13,14,15,7	39,37,35	15,14,28,26	
5	运动物体的面积	2,17,29,4		14,15,18,4		+		7,14,17,4		29,30,4,34	19,30,35,2	10,15,36,28	5,34,29,4	11,2,13,39	3,15,40,14	6,3
6	静止物体的面积		30,2,14,18		26,7,9,39		+				1,18,35,36	10,15,36,37		2,38	40	
7	运动物体的体积	2,26,29,40		1,7,4,35		1,7,4,17		+		29,4,38,34	15,35,36,37	6,35,36,37	1,15,29,4	28,10,1,39	9,14,15,7	6,35,4
8	静止物体的体积		35,10,19,14	19,14	35,8,2,14				+		2,18,37	24,35	7,2,35	34,28,35,40	9,14,17,15	

图 5-3 阿奇舒勒技术矛盾矩阵局部图

（4）解决方案　分割原理，将选台功能和显示功能一分为二，出现“遥控器”。具体问题解决操作示意图见图 5-4。

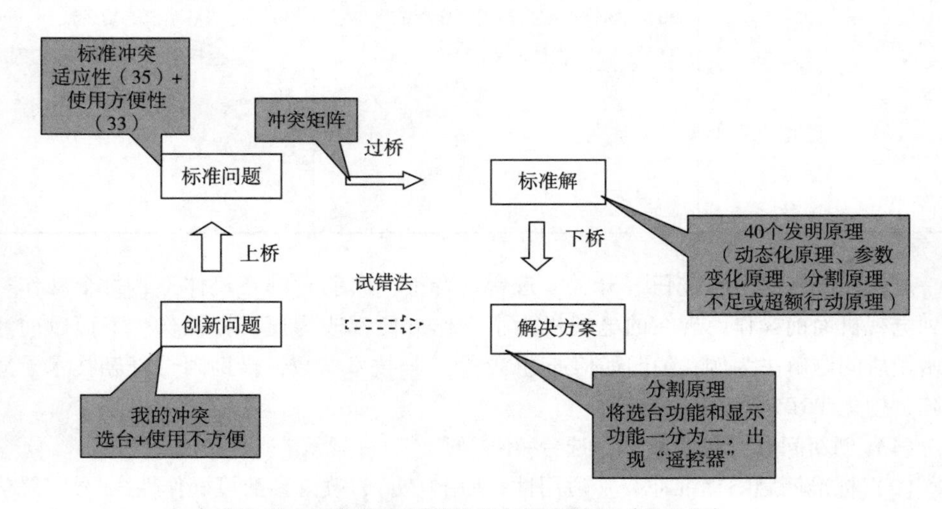

图 5-4 电视机选台遥控技术冲突问题解决（TRIZ 桥）

第二节　TRIZ 文创应用

一、文化产品形态提炼

从设计的角度来看，好的产品设计应该从形态、颜色、材质、功能等每个角度都给用户带来使用购买的最佳方案。每一个要素之间都有着密不可分的联系，共同在一个系统中相互协调。产品的形态是用户在接触到产品第一时间引起用户好恶的重要元素之一。不仅要满足用户方便使用的需求，还要适应审美体验、技术加工及语意表达等不同需求，是感性思维与理性思维的协调运作。人类对于形态的认识和塑造经历了漫长的发展过程，造物活动往往都建立在对形态的感受和认识的基础上。形态是营造设计主题的重要方面，通过产品的比例、尺度、层次、空间关系等因素影响用户的心理体验；不同的形态会让用户产生夸张、愉悦、神秘、轻松、恐怖等诸多不同的情绪体验。

产品通过形态使人认知对象，通过形态暗示产品的使用操作方式，通过形态表达文化寓意，如容器设计利用开口大小暗示盛放、美工刀进退刀片的凸起暗示手指的推进操作等。产品的形态还具有象征意义，如跑车的流线型整体设计给人一种速度与品质的产品体验。大自然是最杰出的设计师，设计者在创造人造形态的同时也在不停地挖掘自然形态，往往很多经典的设计形态都与自然界的某种形态不谋而合。产品设计的形态提炼问题，就需要设计师寻找正确的形态感知方式；TRIZ 的创新理论为产品设计的形态提炼提供了科学而有效的方法。

（一）问题提出

旅游业日益成为全球的支柱产业，被国家定位为战略性产业，发展旅游业意义远大。随之衍生而出的旅游文化产品，对旅游、经济和设计产生了一定的推动作用。旅游文化产品体现了一定国家区域的历史传承和文化风情，承载着旅行者的美好记忆。但现实情况往往是，消费者在不同的地域买到了相同的产品。产品创新度太低，产品本身的形态无法体现当地特色，没有从文化的基础出发去提炼形态。具体问题体现在三个方面：①旅游文化产品地域性的特点不突出；②旅游文化产品艺术性欠佳；③旅游文化产品多样性不够。旅游文化产品设计的创新对于消费者深刻了解不同国家地域历史文化有着无法替代的价值，其内在独有的特殊性、文化性等特点既是旅游产业品牌代言，又是文化的交流与传承。同时，拉动旅游业的经济，带动地方政府、当地百姓创收的作用更是不容小觑。对应到 TRIZ 理论创新原理：No. 2 抽取、No. 6 多用性、No. 14 曲面化。

（二）创新原理分析

1. 创新原理——抽取

TRIZ 的抽取原理解释：①从系统中抽出可产生负面影响，也就是物体中的干扰部分或者属性；②仅从系统中抽出唯一必要的部分和特性。当然，这里所给出的系统概念可以是某一个物体，也可以是虚拟的一个系统，或者说产品本身就是一个系统。将系统（产品）中无用的部分通过抽取，得到更加有用的系统，这就是 TRIZ 抽取原理应用的第一种情况；第二种情况仅从系统中抽取唯一必要的部分和特性。例如茶叶中茶多酚的提取，就是把对健康最有益有用的成分提炼制药或功能食品，无用或者有害的成分剔除或改成其他用途。

根据原理提示，以少林寺旅游文化产品为例，首先少林寺在 2000 多年的历史长河中遗留下了许多宝贵的文化遗产，其中包括建筑、兵器、禅宗、功夫等。以兵器为例，将兵器的各部件细节中最具有视觉冲击力及代表性的刃的部分和竖直摆放的形式进行 TRIZ 抽取原理的第二种情况，进行提取和保留，舍弃兵器相同的长柄部分（图 5-5）。

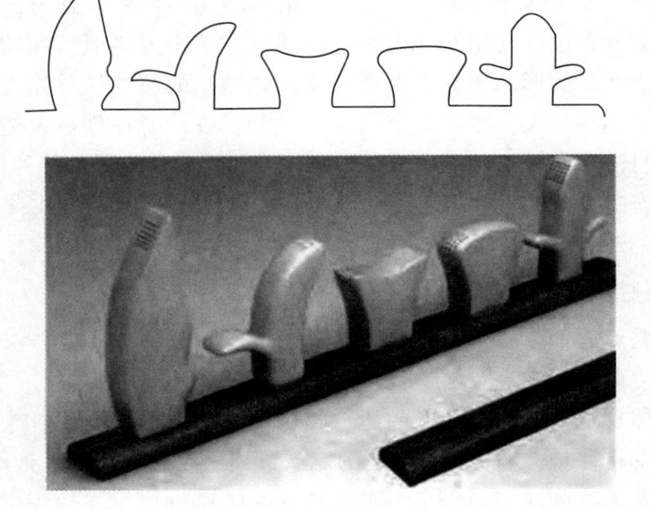

图 5-5 “器味”兵器调味瓶设计

2. 创新原理——多用性

TRIZ 的多用性原理表述：①使一个物体具备多项功能；②消除了该功能在其他物体内存在的必要性后，进而裁减其他物体。一个产品具备多项功能的情况有两种：第一种情况是通过一个产品具有多个功能，这样可以有效提升产品的经济价值，使产品在同类商品中更具有市场竞争力；第二种情况是将多个相关性融合在一个产品中，这样增加产品的功能同时也降低了成本。例子在现实生活中处处可见，如空调同时具备制冷和取暖两种功能，满足消费者不同季节对室内的温度调节需求；儿童汽车安全座椅，保护儿童在汽车行驶过程中的安全，拆卸下来通过调节组合变成日常的儿童推车，方便出行。多用性原理的核心目的是通过一个物体能实现多种功能，从而达到节省材料、空间和成本等目的。

根据原理提示，给旅游文化产品赋予一定的使用功能，可以有效地增加消费者的购买欲。调味瓶属于日用家居产品，所以设计重点在于如何把少林寺文化、兵器形态与家居产品进行合理有效地整合设计。利用 TRIZ 的创新原理——多用性，提高文化产品的实用性。调味瓶整体造型从少林寺兵器的形态提炼得来，调味瓶上方的出孔设计，在不打破原有形态的同时更加方便使用。整个设计利用白色陶瓷与木质材料进行结合设计，进一步体现了中国特色与产品亲切感。

3. 创新原理——曲面化

TRIZ 的曲面化原理体现在三个方面：①将直线、平面用曲线、曲面替换，立方体结构改成球体机构；②使用滚筒、球体，螺旋状等结构；③从直线运动改成旋转运动，利用离心。例如，我们常见的建筑物的拱形结构就是用来增加强度，因为圆角可以有效避免力的集中；还有水笔笔尖的球状体能使我们书写流利；洗衣机利用离心的甩干功能替代原始的拧干等。从少林寺旅游文化产品的角度出发，兵器是少林文化的特色之一，但是兵器给人的冰冷和威严感觉会让它不适合作为旅游文化产品方便消费者购买携带，所以在产品设计形态提炼过程，根据 TRIZ 的曲面化原理把兵器主要功能特点的轮廓线进行了形态的曲面化处理，使得产品形态更加圆润有亲和力，同时还延续了少林寺兵器文化的形态特点。

二、文化创意产品设计

根据 TRIZ 理论，通过科学理性的程序步骤，对陶瓷文房器的形态设计进行科学演绎，实现对“新”陶瓷文房器的形态创新设计研究。

（一）第一阶段——识别问题

对现有陶瓷文房器的形态进行分析研究，识别出现有陶瓷文房器设计过程中可能存在的原始问题，由原始问题发掘出在设计过程、生产过程以及销售过程中存在的深层次问题。

1. 发现问题

市场上常见的陶瓷文房器（图 5-6）造型普遍大众化，创新性不强，缺乏独特的精神内涵，供人们选择的陶瓷文房器有限，选购需求受到限制。

2. 组件元素分析

对现有陶瓷文房器存在的问题进行分析后，利用 TRIZ 理论中的收敛思维，对陶瓷文房器的组件元素进行分析。收敛思维是根据问题收敛聚集的思路，将根本问题

图 5-6 陶瓷文房器

确定为一个基本的中心点，从不同维度、不同方面，将思维观点聚集到中心问题对象上来，从而达到解决问题的目的。在陶瓷文房器的形态设计研究过程中，收敛思维一般和发散思维联合使用。在发散思维的基础上运用收敛思维，从多个方案中选择最具有可用性的方案，再对其进行补充、整合、完善、优化，从而得出最终方案。两种思维差异比较如图 5-7。

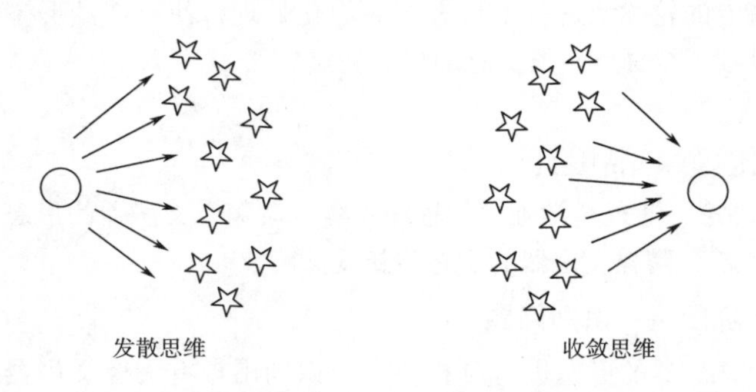

图 5-7 发散思维与收敛思维差异比较图

通过分析，总结出“新”陶瓷文房器形态设计要点（图 5-8），从造型、风格、观赏价值、收藏价值以及时代特性几个方面，得出需要重点设计的几个要点。

3. 相互作用矩阵图分析

对“新”陶瓷文房器组件元素进行分析之后，依据 TRIZ 理论，在矩阵图中进行组件元素的设计因素相对性分析。根据两种设计因素之间的关系，将其相对性分为相互矛盾、相互促进、无关因素以及可考虑因素四大类，从而得出设计因素相互作

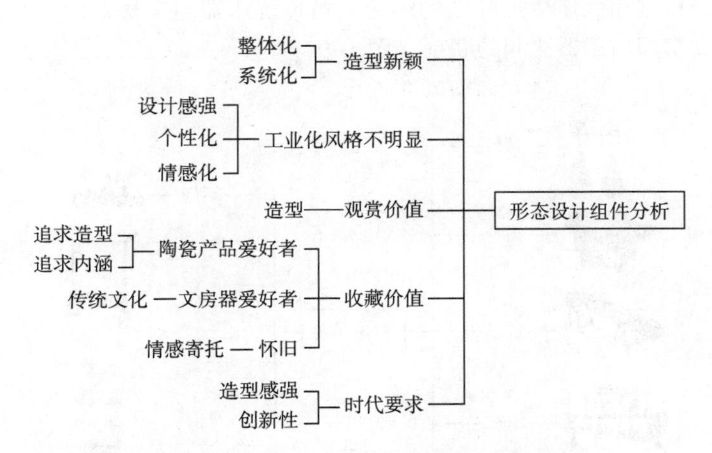

图 5-8 “新”陶瓷文房器形态设计组件分析图

用矩阵图（表 5-3）。

表 5-3 “新”陶瓷文房器形态设计因素相互作用矩阵图

“新”陶瓷文房器形态设计	整体化	系统化	设计感强	个性化	情感化	造型感强	收藏价值	内涵	传统文化	情感寄托
整体化		↗	↗	↗	—	↗	↗	—	↗	×
系统化	↗		↗	—	—	↗	↗	×	—	×
设计感强	↗	↗		↗	—	↗	↗	↗	↗	—
个性化	↗	—	↗		—	↗	—	—	↘	×
情感化	—	—	—	—		×	×	—	↘	↗
造型感强	↗	↗	↗	↗	×		↗	↘	↘	×
收藏价值	↗	↗	↗	—	×	↗		↗	↗	—
内涵	—	×	↗	—	—	↘	↗		↗	×
传统文化	↗	—	↗	↘	↘	↘	↗	↗		↘
情感寄托	×	×	—	×	↗	×	—	×	↘	

注：表中相互矛盾“↘”；相互促进“↗”；无关因素“×”；可考虑因素“—”。

（二）第二阶段——识别工具

根据矩阵图的分析结论，利用发散思维与收敛思维对要识别的问题进行分析。选取中国传统乐器作为本次“新”陶瓷文房器设计的文化来源，通过列举中国传统乐器的特征，根据相互作用矩阵图的结论，对传统乐器与文房器的造型进行比对分析，来寻找文房器与乐器之间的联系（图 5-9）。

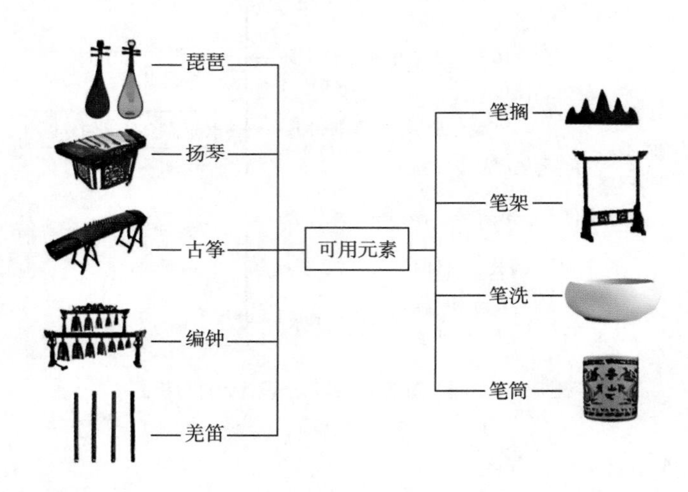

图 5-9 中国传统乐器和文房器可用元素对比分析图

（三）第三阶段——组织元素

根据第二阶段分析得到结论，寻找传统乐器与文房器两者之间的元素相关性与互通性。例如琵琶乐器的主体形态可以应用到笔挂主体的形态设计，琵琶的琴头部分可以应用到笔搁的形态设计。结合可用元素的分析，在组织元素的过程中，根据 40 个发明原理对组件以及组成组件的单个元素进行组合设计。此次“新”陶瓷文房器的形态设计中，采用了 40 个发明原理中的分割原理、抽取原理、局部质量原理、合并原理、多用性原理、嵌套原理、预操作原理、曲面化原理、不足或超额行动原理、维数变化原理、自服务原理、多孔材料原理共 12 个原理。

利用 40 个发明原理，结合上述可用元素，对文房器的各个物件进行重新设计。例如利用抽取原理，提取琵琶的基本形态用作笔挂的基本型；利用局部质量原理以及曲面化原理，对笔挂的下半部分在原有形态的基础上进行曲面化，形成一个上窄下宽的流畅曲面形态，使其符合琵琶正面的基本形态特征；利用嵌套原理、自服务原理以及多孔材质原理，对笔挂的头部进行凹槽处理，以方便将笔搁放置在笔挂的头部，使其形成一个系统性整体。

（四）第四阶段——概念验证

对设计出的“新”陶瓷文房器，进行概念验证。验证合理后，通过相关 3D 软件进行建模、渲染，得出“新”陶瓷文房器产品效果图（图 5-10）。

基于 TRIZ 理论的“新”陶瓷文房器形态设计研究，不仅是对陶瓷形态的设计研究，更是运用一种新的解决问题的思路进行创新性设计。打破以往的陶瓷设计过程

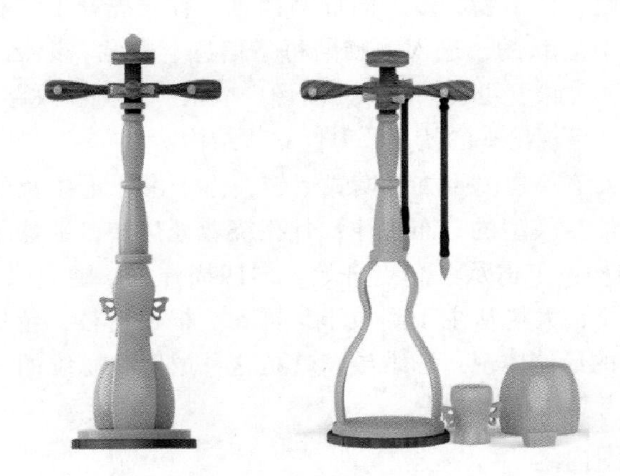

图 5-10　“新”陶瓷文房器产品效果图

中感性的设计方法，从理性的角度去思考和解决问题，让整个陶瓷产品的形态设计过程变得有据可循。

第三节　思维导图创制

一、思维导图基础

大脑中有大约一万亿个神经细胞：细胞之间通过长长的触须互相连接，当我们思考的时候，微弱的生物电流就在这样的神经细胞中穿梭。这些微弱的电流，伴随一些微妙的化学反应，携带着大脑里存储的各种信息，通过触须不断交流、归纳、联想、整理，最终完成一次次的思考过程。在人类思考的过程中，大脑中的信息，如某个词、数字、图像、音符等，都以一定的方式放射性地和一个中心连接，即从一个中心可以发散出多种联想。每个由中心发散出的联想又可以作为新的中心发散出新的联想，每个联想作为一个节点共同组成一个整体的网络。

（一）关于思维

在《辞源》的解释中，思就是想，维就是序；思维就是有秩序地思索。人类两种非常重要的思维方式是线性思维和发散性思维，平日里大多数时候使用的是线性思维。线性思维是直线的、单向的，按照时间、空间或者某一顺序进行推进的思维方式。发散性思维，是指来自或连接到一个中心点的联想过程。发散性思维让诸多因素联系在一起，让人可从多角度、多方向来重新看待事物，从而拓展思路，大大提升创造力。互联网时代，掌握发散性思维能大大提升我们对于当下海量零碎信息的掌控，能从多角度看待事物、多方向挥洒创意，有效提升工作和生活的效率。人类的思维特征是呈放射状的，进入大脑的每条信息、感觉、记忆（包括每个词汇、数字、代码、食物、香味、线条、色彩、图像、节拍、音符和纹路），都可作为一个思维分支表现出来，呈现出来的就是放射性立体结构。

我们的世界和大脑都是按照放射模式运转；原子由原子核及分布在四周的电子构成，符合“放射性”模型的分布规律；月亮绕着地球转，地球绕着太阳转：也符合“放射性”的结构；宇宙从一个点开始，向四周炸开，通过大约300亿年扩散，才形成了今天的样子；大树从主干到枝干，再到一根根树枝，包括树叶的脉络，正是“放射性”模式的最佳体现；思维导图就是这种放射状思维的一种表达方式，也是一种将放射性思考具体化的方法。

（二）思维导图内涵

英国著名心理学家东尼·布赞（Tony Buzan）在研究大脑的力量和潜能过程中，发现伟大的艺术家达·芬奇在笔记中使用了许多图画、代号和连线（图5-11）。他意识到，这正是达·芬奇拥有超级头脑的秘密所在。在此基础上，东尼·布赞于19世纪60年代发明了思维导图这一风靡世界的思维工具。

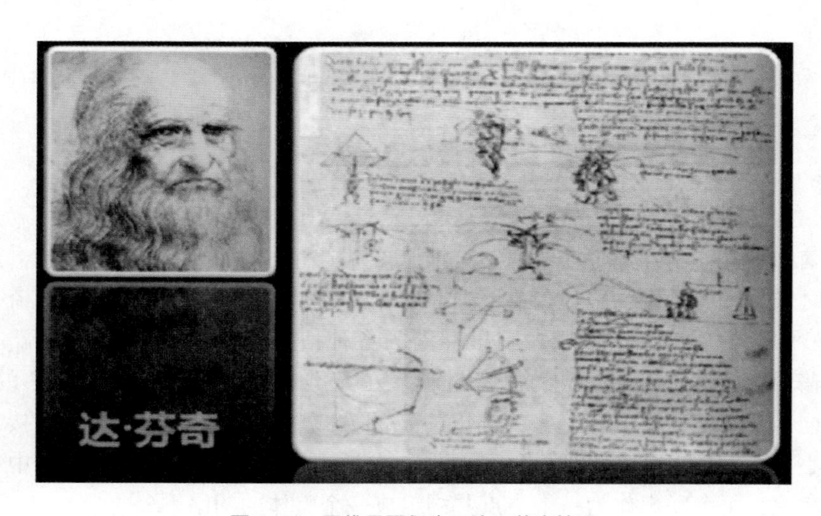

图5-11　思维导图衍生于达·芬奇笔记

在1974年BBC电视台主持的名为*use your head*的电视连续剧中，东尼·布赞提出了特定的方法，并引入了“思维导图”一词。

1. 思维导图的本质

思维导图（the mind map），又叫心智导图，是表达发散性思维的有效图形思维工具，它简单却又很有效，是一种实用的、革命性的思维工具。运用图文并重的技巧，把各级主题的关系用相互隶属与相关的层级图表现出来，把主题关键词与图像、颜色等建立记忆链接。

维导图充分运用左右脑的机能，利用记忆、阅读、思维的规律，协助人们在科学与艺术、逻辑与想象之间平衡发展，从而开启人类大脑的无限潜能。思维导图是通过带顺序标号的树状结构来呈现一个思维过程，将放射性思考具体化的过程。思维导图主要是借助可视化手段促进灵感的产生和创造性思维的形成。思维导图是放射性思维的表达，因此也是人类思维的自然功能。

思维导图是基于对人脑的模拟，它的整个画面正像一个人大脑结构图，能发挥人脑整体功能。思维导图作为一种表达发散性思维的有效图形思维工具，可以帮助科研工作者高效地管理资料、日程安排、快速整理思路撰写论文等。

思维导图是一种思维工具，集数字、图形、颜色、符号等于一体的图形集合，是将知识点用各种数字、图形、颜色、符号来表示的大型图解，根据信息量大小由一个中心点不断地向外延伸发散，能够帮助学习者很好地呈现他们的学习内容和思维过程的工具和学习环境。使用思维导图的方法整理科研数据，可以把查找文献、分类整理、阅读文献并撰写标注和笔记、科研数据的记录和整理、撰写报告或论文、演讲交流等分离的步骤统一在一张图中（图 5-12）。

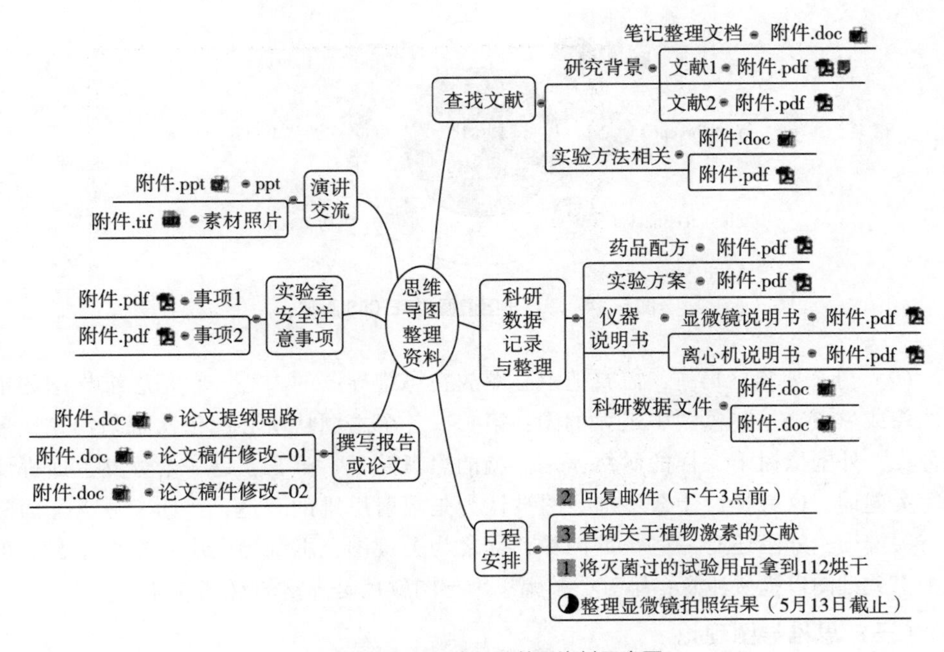

图 5-12 使用思维导图整理资料示意图

2. 思维导图的特征

（1）两个规则

①MECE 原则：念做“me see”，意思是彼此独立（mutually exclusive）、互无遗

漏（collectively exhaustive），是一种把一些事物的集合拆分为彼此独立的子集的分类原则（图5-13）。使用MECE的好处：不重叠、无遗漏。比如说，把人按照年龄分类（假设我们知道这些人的年龄是已知的），这是符合MECE原则的。把人按照国籍分类，则不符合MECE原则，因为这种分类方法，既不是“彼此独立”的，也不是“互无遗漏”的（如有一些人有双重国籍，而有一些人没有国籍）。

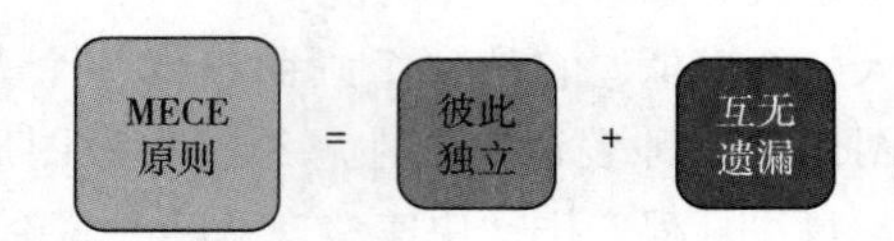

图5-13 思维导图遵循的MECE原则

②TEFCAS原则：“TEFCAS”是“尝试”“行动”“反馈”“检查”“调整”和“成功”的英文首字缩写，称为“人生的指南针”（图5-14）；该规则要领就是“总之先试试看”，第一步是尝试，然后是行动；从这两步中，我们将有所收获（反馈），确认（核实）自己的收获并反复调整，终将走向成功。

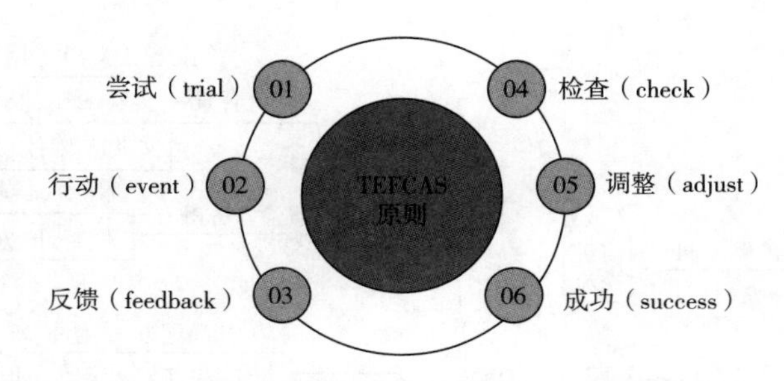

图5-14 思维导图遵循的TEFCAS原则

（2）五个要素 第一，需要把中心图放在思维导图的中心，它是思维导图的中心图像或焦点，是整幅图中最大的图；第二，各个主题从中心图依次辐射出来，形成分支，外围像树干一样的脉络，是大脑的思考路径；第三，每一个分支上面都要填写关键词，这就是为什么思维导图被认为是辐射思维的表达；第四，分支上面除了有关键词，外围还有一些小的图像，称之为关键图，思维导图中重要的信息，可以配上关键图以提醒注意；第五，整幅思维导图颜色是丰富的（图5-15）。

（三）思维导图理论

1. 脑科学理论

脑科学研究表明，左脑负责计算、语言、分析、顺序、文字、数字等逻辑思维，右脑负责视觉、图像、想象、颜色、空间、整体等形象思维。大脑结构与工作原理和思维导图有一定的相似性。东尼·布赞指出：如果将人的脑细胞在显微镜下放大，

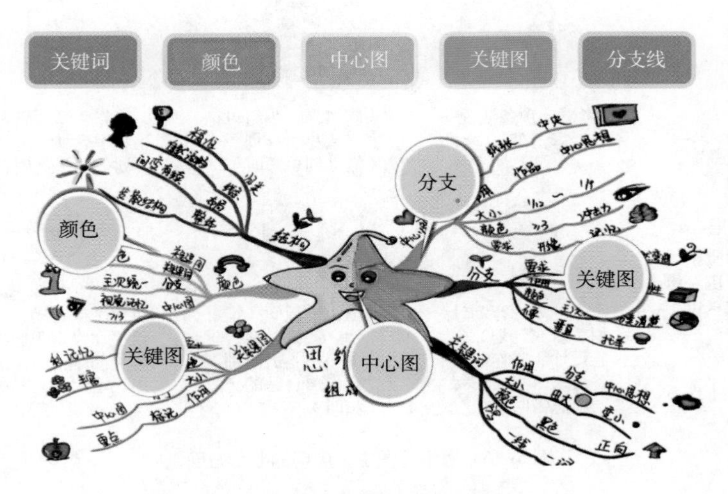

图 5-15　思维导图绘制五要素

会发现每个脑细胞就是一个“思维导图”。思维导图是放射性思维的表达，它是一种非常有用的图形技术，是打开大脑潜力的万能钥匙。

2. 知识可视化理论

知识可视化是指所有可以用来建构和传达复杂知识的图解手段，以图文结合的方式来呈现枯燥乏味的知识，促进其吸收、传播与创新。思维导图将知识点等信息用各种数字、图形、符号、颜色等进行区分，根据信息量大小由一个中心点不断地向外延伸发散。与大段纯文字相比，思维导图给学习者更好的视觉体验，使知识的呈现更加形象自然，帮助视觉和脑部相结合，促进对知识的理解。

（四）思维导图应用

思维工具的主要优势有流程化、图形化、清晰化、简单化、记忆化；选择思维工具主要目的是管理混乱的思维，让思考变得有序、高效，避免冲突，激发创造力，提高效率。思维导图可以应用在学习（做学习计划、读书笔记、预习、复习、课堂笔记、背课文、背古文、历史等）、生活（理财计划、旅游计划等）、工作（做筹划、做年度报告、年度规划、会议记录、活动组织等）的任何领域，主要表现在七个方面（图 5-16）。

二、思维导图绘制

（一）思维导图常见类型

常见的思维导图主要有 8 种，即圆圈图（circle map）、气泡图（bubble map）、双气泡图（double bubble map）、树形图（tree map）、括号图（brace map）、流程图（flow map）、复流程图（multi-flow map）及桥形图（bridge map）。

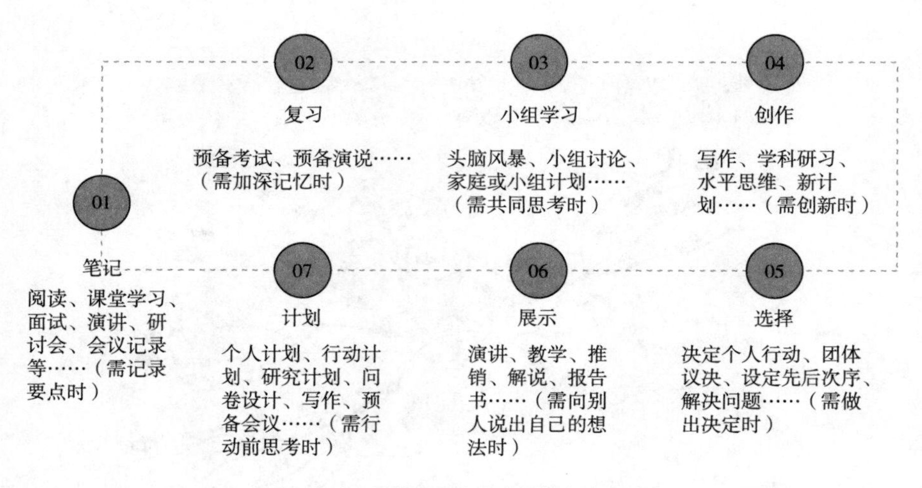

图 5-16 思维导图主要应用的七个方面

1. 圆圈图

圆圈图主要是通过提供相关信息来展示与一个主题相关的先前知识。在圆圈中心，可以使用词语、数字、图画或者其他标志或象征物来表示你尝试理解或定义的事物，在圆圈外面，写下或画出与主题相关的信息（图 5-17）。

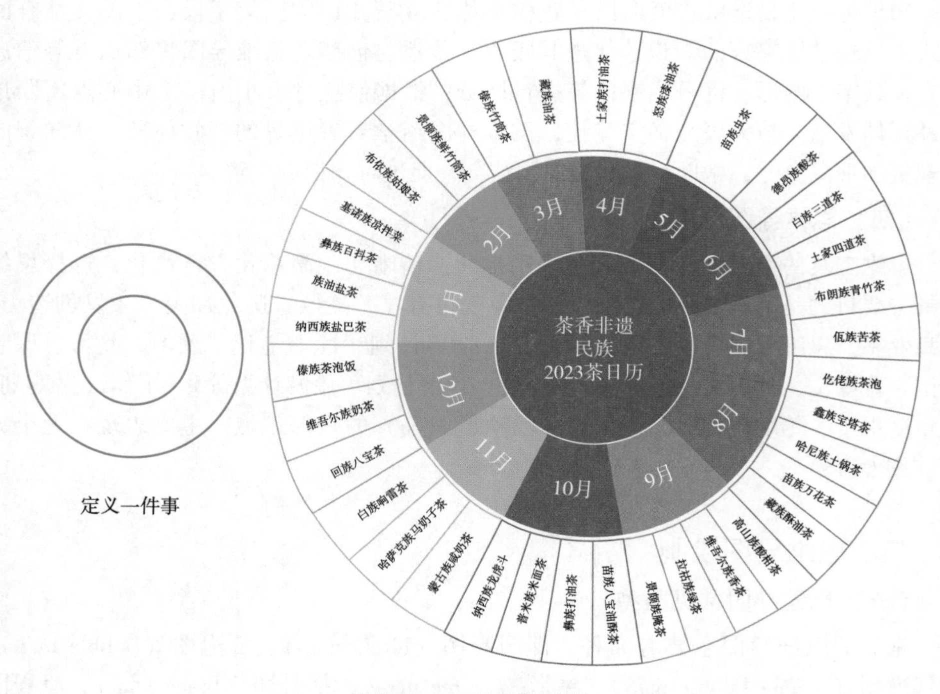

图 5-17 圆圈图思维导图

2. 气泡图

气泡图主要是使用形容词或形容词短语来描述物体。与圆圈图不同，气泡图主要增强学生使用形容词描述特征的能力。中心圆圈内，写下被描述的物体，外面圆圈内写下描述性的形容词或短语（图 5-18）。

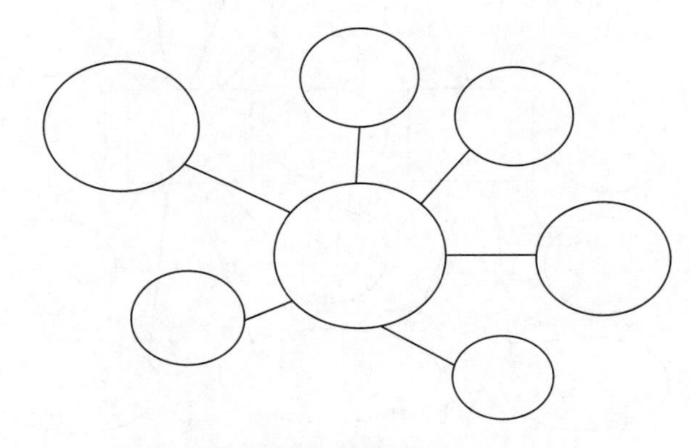

描述事物的性质和特征

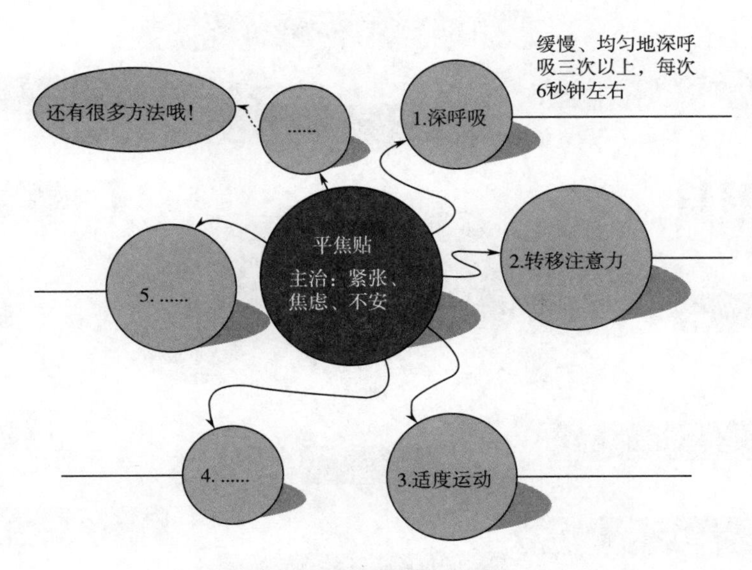

图 5-18 气泡图思维导图

3. 双气泡图

双气泡图主要用来进行对比和比较。两个被比较的术语放在两个中心圆圈内，外面单独连接的圆圈内展示两个被比较的术语间的不同点，中间共同连接的圆圈内展示两个术语通过对比的相同点（图 5-19）。

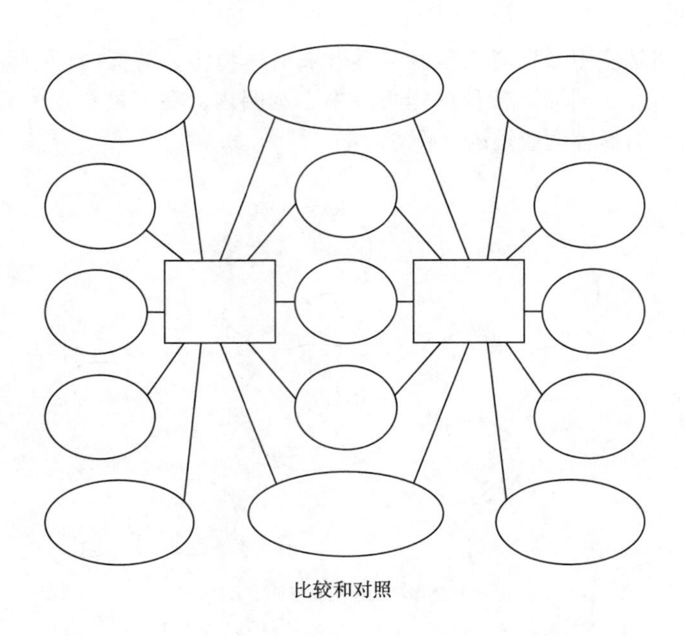

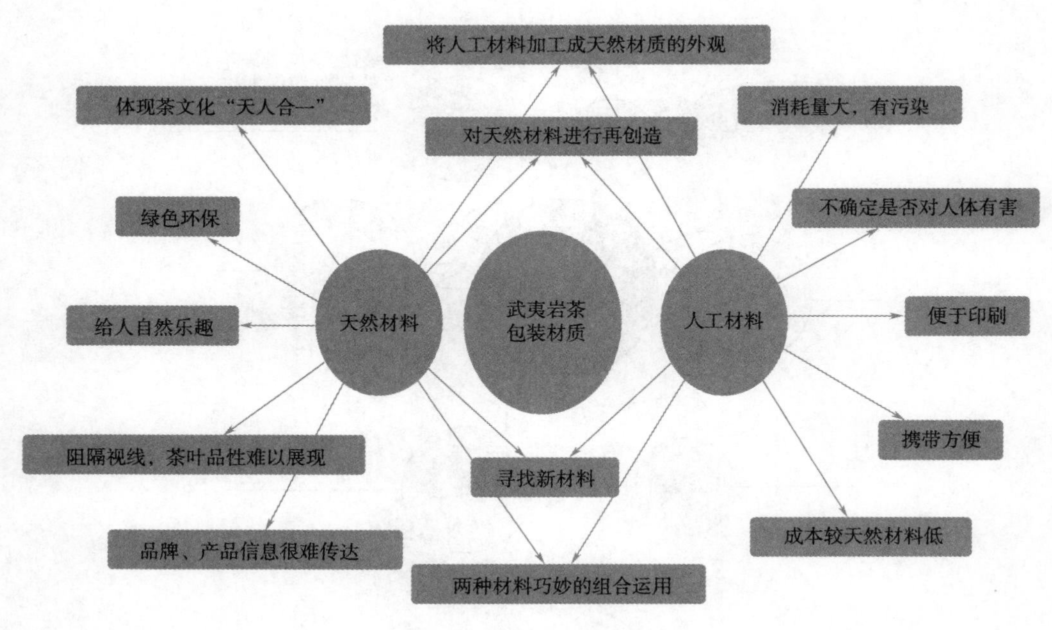

图 5-19 双气泡图思维导图

4. 树形图

树形图主要用来对事物进行分组或分类。在最顶端，写下被分类事物的名称，下面写下次级分类的类别，以此类推（图 5-20）。

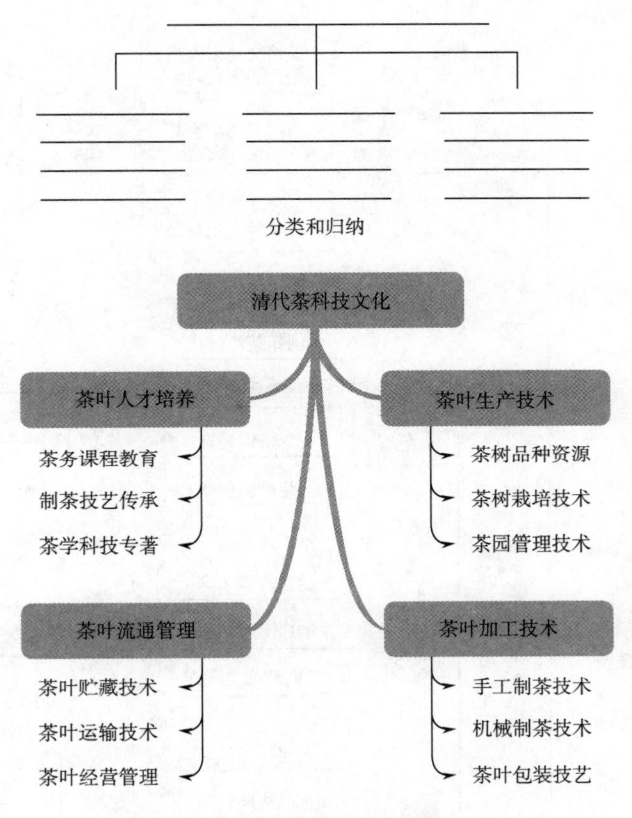

图 5-20　树形图思维导图

5. 括号图

括号图主要用于分析、理解事物整体与部分之间的关系，括号左边是事物的名字或图像，括号里面描述物体的主要组成部分（图 5-21）。

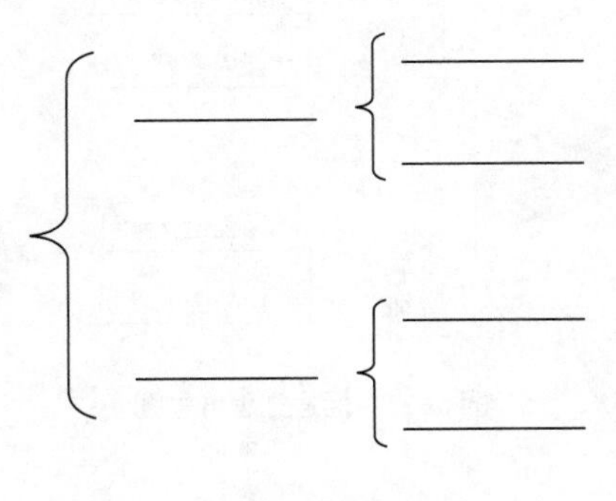

整体和局部的关系

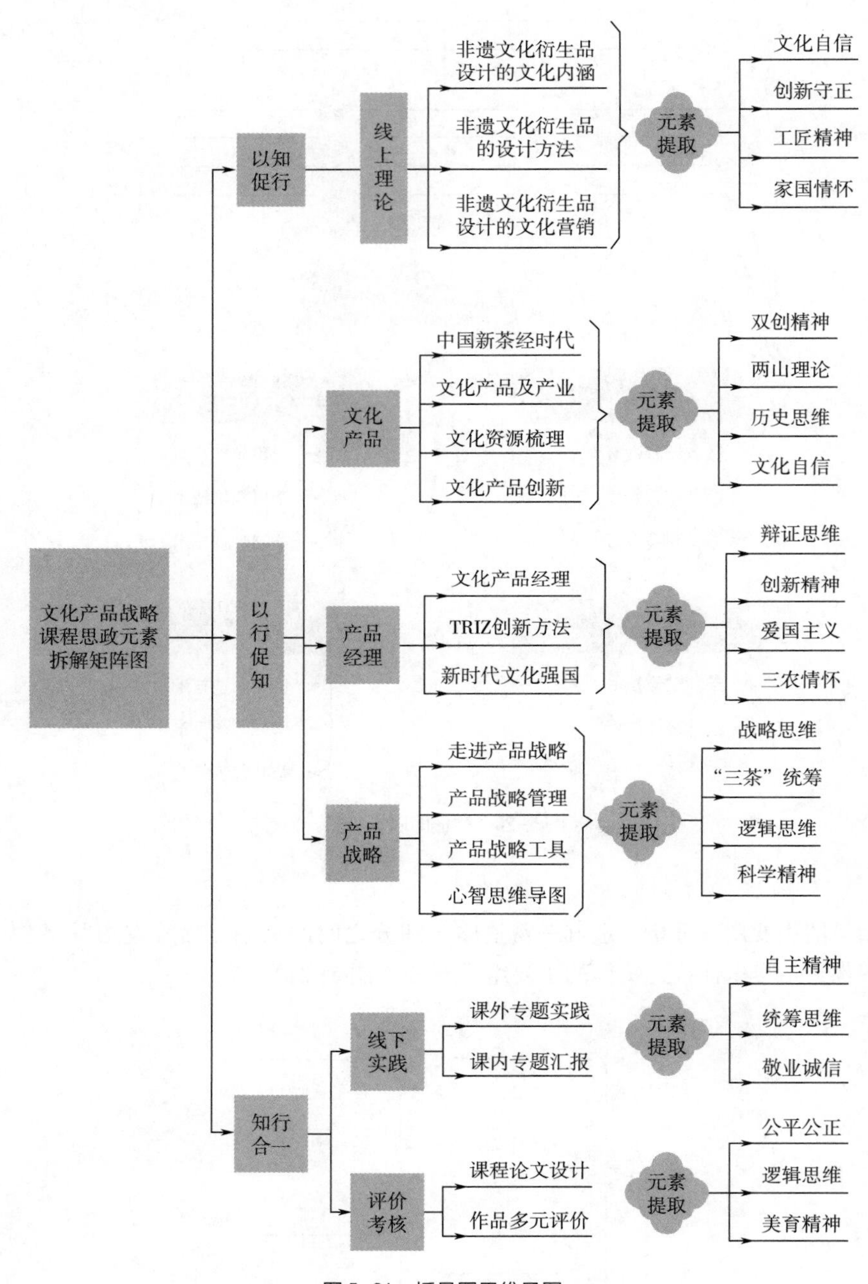

图 5-21　括号图思维导图

6. 流程图

流程图主要用来列举顺序、时间过程、步骤等。能够分析一个事件发展过程之间的关系，解释事件发生的顺序。大方框写下每一过程，下面小方框内可以写下每个过程的子过程（图 5-22）。

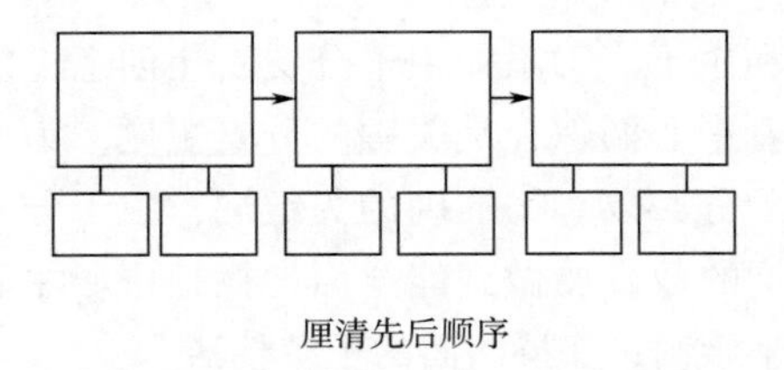

图 5-22　流程图思维导图

7. 复流程图

复流程图用来展示和分析因果关系。在中心方框里面是重要的事件，左边是事件产生的原因，右边是事件的结果。这是一个先后顺序的过程，能够看到事件发生的原因和结果，通过考虑原因和结果帮助学生分析为什么，结果是什么（图 5-23）。

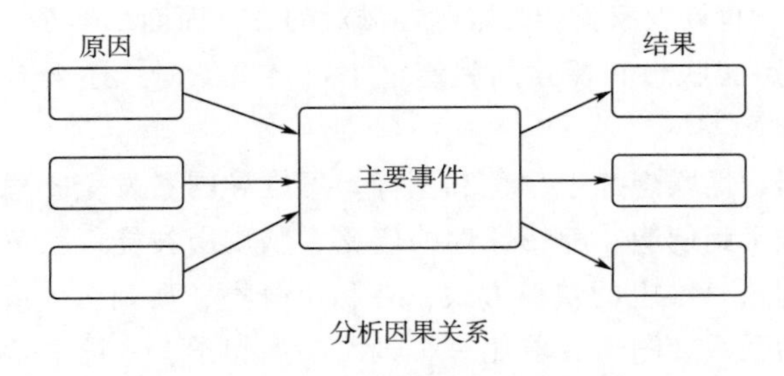

图 5-23　复流程图思维导图

8. 桥形图

桥形图主要用来进行类比、类推。桥型左边横线的上面和下面写下具有相关性的一组事物，按照这种相关性，在桥的右边一次写下具有类似相关性的事物，能够形成类比或类推（图 5-24）。

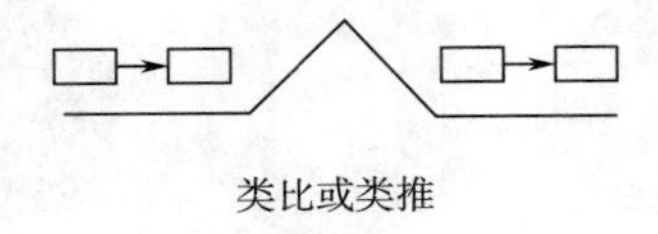

图 5-24　桥形图思维导图

（二）思维导图五步制作法

第一步，确定主题及中心图案。主题应包含一个代表导图主题的图像，位于页面中心。大脑在视觉刺激下会有更好的反响，建议中心图像引人注目且易引发联想；中心主题是一个思维导图的起点，代表要探索的核心。无论是手绘还是在电脑绘制思维导图，花时间来个性化中心主题是很明智的选择，这会加强用户与思维导图内容的连接。

第二步，绘制章节和主干。①添加主干分支，让创意迸发的第二步就是添加主要分支。主要分支紧跟着中心图像，是关键的分支主题。为使每个分支尽可能地被探索，增加子主题也是十分必要。②准确的关键词，主干分支关键词尽量使用一个单词或短语描述，关键词的数量要做到能全面地概括中心主题。③按照层级从 1 点钟方向开始，按顺时针来绘制；保持图面的干净整洁。

第三步，绘制分支知识点。根据主干分支的内容归类来添加二级或三级分支；二级或三级关键词应做到不重叠；思维导图的优势在于可以不断地添加新的分支，完全不担心会受限制于仅有的几个选项。添加越来越多的想法，且大脑自由地从不同的观念中吸收到新的联想，思维导图的结构也会越发自然起来。

第四步，完成知识点和关键词。在每一条分支线使用一个唯一的关键词，在大脑中使用关键字触发联想，可以使我们记住大量的信息。例如，如果一个分支关键词是“生日派对”，也许大家就会被限制在派对的方方面面。但是，如果只简单使用关键字“生日”，那能联想和探索的关键字不仅会有派对，还会有各种不同的关键字，如礼物、蛋糕等。

第五步，根据记忆联想加上颜色和图像。思维导图激发全脑思维，因为它汇集了包含从逻辑和数字到创造性和特殊性的广泛大脑皮层技能。颜色编码连接视觉与逻辑，帮助大脑创造思维上的快捷方式，有利于分类、强调、分析信息和识别出更多之前未被发现的联系。图像有着比一个词、一条句子、一篇文章传达更多信息的能力。他们被大脑加工，并作为视觉刺激来帮助回想信息。它是一种通用语言，可以克服任何语言障碍。相较于单色图像，彩色图像更具吸引力。

综上所述，五步法制作思维导图流程见图 5-25。

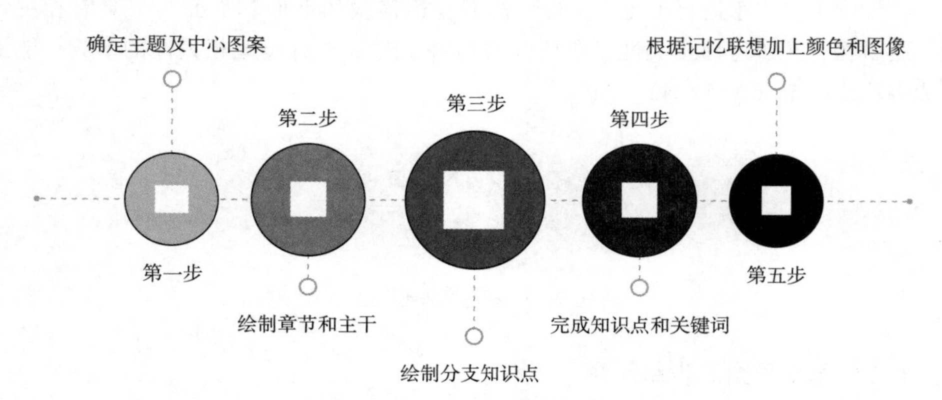

图 5-25　五步法制作思维导图流程图

另外，在思维导图在制作过程中需要注意如下事项。①提纲挈领，抓大放小。对于一本500页的专业教材而言，把每个细节都画成图，是个非常庞大的工程。②能加则加，不能则弃。给每个导图的枝节都添加图片，更是困难——无论是自己画图，还是在网上搜索匹配关键词的图片，都是很花时间的。③打破陈规，重新建构。导图的作用主要在于梳理知识点，所以要针对重点进行关联，很多细节需要忽略掉。不应该按照书籍目录的方式去作图，而是寻找知识点之间的内在逻辑关系。只有这样，最后才能真正掌握知识结构框架。

（三）思维导图制作实操

1. 准备工具

徒手绘制，A4/A3 的纸，推荐 A4 活页方格笔记本；12～24 色的水彩笔或者彩铅，黑色碳素笔；电脑或手机绘制，XMIND、MindMaster 或 MindNode 等熟悉软件。完整思维导图，必备五大部分：中心图、分支、关键词、关键图、颜色（图 5-15）。

2. 中心图绘制

首先要横向摆放，这样绘制的时候才会更加的方便，更利于分支的扩展。把主题确认好，建议用中心图来表示，这样大脑会很容易注意到你的主题内容。例如，如果是旅行计划可以画一个行李箱或者海滩，如果是工作计划可以画一个电脑，如果是读书笔记可以画一本书，要醒目并贴近主题。另外，建议中心图的颜色在三种或者三种以上，色彩的丰富可以刺激大脑，加深大脑记忆。如图 5-26，要做端午节主题的手抄报，因此中心图画了粽子，看到粽子第一个联想到的就是端午节。

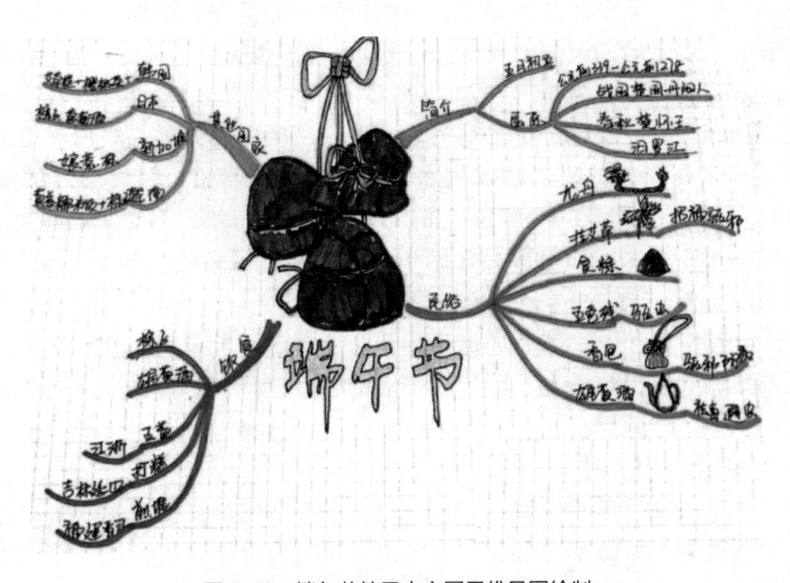

图 5-26　端午节粽子中心图思维导图绘制

3. 分支绘制

分支基本就是思维框架，绘制时需要注意以下几点。①不要垂直画，带曲线感，呈放射状画出。随手拉出分支线条，不会让大脑有“拘束感”。②要分清主次，分支主次分支粗细要把握好。主线分支要粗一些，颜色要填实。次分支变细一些，这样可以清楚地看出信息之间层层递进关系。如果统一粗细，很容易看不出层次，后期复习很容易混淆内容主次和逻辑关系。③建议颜色鲜艳。每一个分支要用不同的颜色，阅读者可以一目了然他们的关系，容易区分，也让画面更加丰富。④第一条线要从右上角开始画起；顺时针画分支；左面的要从左下角开始画；这样符合大脑的阅读习惯，容易记忆。顺时针的布局安排很重要，千万不要画错。

4. 关键词提炼

要学会提炼，抓重点。一些思维导图写了很多字在分支线上，甚至抄写一段话，这是错误的。思维导图就是要精练，学会抓重点，看到重点关键词，就可以继续联想到背后的内容。让大脑充分发挥自由联想，而不被拘束。一个关键词2~5个字最适合，抓住关键词的时候，记住关键词要写在分支线上，一个分支只写一个词，字的长度要和线的长度一致，不要字长线短，也不要字短线长，整齐均衡的画面有利于更好的理解。

5. 关键图加工

思维导图最重要的特点就是图文并茂，促进大脑记忆。所以可以在一些关键词旁画上关键图，甚至关键词可以直接用关键图来表示。既让画面变得丰富，也可以帮助大脑强化记忆。需要注意的是，关键图位置一般是在关键词上边或者右边。多用图片，看起来更生动，记忆更简单，阅读起来导图也更容易理解，加深印象。

6. 颜色搭配组合

不建议用纯黑色，颜色过于单一的话，大脑易产生疲劳感；颜色鲜艳会使大脑有兴奋感。所以在绘制的时候建议用水彩笔，减少用彩铅，因为彩铅的颜色过于“温吞”了。建议一个分支一个颜色，主次分支颜色要一致，不要变化过大，这样不但会导致画面过于花哨，而且容易让脑子糊涂并产生疲劳感。各个分支一目了然，画面生动有趣。

另外，软件绘制和手绘的原理也一样，要注意这五个关键部分。软件只是一个被用来提高我们的工作效率的工具，应该根据自己的需要选用，切忌不可贪多。

三、思维导图应用

思维导图本质是引导大脑采用“多线程”的发散思维模式。学生运用思维导图学习时，可选择某个知识作为出发点进行相关知识的自由联想，建立知识之间的联系，进行知识迁移并试图产生新的知识。思维导图使用不同的颜色和外形，放大关键知识点并使用维度。知识点可通过维度联系、调整、倒置，使学生思维尽可能地不受到某种固有标准和规则束缚，引导学生从相反的方向，即逆向思维分析问题并寻找解决方法。直觉、灵感、想象等非逻辑思维在科研创造活动有着重要的作用。非逻辑思维常常难以用语言、公式、数字表达，思维导图可以将无法表述的文字用颜色、代码、图像等元素形象化表征，正所谓“一图胜千言”。思维导图用视觉效果刺激大脑，激发联想，使学生迅速掌握整个知识架构，短时间内从整体把握问题，有利于直觉思维的形成。

（一）发散思维导图应用方法

发散思维，又称为辐射思维，或者多向思维。它是通过对已知信息进行多角度、多方向、多渠道的思考，从而探索新知识、悟出新道理，或者得出多种结果的思维方式。发散思维具有独特、流畅和变通三个特征。要求我们能够对事物提出超乎寻常的独特见解，突破思维的定式障碍，用前所未有的新观点和新角度来认识和反映事物。思维导图从发现问题开始。爱因斯坦说过，提出一个问题往往比解决一个问题更为重要。党的二十大报告提出：“问题是时代的声音，回答并指导解决问题是理论的根本任务。”因此，必须坚持问题导向。

确定一个思考主题，在 20 分钟内，将脑中涌现出的与主题有关的所有点子用思维导图的形式画出来。大脑短时间的高速工作，激励了一些新的或是显得荒诞的念头。然后重新画思维导图，将点子合并、归类，通过它们之间的关系建立起层次，整合刚才生成的所有观念。在整合的过程中也可以产生新的联想，任何一个关键词也可以随意联系并刺激联想，或许在一些认为是“愚蠢”或者“荒诞”的一些想法中就能找到灵感，产生闪光的洞察力。

在大脑处于孤独、安详与松弛的状态时，发散性思维过程会扩大到副脑中最边远的角落里，因而增大了突破新创意的可能性。纵观历史，伟大的创造性思想家们都使用过这种方法。爱因斯坦告诉他的学生们说，沉思应该成为他们所有的思考活动的必要的一部分。经过沉思后，大脑会对第一幅和第二幅思维导图产生一个新的观点。在这次重新构造阶段，需要考虑第一步、第二步、第三步得到的所有信息，快速地画一幅新的思维导图以便巩固刚刚发现新的创意。

茶馆设计案例：以“茶馆”为思考中心词进行发散性思维，做第一次思维导图，来思考茶馆设计的设计创新途径。关于“茶馆”第一次思维导图如图 5-27（1），经过多次沟通协商改进完善绘制了第二次思维导图见图 5-27（2）。

在第二次思维导图中，结合知识系统思维导图，发现茶馆的设计可以从以下几个方面对设计创新进行考虑。①茶馆的设计可以从文化入手，以茶俗、茶歌、茶艺为主题。②可以以中国的五色为主题对茶馆进行设计，突破现有的茶馆颜色，进行色彩上的大胆创新。③可以将现代人网络交往平台复制到现实中，为一群人的聚会提供场所，网络加茶馆的设计最终变成什么结果？④可以从销售方面考虑，茶馆中产品的包装和标签怎样体现茶馆的特色？⑤如果从农家乐的形式对茶园进行旅游观

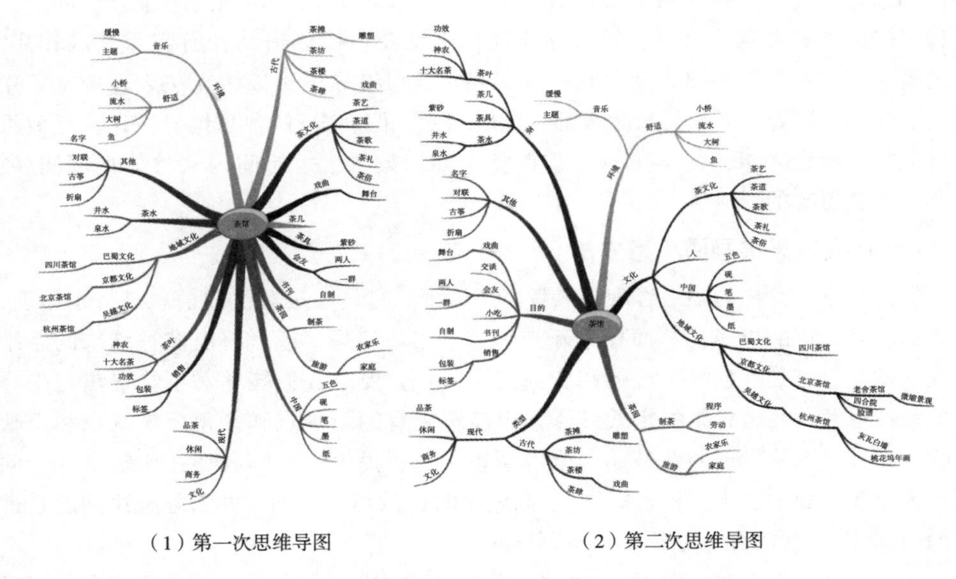

（1）第一次思维导图　　（2）第二次思维导图

图 5-27　茶馆设计第一次与第二次的思维导图绘制比较

光，那么茶馆在其中该扮演什么角色？……以此类推，由知识体系思维导图中的创新点对第二次思维导图上的每一个关键词进行创新思考，从而引发创意。

以湖南长沙白沙源茶馆来看，白沙源茶馆独特设计一举拿下了 2004 年度美国设计师学会亚洲奖和 2004 年亚洲最有影响力的设计奖。茶馆从“名字”这个关键词进行联想来进行设计创新，其 Logo［图 5-28（1）］既是一滴水，也是一片茶叶，又如一只飞翔的鹤，水、茶都在其中，并且寓意了“和”的精髓；从“中国”这个关键词出发，就可以解释茶馆内部用红、白、黑三个主色组成，玻璃寓意水，成排高挂的红方灯［图 5-28（2）］结合了中国传统文化、白沙文化和湖湘文化。

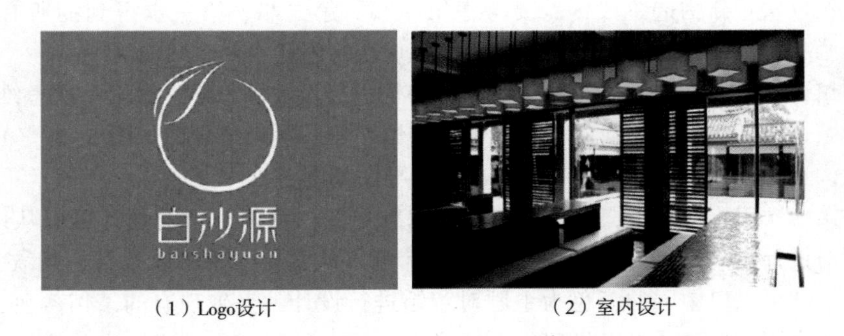

（1）Logo设计　　（2）室内设计

图 5-28　长沙白沙源茶馆 Logo 设计和室内设计

（二）思维导图创新设计岩茶包装实践

以武夷山肉桂岩茶的包装设计为切入点，对肉桂岩茶的特性、当前包装设计现状进行分析。在进行设计时将悠久的岩茶文化以及福建的地域文化、时代文化融入于岩茶的现代包装设计中。通过思维导图的整理，使设计师在设计初期了解整个包装结构，突出设计重点；帮助设计者在设计之初便看到设计的全部面貌，帮助审视设计的合理性，并且能与顾客快速沟通，迅速提出一个完整的设计方案。以材质与结构，外包装的色彩、图案、文字，茶叶内包装的形式，外包装的开合或拿取方式，市场现状以及市场定位为主枝干发散，设计思维导图见图 5-29。

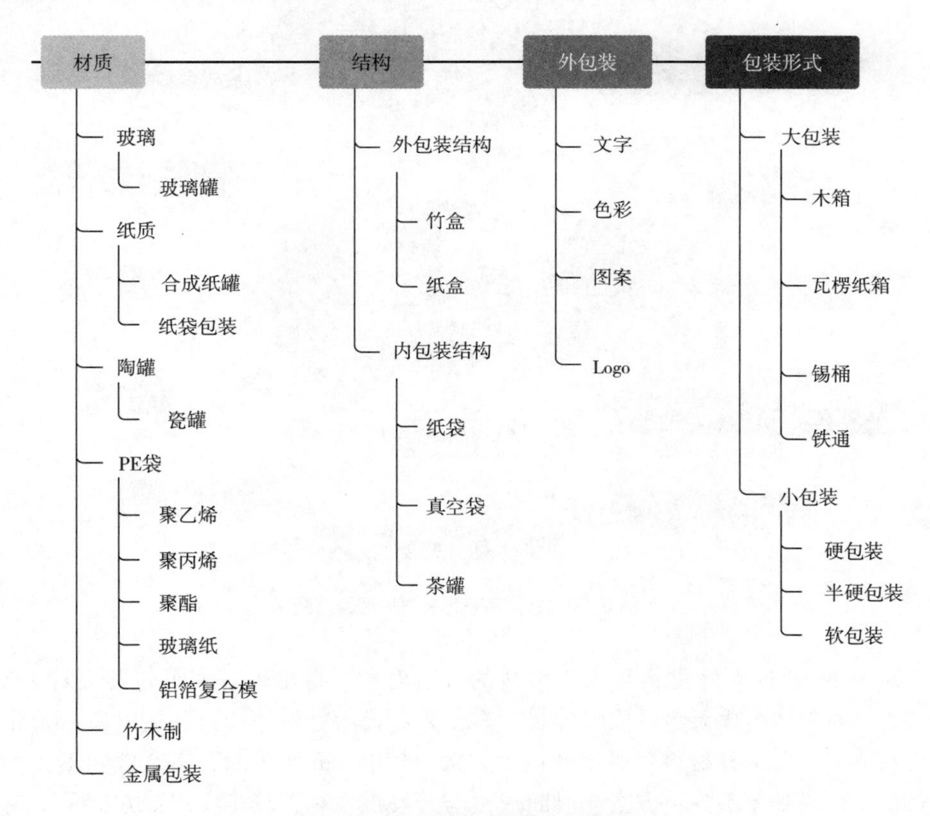

图 5-29 武夷岩茶包装设计思维导图

图 5-29 展现了茶叶包装在包装材质、结构、外包装以及包装形式上的主要信息，并将每一层信息的分支信息进行清晰地呈现。可以直观地了解图中每一种材质的包装形式和包装结构的呈现形式。可将每一个分支信息作为一个单体元素，然后通过不同的组合方式将其组合在一起，可得多个不同的设计方案，如材质的不同能够决定包装结构和包装形式的呈现效果。可以将玻璃罐与竹木材质结合，采用内外包装结合的方式，多材质的组合包装增加了多元化视觉体验，弥补了单纯的竹木包

装茶叶贮存密封性能弱的缺点，又保留其特别的视觉质感。

1. “材质”为中心图设计思维导图

在图 5-29 的基础上继续以每一个要点作为主干继续发散，如材质的运用需要考虑岩茶的品质属性，不同的材质隐含着不同地域、人文及历史等文化元素意象。不同的材质属性对包装结构影响很大，如竹木材质只能做外盒包装，而玻璃、金属材质虽可作为茶叶包装的材料，但其距离感较强，自然与天然感不足，与其适宜搭配的茶叶种类就有一定的局限性（图 5-30）。

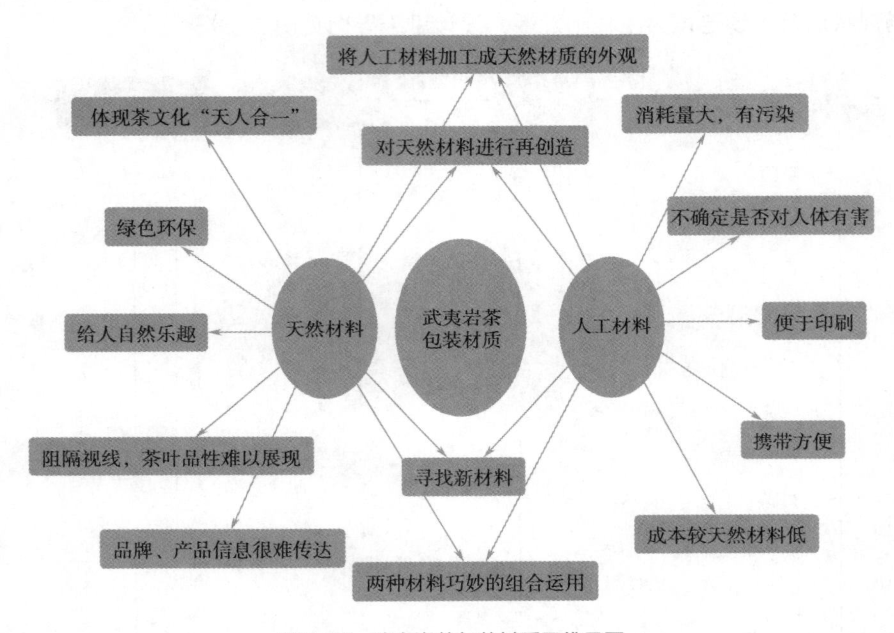

图 5-30 武夷岩茶包装材质思维导图

图 5-30 通过天然材料与人工材料的分析对比，得出以下四种包装设计方案：①将人工材料加工成天然材质的外观方案；②对天然材料进行再创造方案；③寻找新材料方案；④两种材料巧妙组合运用方案。其中，方案①和方案②区别不大，成本较高，效果参差不齐；方案③时间成本与开发成本高，较难实现；方案④实现可能性最大，设计创意为其设计关键、方案最佳创新之处。肉桂岩茶主要特点是香气奇锐，包装必须满足密封强、运输便、保护好的条件。中国人自古以来崇尚自然，注重商品包装绿色环保，因此茶叶包装取材于天然材料，不仅要贴合消费者的需求，更能极好地使包装材料与茶性融合匹配。结合武夷山地域文化和当地人文特色，单一材料逐渐转向多元材料，天然与人工材料组合是必然趋势。科学技术的进步，为包装创意设计成为实现奠定了基础。展现科技创新美，丰富话语艺术，提升茶叶文化品位。

2. “色彩”为中心图设计思维导图

色彩是商品包装给人的最直接的视觉感受，首先给人一种视觉冲击力，不像图案与文字需要一定的时间去品味，色彩是人第一眼看到商品时首先映入眼帘的元素。茶叶包装的色彩设计主要从色彩三要素（色相、明度、纯度）为切入点进行考虑。三者科学合理地搭配茶叶品性、地域文化、人文风情等要素，综合色彩心理学的知识，不仅能让人眼前一亮，巧妙的色彩搭配还能激发人的联想，使人与产品之间产生共鸣。在肉桂岩茶的包装设计上，就需要考虑茶叶的档次、品种特点、栽种环境、使用场合和价格等因素，结合当前大众的审美习惯与流行趋势，创作出既有一定内涵又满足消费者视觉与情感要求的包装设计。

3. “文字”为中心图设计思维导图

中国茶文化历史悠久，古有文人雅士咏茶兴叹，今有研究学者追本溯源。茶文化精髓与内涵早已不再单存于物质文化，悠久源远的茶文化已经深入人们的精神生活。中国书法艺术博大精深，“声不能传于异地，留于异时，于是乎文字生，文字者，所以为意与声之迹。”文字是记录思想、传递信息抑或交流思想的图像或者符号，是进行视觉信息传达和大众获取商品关键信息的最佳方式。

茶叶包装的文字设计主要由四个部分组成：基本信息文字、营养标识文字、产品用途文字、广告宣传文字（图 5-31）。每个部分都有约定俗成的作用、内容和设计要求。思想化、风格化、装饰化是包装设计中字体设计美感的视觉表现。包装设计中的文字除了有其本身的功能与规范外，还应兼具结构美与艺术美。在设计上言简意赅地表达出产品特点，突出重点信息，注重文字与图案合理搭配，使用易懂、易读、易辨认的字体。在包装设计中，舒适的视觉感，兼具内涵的文字往往能够锦上添花。

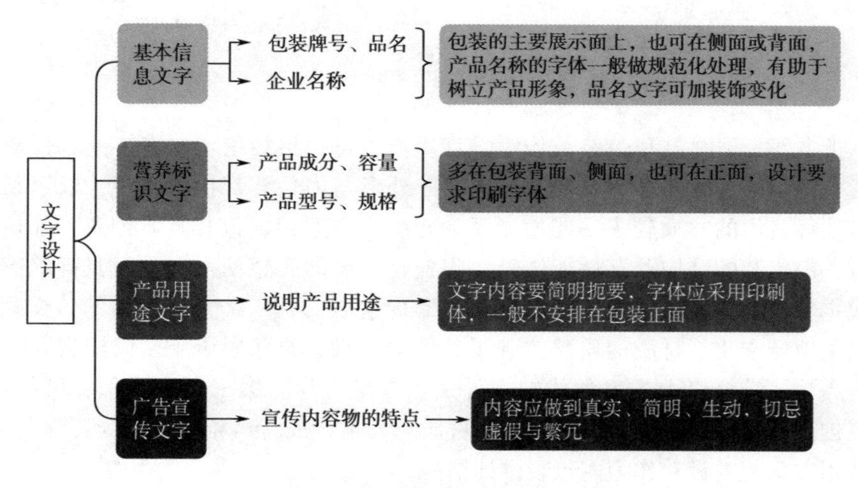

图 5-31 文字设计分析思维导图

4. 茶叶包装设计方案初步呈现

通过上文的分析，材质选择天然材料与人工材料进行创意组合，通过创意设计使两种材料完美融合。在包装材质的选择基础上，主要进行了包装结构的变化，得到肉桂岩茶包装设计初步方案（图 5-32），思维导图对设计思维的发散使得方案的多样性得到体现，解决方案也有了更多选择。

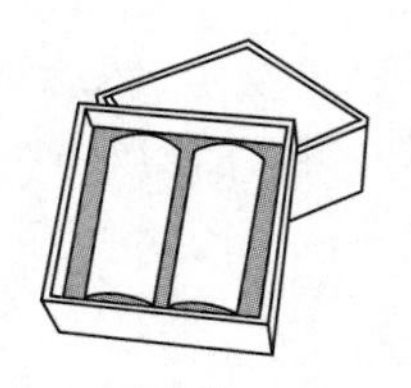

方案一

包装盒主要采用合成纸盒。加工性能好、易成型，易于实现机械化、自动化、高速化。可回收、不污染环境的"绿色包装。内部的茶罐使用铁锡罐，密封性强、保存茶叶的时间长、方便多次存取。

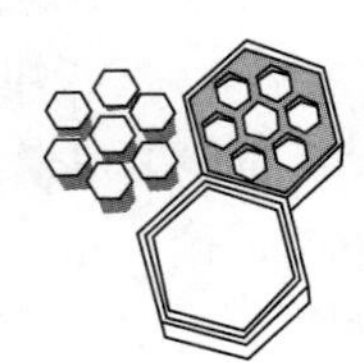

方案二

内外包装都是正六边形盒，内包装可选用纸质、竹木制、陶瓷等材质，美观易携带。

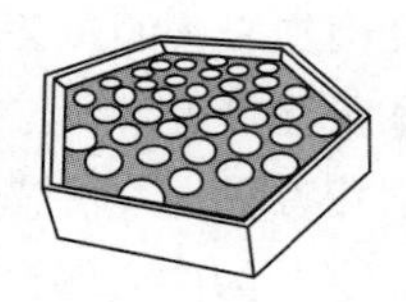

方案三

包装外形采用正六边形，稳定性、美观性都极佳，运输方便，内包装的结构将采用圆茶饼的形式，可竖放也可横放，取用方便。茶饼用锡纸包裹，大包装盒中的圆孔用泡沫材料，增加缓冲，减轻运输过程中的挤压。

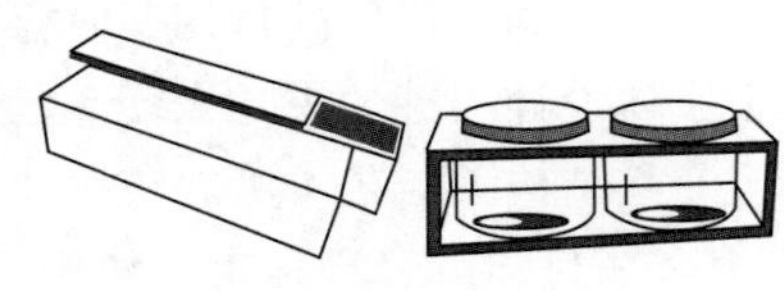

方案四

外包装盒采用竹木制盒，内包装采用玻璃罐或陶瓷罐，承重性能优良，盒子表面的纹理感很强。

方案五

仿生设计，武夷山的竹文化一直以来都极为著名，竹与茶一直以来也都是文人雅士追求的事物。方案五将二者巧妙结合，既反映了地域文化又满足了包装需求，视觉感自然悠闲。

图 5-32 肉桂岩茶包装设计初步方案

以上方案，以材质和包装结构为设计重点，可得出结论：方案一成本低廉，运输方便，但形式不够新颖；方案二与方案三外形与内包装都比较美观，取用茶叶方便，可选择使用的材质较多，能做成系列包装；方案四内包装具有创意，外包装简单大方，内包装的结构贮存性能优良，陶瓷与玻璃的质感使得产品极具高级感，缺点是成本较高，运输不方便；方案五包装是内包装结构，结合武夷山的竹文化，创新添加了地域文化，材质的质感体现了竹质的纹理，自然感十足。肉桂岩茶市场定位为中高档，结合以上方案的优缺点评定：方案二与方案三创意类似，可择其一；方案五创意与设计亮点更为突出，天然材质与人工合成材料相结合更为环保与创新，因此选用方案五的设计作为内包装设计结构。

5. 茶叶包装二次优化设计

（1）材质　内包装采用竹质材料能够与茶叶融合，天然环保，又蕴含了武夷竹文化；密封性、刚性、美观性等都能满足。外包装采用人工材料，方便印刷，外观优美。外包装设计成礼盒样式，选用可回收再利用的环保型纸质材料，既方便折叠运输，又能完整呈现印刷效果，方形结构能增强纸盒结构的支托功能和防震功能。内包装选用方案五的设计，运用仿生设计，竹节的造型天然感强，竹材料的运用既发挥了地域特色，又完美体现出了自然肌理感。内外包装的结构形式巧妙地将材质进行融合，既体现了茶文化“天人合一”的环保理念，又考虑了成本、外观等实际问题，很好地解决了茶叶包装材质重复、单一的矛盾。

（2）色彩　结合产品定位和上文分析，为符合茶叶清新的品性，主色调选用黑白对比色，运用不同的色彩比例占比，平衡视觉心理感。白色的干净简单也呼应了岩茶清新雅致的特点。辅助色选用金色，突出文字与图案，风格简约高雅，记忆点突出、视觉效果生动，能快速抓住消费者眼球。

（3）文字　品牌标准字体是品牌视觉形象基础系统中最重要的要素之一，品牌标准字体设计的好坏直接决定着品牌视觉表现力。“肉桂”设计成简约自然风格，产品辨识性和艺术性相互融合；图 5-33（1）最右边的文字采用华文行楷字体。字体与产品整体风格统一，增强了产品的文化内涵和思想内涵，方便阅读又极富东方汉字艺术之美，韵味极佳。

（4）图案　为了体现福建美丽的自然风光，外包装的图案主要以福建自然风光为主，将茶叶的特质与当地风景文化融入山水之间，意境悠远，精致优美。图 5-33（1）下边的线条以简单的轮廓来体现自然风光，简洁时尚，富有韵味。包装应注重对空间的合理编排，包装上保留足够的空白位置，可以表现出一种淳朴、自然的意境美。图 5-33（2）左边是山水静物图，右边是福建的茶山与鼓楼（标志性建筑），体现了浓郁的地域文化特色。图 5-33（3）则采用隐隐约约的雾色山峰图案，方向远近的渐隐突显出云雾中武夷山自然风光的清雅与神秘。以此激发人们对肉桂岩茶生长产地的美好联想。此外，为了协调整体图案的美感，将云雾等图案以抽象的线条表示，点缀在画面中，使得整体的图案设计既贴合设计主题、美感协调，又展示了武夷山更为丰富的自然风光。

武夷岩茶肉桂包装设计效果图如图 5-33（1）、图 5-33（4）为岩茶包装文字设计图，图 5-33（2）、图 5-33（3）分别为岩茶包装图案设计图。

（1）

（2）

（3）

（4）

图 5-33　武夷岩茶肉桂包装设计系列平面图

第六章　文化产品创新与设计

第一节　文化产品创新基础

一、文化研究常用方法

文化研究主要有以下几种方法：田野调查研究法、文献分析综合法、归纳总结演绎法、问卷调查分析法、多学科交叉研究法以及实例比较分析法。

（一）田野调查研究法

以荥经茶文化研究为例，进入荥经当地，对荥经的地域文化进行考察记录与归类整理。在田考过程中以“荥经茶文化”与“荥经砂器”为考察主线，分别对荥经塔子山茶厂及砂器产地六合乡古城村进行实地走访。

（二）文献分析综合法

在对田考资料整合的基础上，带着此次课题的研究目的，通过对图书馆藏书、网上电子图书阅读，以及在互联网上进行期刊文献检索后，进行相关文献资料的收集、整理、阅读、提炼、总结，为后期研究及论文撰写奠定坚实的理论基础。

（三）归纳总结演绎法

在对目前乡土文化创意型文化产品的开发现状和国内茶文化主题创意型文化产品普遍存在的问题上，把搜集到的资料抽丝剥茧地进行分析，归纳总结最后得出解决方法。

（四）问卷调查分析法

由于影响消费文创产品因素及构成颇多，因此需要通过问卷调查来了解这些影响因素。通过设置与调研与设计对象相关问卷调查能够获取消费者需求和偏好。

（五）多学科交叉研究法

以视觉传达设计作为主要的学科，结合社会学、消费心理学、设计学、民俗文化学等学科知识进行跨学科的理论交叉研究。

（六）实例比较分析法

从文化特征、艺术特色两个方面，对比分析不同地区、不同地域文化下，所生产的茶叶包装设计的异同，从造型题材、色彩特征、装饰纹样、材质构成等角度的规律与方法方面进行借鉴。

二、文化产品设计总原则

文化产品四个设计要素、三个设计理念及四个设计原则共同构成文化产品设计总原则，分析思维导图如图 6-1 所示。

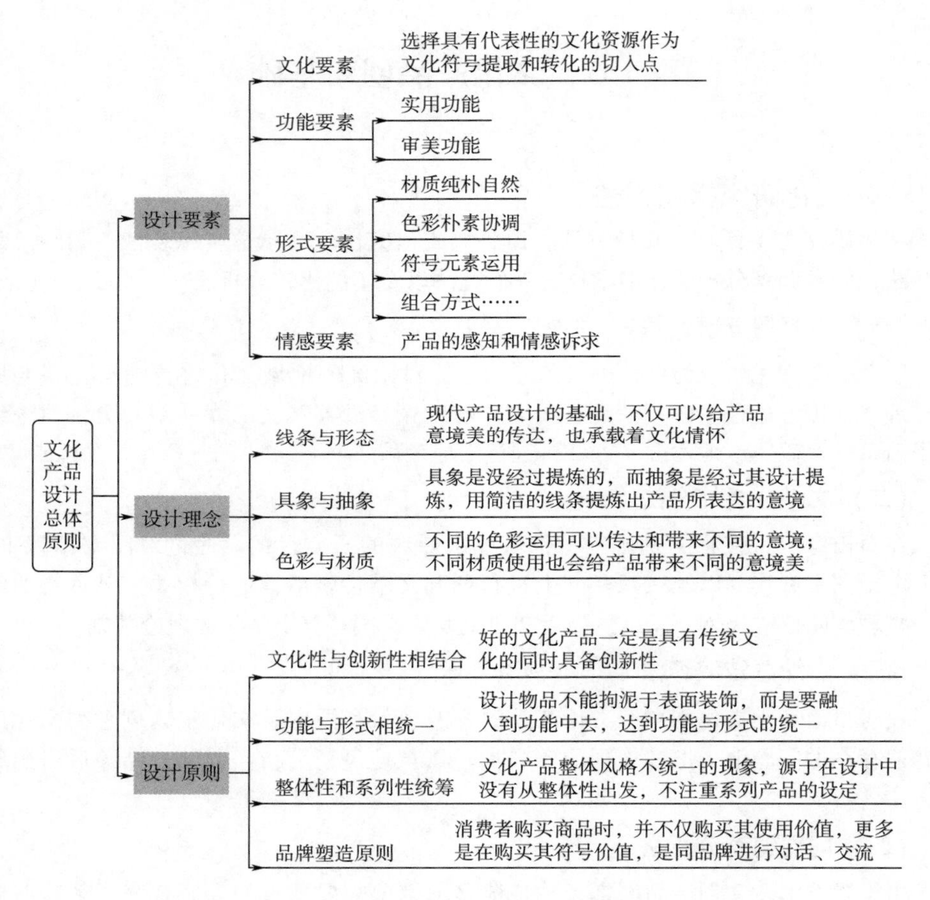

图 6-1 文化产品设计总原则分析思维导图

（一）文化产品设计要素

1. 文化要素

文化要素的核心就是强调通过创意、技术等方式将传统文化系统性、普及性地传播给大众，既能符合人们的生活需求，又能够达到以此来传承文化的目的。选择具有代表性的文化资源作为文化符号提取和转化的切入点。在满足当代人们对产品使用功能需求的前提下，突出文创产品高度的文化价值和深刻的文化内涵。

2. 功能要素

人们需要的不是产品本身，而是产品的功能。功能按其性质可分为使用功能和美观功能，不同产品对于二者要求侧重点不同。设计开发不仅应考虑产品的美观性，更应注重产品的功能实用性，最终开发出兼具审美和使用功能的文化产品。

（1）审美功能　美学是一种主观的心理活动过程。人们对美的感受主要通过视觉、嗅觉、听觉、触觉、味觉。视觉主要关注产品的外在形态、色彩、材质和纹理等产品的外在特征表达。

（2）实用功能　产品是功能和形式的载体，功能和形式之间的协调体现了现代产品的整体和谐的特征。实用功能在文化产品中满足人们的基本物质需求，一个不具备实用功能的产品也将失去其存在的价值。

3. 形式要素

形式要素是指产品外在表现形式，包括色彩、造型、材质、纹饰、工艺、色彩及组合方式等方面。形式要素遵循造型简练纯粹，形式与功能相结合原则。

（1）注重材质纯朴自然　分为质地和质感。质地指材料物理属性，如材料的粗糙度、肌理；质感属于心理属性，给人以触觉、视觉的感受，冷暖、轻重之感。

（2）注重色彩朴素协调　即色彩在视觉表现中所占比例。不同色彩带给人不同心理感受，冷色系给人以冷静、脱俗、轻盈之感；暖色系则给人以温暖明快之感。

（3）注重符号元素运用　除了色彩、造型、材质的形式外，装饰图案、文字、图腾符号也是文博馆、茶博馆、茶空间、会展中心元素构成的重要组成部分。

4. 情感要素

情感体验确定了产品的幻想空间，不同的想象空间区别了不同的产品。所处的外在环境、文化层次、知识背景不同，其消费群体的需求也不同，不同人群对产品的感知和情感诉求也不一样。基于性别的差异，男性和女性对产品的情感诉求点不同；基于地域环境的不同，参观某地购买地方纪念产品，留住的回忆也不同。

（二）文化产品设计理念

机器化大生产下的产品设计，已经被单纯的形式逻辑化和几何形态所代替，造成了产品单调呆板设计泛滥。好的产品应当通过线条与形态、具象与抽象、色彩与材质、传承与创新等方面来综合体现产品的意境美。

1. 线条与形态

线条和形态是现代产品设计的基础。例如利用假山形态、圆孔的造型和细腻的线条所设计的文创产品，不仅可以传达产品意境美，也承载着文化情怀。

2. 具象与抽象

传统的古代写意画中所出现的事物形象，同样具有一定的象形性。“应物象形”要求作品在描绘对象时要经过作者的深思熟虑，在形态准确的基础上用简练的线条表现出物的“神”。现代产品设计中许多造型来源于自然，但绝非简单的搬抄，相对抽象而言，具象是没有经过提炼的，而抽象是经过其设计提炼，用简洁的线条提炼出产品所表达的意境。文化产品在对其产品进行抽象提取时，应当以具象物体为基础，使抽象与具象紧密地结合起来，在保留原有形态和文化特征的基础上提炼抽取出具有意境美的产品。

3. 色彩与材质

不同的色彩的运用可以传达和带来不同的意境，色彩的良好运用能够赋予产品良好的意境表达。色彩能够营造出不同的情感，不同的组合和搭配能够传达给人，柔和、自然、现代、华丽的感受等。不同材质的使用也会给产品带来不同的意境美。金属给人冷峻的品质感，玻璃则让人感觉通透干净，木质给人亲和、低调、舒适、优雅和内敛的审美观念和精神传达。

（三）文化产品设计原则

1. 文化性与创新性相结合原则

文化资源在设计中的运用是在当代设计理论与传统造物思想下对传统文化符号的解读、转换、再应用的过程。通过设计有意识地挖掘传统文化符号元素，以及解构、变形、综合等设计方法，运用新材质、新工艺，从而达到对传统文化的创新性再造。好的文化产品一定是具有传统文化的同时也具备创新性。纯粹地对传统文物进行复制，虽具一定的文化传承性，但不具备创新性的文化产品不能称为文化创意产品。没有进行创新的产品是没有“生命”的，在设计过程中不能单纯地去表现文化特征，更应注重传统和现代、文化性和创新性相结合。

2. 功能与形式相统一原则

设计的功能与形式之争在设计史上从未停止过。美的要素通常分为两种：一种是内在的，即内容；另一种是外在的，即内容借以表达出意蕴和特征的东西，即形式。实际上，设计师在设计文创产品时，脑海中已经勾勒出设计物品美的原型，并借助美的外形传达出整个设计作品的内容与意义。形式美并不是要把我们所理解的图案、纹样、色彩不假思索地罗列到产品表面，而是需要重新提取再造；设计物品不能拘泥于表面的装饰，而是要融入功能中去，达到功能与形式相统一。

3. 整体性和系列性统筹原则

产品设计若仅仅以某个要素来创作，则会限制人们对产品的选择性空间，任何只注重一方的偏离性设计，忽视设计的全面性，只会使文创产品走向死胡同。不仅应注重设计的关联性、设计风格的统一性，从而形成系列性，即同类文创产品应当考虑产品的整体性、元素的统一贯穿，形成鲜明的视觉风格；还更应注重文创产品内容的传达的完整性。完整性是指功能、审美、文化内涵的完整呈现，不仅能够吸引大众眼球，还能够拓宽文创产品的设计范畴，以便后续的设计开发。

4. 品牌塑造原则

文化产品的研发设计应以目标消费者的诉求为基础。人们在购买某一品牌商品时，不仅仅是在购买其使用价值，更多时候是在购买其符号价值，是同品牌进行对话、交流。因此，应将“文化符号”的构建作为文化产品品牌塑造的中心和关键。

三、文化创意产品设计三大思维

随着日常生活的审美化，文创产品逐渐呈现出泛化态势，越来越多的功能产品融入文化创意元素，成为吸引消费者、满足消费需求的重要因素。文化创意产品的设计开发是一个系统性项目，包括前期调研、素材搜集、方案策划、设计实施以及产品制模、批量生产等相互关联过程，其中最重要的就是产品设计创意，这不仅仅关系到文创产品的呈现形态，也从很大程度上决定了销售可能。在消费者主导的产销模式下，很多人对文创产品设计跃跃欲试，且在设计技术与手段逐渐普及化当下，人人献创意，让设计成为了可能，人们都可以创作自己的作品，打造个性化的文创产品。由此可见，文创产品的设计也需要相应地理念和思维的变革。

（一）用户思维

如今，各种类型的衍生性文创产品充斥市场，显得良莠不齐，产品同质化、低质化现象突出，如一些影视的周边产品。究其原因，是由于很大程度上忽视了文创产品最终是为消费者服务的，不应仅仅是影视粉丝们的狂热购买对象，需多考虑产品购买后所带来的消费意义和使用能力，能够为涉及的使用者带来何种功能、文化、符号等方面的价值。因此，要把用户放到文创产品设计的中心，针对这些潜在受众的需求特点选择设计策略和方法，这样才能使创意设计出的文创产品具有足够的吸引力、购买力和影响力。当然，利用3D打印、大数据等前沿科技手段，文创产品设计要适时创造条件让用户自己参与体验，可以是简单的图案选择等，也可互动定制，甚至实现“我”的自由取用。

（二）连接思维

一般来说，文创产品设计被视为艺术家、设计师等专业人员的专长，甚至有些认为天赋在创意创作中起到了决定性作用。其实，创意是有规律的，惊喜、意外虽可能受之于灵感，但惊艳的表现往往又有共通“套路”，如对大家习以为常的事情通过陌生化或截取、定位做处理，而大家陌生的东西反而有很强的存在感；设计也是能掌握的，只是对技法的应用程度和能力有所差异。在文创产品设计过程中，可能最需要借以联想与想象实现的元素与元素之间连接，找到相同的、不同的与相关的、不相关的结合点。从时间维度来看，文创产品设计的来源素材连接着过去与现在，如历史文物元素的择取就要考虑与时尚流行的融合；从空间维度来看，不同空间、场景和环境的人、事、物是可以共存的，自然界的春花秋月、天地日月，人世间的喜怒哀乐、衣食住行与产品载体、设计资源“混搭”在一起。

（三）重构思维

当然，连接只是创意展开的一面，还要有从外到内、从色到形的深层次重构。

关键在于文创产品设计中对有与无的取舍，就是哪个、哪部分以哪种方式、哪种手段来实现哪种效果、哪种诉求。比如对于细小的纹饰可能通过放大、变形、重叠等手法，来触动大众的认知神经、情感思想和表现行为。结构化的重组与转变并非只是模块化的、程式化的，也应是艺术性、故事性的，只有这样才能达到文创产品设计的出神入化与物情交融。

总的来看，用户、连接与重构思维可以说是文创产品设计的立足点、支撑点和执行点，由此，你也可以是文创产品的设计者、再造者与乐享者。看到图 6-2 文创皇帝杯、皇后杯、太子杯器具，你能联想到什么呢？这或许就是文创的魅力。

图 6-2 故宫博物院皇帝、皇后、太子文创杯

第二节 文创产品设计方法

一、文创产品设计基础

（一）文创产品与文创产业

文化创意产业分为狭义的文化创意产业和广义的文化创意产业（表 6-1）。狭义的是指人们通常所说的“科教文卫”中的“文化”概念；广义的文化创意产业是指人类在社会发展过程中所创造的物质财富和精神财富总和。文化创意产品主要分为两类（表 6-2），一类称为服务型精神产品，如表演艺术、语言艺术和综合艺术，以及图书馆、博物馆等；另一类是实物产品，即实物型文化产品，又称为实物型产品，主要包括造型行业、出版和美术工艺品、文物等。

表 6-1　文化创意产业概念梳理表

分类	包含	不包含
狭义的文化创意产业（文化艺术业）	艺术、图书馆、群众文化、文化艺术经纪与代理、出版、文物保护	卫生、科技、教育
广义的文化创意产业	物质财富+精神财富	

表 6-2　文化创意产品分类表

服务产品，即服务型文化产品（精神产品）	表演艺术（音乐、舞蹈） 语言艺术（文学） 综合艺术（影视）行业 图书馆、博物馆、展览馆等
实物产品，即实物型文化产品（实物型产品）	造型（绘画、雕塑）行业 出版 新闻业生产的美术品、工艺制品、书籍、文物等

文化创意产品是文化产业的核心要素，它是在文化产业背景下，以营利和传播文化为目标，融合文化、创意的商品。因此，文创产品的重要内涵就是文化和创意，突出以创意设计的手法实现传统文化的再生和利用，最终形成创新性的智力成果。进入新时代，随着数字化生产要素横空出世，文化数字化、数字文化化，文化创意产品和文化创意产业涌现新的事物，概念同样发生新的变化，尤其是随着数字技术高速发展，原本不属于文创产品及其产业的文化新业态变得丰富多彩。

（二）文化内涵特征与文化层次模型

文化创意产品的核心理念是文化与创意，是设计师从文化中提取可物化的内容，发挥自己的智慧，将文化与科技相互结合产生的产品设计。因此，首先要从文化内涵特征进行分析，依据文化层次模型逐步开展产品设计。

1. 文化内涵与特征

文化内涵与特征包含了文化的内在意象与外在表象（图 6-3），在挖掘某地文化内涵时可以从这两方面对该地区文化全面的梳理分析，从中提取出可用的文化元素与题材，并将其在产品中演绎出来。

（1）文化（内在）意象　“文化意象”是传统文化中一种美学范畴，“意”是指情感、意蕴，“象”是指物象，具体的客观事物，“文化意象”是指具体的物象经过创造者的内心情感加工而形成艺术形象。在历史的发展中，“文化意象”凝聚了各地方民族智慧的文化，包含了各地方的民俗传说以及寓言故事，不同的地方环境，其文化意象体现着不同的地方情感，如乾隆龙井十八棵御树传说等，经过口口相传

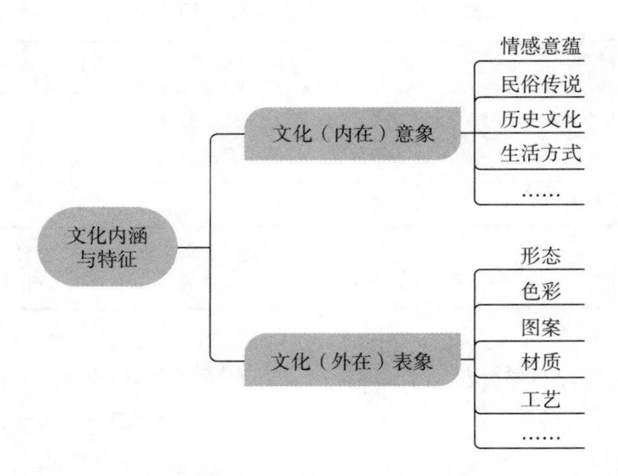

图 6-3 文化内容与特征梳理思维导图

并加工，寄托了人们美好的祝福，成为地方文化特色。地方文化意象除了与人们口口相传的传说有关，更体现在当地人们的风俗习惯、生活方式之中，如地方的节庆活动等，这些现象凝结了地方人们对生活的美好祝福之“意”，蕴含着地方记忆与人文情怀，能够传达出地方的特色与情感，是设计地方文化产品所需的灵魂。

（2）文化（外在）表象 “表象”具有直观形象性，文化的外在表象可以从形态、色彩、图案、材质、工艺等方面进行挖掘。比如建筑、器物的外在造型、色彩、材质及自然风光的特点，这些形象蕴含着地方文化与地方特色，在地方特有的民族智慧和气候环境下形成，是一个地方所特有的产物，并且在不断的发展中逐渐符号化，成为代表地方的文化特征。例如传统建筑窗格的冰裂纹，以及葫芦、蝙蝠等图案，青花瓷上的青花样式，都是文化的外在表象，成为传统文化符号。通过对这些特征的理解与阐释，以创新的手法进行活化运用，又能产生形而上的文化意象，使产品具有文化内涵。

2. 文化层次结构模型

文化层次结构主要包括三个层次即文化表层、文化中层、文化深层，由具体转向抽象，依次对应外在表象、行为层面及内在精神见图 6-4，具体分析如下。

第一层次，文化表层结构，由文化具象元素组成，外在表象的元素主要有色彩、质感、纹理、结构等，通过对文化特征设计出的外在表象就是文化的外在表层结构。第二层次，文化中层结构，主要强调的是体现文化脉络的关联性，具有强烈的时代感与连续性。其主要表现形式是艺术宗教、生活习俗、历史传统等。第三层次，文化深层结构，反映的是主体内在精神，体现在价值观、意识形态等。金字塔文化层次，越靠近塔尖越抽象，越靠近塔底越具体。

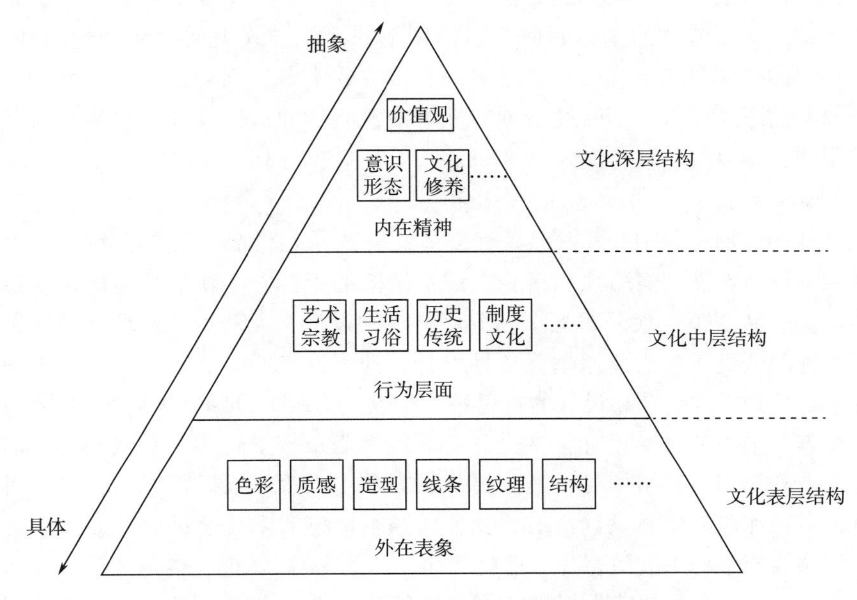

图 6-4 文化三层次金字塔结构模型图

（三）创造性产品设计要素分析

产品设计是指从产品构思到方案实施的设计过程。产品设计与创新密不可分，产品设计的本质就是创造。从创新设计的过程看，产品设计的创新与发展离不开创造性思维和设计思维。从产品设计的主体看，人是产品设计的第一要素，创造在于人而不是产品。产品是设计师不断完善的产物，是以设计师为中心的创造过程的产物。企业的竞争就是产品的竞争，产品是企业的生命，产品创新是企业发展的动力。依据罗德斯（Rhodes）提出的创造力 4P 模型，包括创造性个体、创造性产品、创作环境和创造性过程，前三个因素构成创造性产品设计要素。

1. 设计师：产品创造的主体

人是产品设计的核心。产品设计作为一项复杂的智力活动，依赖于设计师的经验和人格特质。创意观点的产生与创造者的人格特质密切相关。创造性个体往往具有意志力强、有责任心、独立、内向等人格特征。研究发现，提升创造力可着眼于培养创造性人才的特质和内部因素，包括态度、气质、毅力等一系列心理条件。设计产品的过程中，设计师需要运用观察、记忆、思维、操作等一系列的能力。良好的观察能力有利于发现问题，捕捉灵感。记忆能力是智力活动的重要保障，无论想象、推理还是决策，都需要记忆的参与。通过搜索长时记忆中的知识，可以产生新的联想和组合，进而产生新观点。

创造性的产品设计最终要通过设计师的具体行为实现。创造力总是“垂青”有准备的人，任何创造性活动都离不开创造者的善于观察、接受新观念、具有条理性等行为习惯。高创造力的个体倾向于运用创新的思维方式去面对新的问题和挑战；而低创造力的个体习惯于利用自己已知的思维方式去解决问题。高创造性设计师容易突破原有的思维模式，不断产生创造性想法，而低创造性设计师总是受自己原有经验的限制，难以跳出既定模式。

2. 创造性产品：产品设计的最终产物

在激烈的市场竞争中，开发出具有创造性的产品是产品设计的关键。评价创造性产品主要有新颖性、实用性和审美性三个维度的指标。①新颖性是评价创造性产品的核心。产品新颖性划分的五个标准：常规的设计，无新颖性；较小的改进和创新；根本性的改进；使用新原理颠覆性设计：开创性发明。②实用性主要体现在产品能够满足用户需求。产品设计的过程是一个以人为本，以顾客体验为中心的过程。实现以顾客为中心的产品设计，首先要关注顾客需求，了解顾客背景资料、消费水平、生活方式等相关数据信息，其次要从顾客需求入手，根据顾客体验产品时的问题，有针对性地改进产品设计；最后要抓住顾客情感需求，通过设计产品故事映射产品，使顾客产生购买欲望。③“造物之初，审美先行”。审美性与产品设计密不可分。在大数据和互联网快速发展的今天，一般消费性产品在技术层面上的趋同性越来越高，审美体验成为顾客选择产品的重要指标。开发兼具新颖性、实用性和审美性为一体的创造性产品是未来产品设计的核心理念。

3. 创造性环境：创新产品产生的支撑系统

环境是产品设计过程中推动设计师寻找创新灵感的支撑系统。环境是影响设计师进行创造活动的重要因素。勒温提出人类行为与环境的场动力公式 B=f（P，E），其中 B 是行为表现，P 代表个体，E 代表个体所处的环境。个体的行为取决于人与环境的相互作用。环境作为一种隐形的力量牵制个体去创作。创造性环境既包括产品设计的外部真实环境，也包括一切创造者思维活动的内部思维环境。活跃、轻松的外部环境可以感染、刺激设计师不断设计出高水平的产品。经常处于多元刺激的环境下，大脑会变得更活跃，能更敏锐地应对环境刺激，产生更多的创意。在积极情绪状态下，个体更善于解决创造性问题。积极情绪能够持续地促进创作者进行重要突破。个体在专注的状态下，有利于形成更多的创造性观点。

（四）文创产品设计思考与方法

1. 设计思考方法

（1）直接引用　选择具有文化代表性的馆藏品，对其进行完整的引用，或局部元素的引用。这种方法的优点是能够突显藏品实用性、审美性和文化性，借以新的载体向大众进行博物馆文化宣传，这一做法多在纪念性文创产品上运用，也有利于博物馆品牌形象的建设。通过对青铜器型、纹样、图形、材料肌理、铸造工艺、使用功能、内涵故事等梳理，探寻出青铜文化要素所具有的设计特征，并将这些文化元素与消费者日常生活需求进行融合，指导文创产品的创新设计。

（2）符号转换　将具有可识别的历史意识形态、社会价值观及物质文化意蕴的藏品，运用现代设计手法、表现形式和技术手段进行符号化转换，使文创产品成为藏品物质与精神文化的载体。这种符号转换以藏品的功能、结构、象征、整体形态、色彩、材质、纹理为主，以现代视觉语言和具象形象赋予文创产品特定的内涵和寓意。从形、意、境着手，将吉祥文化符号与文创产品设计相互融合，提出了以形延展、以意创新、以境为源的文创产品设计方法。

（3）以形传意　运用现代工业设计方法、产品语意学和设计符号学等理论，透过文创产品的功能、几何造型、表面肌理、色彩、材质、结构、使用方式等要素的设计，以产品形态来传递博物馆文化意涵，塑造的产品成为蕴含丰富文化和诠释大众日常生活方式的媒介。为了提升文创产品的文化价值和美感价值，还可以从材料、造型、色彩、图形、传播等层面为产品注入更多文化符号。

2. 设计方法分析

（1）从需求理论来研究文化意涵的转化方法　从文化创意产品的商品价值和民族文化传承着手，为满足文化创意产品设计过程中不同阶段的用户需求，提出面向商品价值和文化需求的分析方法及相互转化方法。

（2）将成熟的工业设计方法运用于文创产品设计　通过提取具有经典建筑，如天一阁特征的文化符号，运用叙事性设计方法，将天一阁符号意象转变为文创产品造型意象，并提出由概念模型、研究策略和设计流程的三阶文创产品设计模式。还可以从博物馆文创产品的设计要素切入，构建工业设计语境下文创产品的设计思维，把设计思维分成模仿与移植、功能与形式、彰显古典韵味三个阶段。

（3）文创产品设计流程与方法　将消费者使用文创产品的体验同地域文化特色相结合，研究适应消费需求的创新设计流程。在设计供全球使用的文创产品新时代，为了应对与当地文化价值脱节的趋势，创新一种诗意化的设计方法，便于在设计过程中实现跨文化共享。

（4）人性化设计方法　运用人机工学理论，探讨使用者体验中的人文文化互动关系，以土著文化中典型物品为依托，进行了文创产品开发实践；运用从格式塔原理、相似原理和产品风格特点，从人的感觉特性着手，结合感性工学研究方法，经由挖掘消费者需求分析，研究文创产品设计流程优化与产品系列化方法。

二、文化创意产品设计路径

文化创意产品设计的过程包含了文化元素的挖掘获取，元素的设计转化，以及反馈优化三个阶段，通过从文化内在意象与外在表象中提取文化要素与特征，对元素筛选择最合适的文化主题，确定方向，然后进行设计加工。采用文化图译、功能创新、形态衍生、意象传达的设计手法，进行文化元素的转化，依托产品载体把文化内涵传达出来，并且通过反馈对产品进行优化。具体设计路径见图6-5。

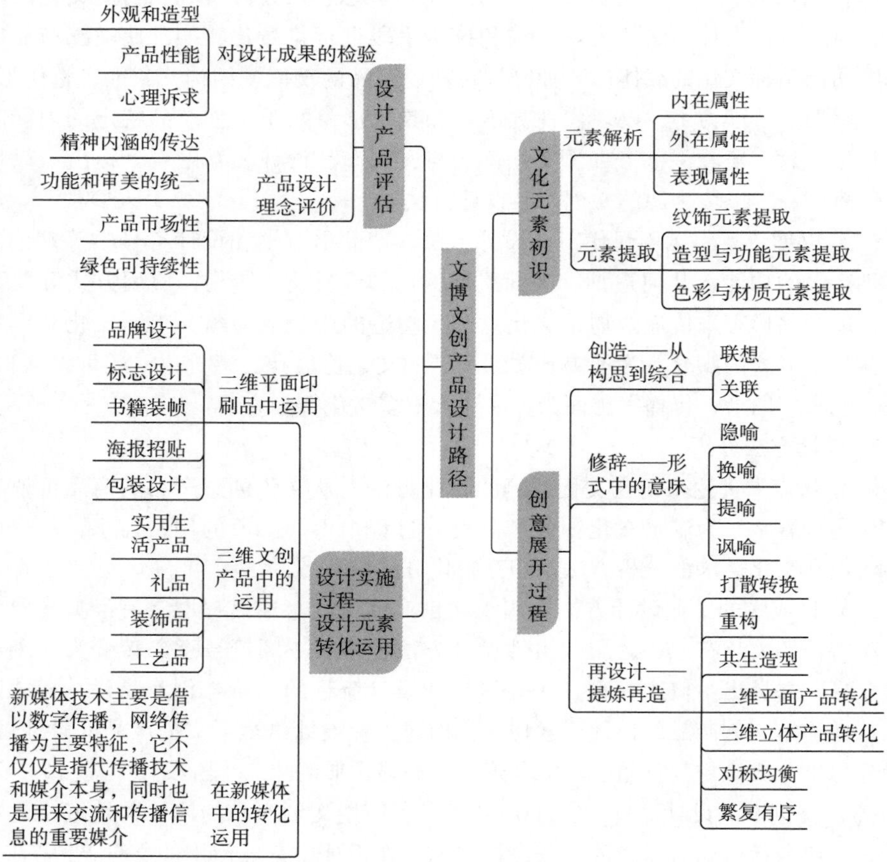

- 文博文创产品设计路径
  - 设计产品评估
    - 对设计成果的检验
      - 外观和造型
      - 产品性能
      - 心理诉求
    - 产品设计理念评价
      - 精神内涵的传达
      - 功能和审美的统一
      - 产品市场性
      - 绿色可持续性
  - 设计实施过程——设计元素转化运用
    - 二维平面印刷品中运用
      - 品牌设计
      - 标志设计
      - 书籍装帧
      - 海报招贴
      - 包装设计
    - 三维文创产品中的运用
      - 实用生活产品
      - 礼品
      - 装饰品
      - 工艺品
    - 在新媒体中的转化运用
      - 新媒体技术主要是借以数字传播，网络传播为主要特征，它不仅仅是指代传播技术和媒介本身，同时也是用来交流和传播信息的重要媒介
  - 文化元素初识
    - 元素解析
      - 内在属性
      - 外在属性
      - 表现属性
    - 元素提取
      - 纹饰元素提取
      - 造型与功能元素提取
      - 色彩与材质元素提取
  - 创意展开过程
    - 创造——从构思到综合
      - 联想
      - 关联
    - 修辞——形式中的意味
      - 隐喻
      - 换喻
      - 提喻
      - 讽喻
    - 再设计——提炼再造
      - 打散转换
      - 重构
      - 共生造型
      - 二维平面产品转化
      - 三维立体产品转化
      - 对称均衡
      - 繁复有序

图6-5 （文博）文创产品设计路径分析思维导图

（一）文创设计常用手法

1. 文化图译

文化图译是指把地方文化中的语义信息进行图案化演绎，使隐形的文化内涵以直观的形象展现出来。在进行图案设计时需要先把故事中的特征与所需的设计元素提取出来，然后进行不同形式的组合。

2. 功能创新

功能创新是指对原有产品或材质的功能进行创新，使其功能或用途更加符合现代人们的生活方式。一些传统的产品、材质并不能广泛为现代人们所接受符合现代审美要求，需要对其功能用途进创新。把传统材质结合现有的工艺与材料，将其以新的形式展现于文化产品中，使产品具有现代时尚和趣味；另一种是运用原有产品的形态，将产品巧妙的转变成其他的使用方式。

3. 形态衍生

形态衍生是指对文化中物质的特征等进行提取，以现代的表现手法进行再设计。形态能够传达事物的造型、图案，能够通过对现有事物景观的描摹，获取并且提炼，其不仅是指直观的表象，而且指整合再创造。

4. 意象传达

意象传达是指把地方文化中的意蕴情感通过设计者感受以艺术表现的形式传达出来。通过地方文化产品感受到地方文化气息及生活美学，而这种文化气息能够唤起游客对地方的记忆与情感认同。

（二）文化元素的初识阶段

馆藏资源丰富，借以开发的藏品文物众多。对博物馆元素进行提取首先要对馆藏品进行清晰梳理、透彻分析，发现新的创意点。

1. 创意点提取

（1）明确馆藏器物种类　初步建构元素提取的框架图：器物类、书画类、建筑类、人物类。其中器物类细分为陶瓷器、青铜器、玉器、漆器、文房四宝等。建筑类又包含建筑装饰、建筑雕刻艺术等。

（2）抽取代表性元素　博物馆内藏品皆具备其内在属性、外在属性、表现属性三个方面的综合表现。外在表现主要是指藏品外在特征，主要包括（纹饰、形态、装饰、颜色、材质、功用、内容、文字）。内在属性主要是指器物的历史背景和历史故事，包含（名称、类别、年代、地域、质地、工艺技法等）。表现属性是指器物实用、审美、象征和寓意。在对藏品进行提取时，着重挖掘藏品的代表性信息，有意识地将藏品代表性元素进行抽离。

2. 具象元素提取

（1）纹饰元素的提取　纹饰的提取在设计中是最普遍也是最容易衍生和转换的，也是在文创产品中容易运用和表现的。博物馆器物种类繁多，各种器物藏品的装饰纹样丰富、不同器物的纹样特征涉及范围也大不相同。博物馆的馆藏文物纹饰提取可以从玉器、瓷器、青铜、漆器、建筑、金银器、染织等藏品中进行提取并进行图形设计和转换（表6-3）。

表6-3　博物馆文物藏品常见传统纹饰样表

载体分类	常见纹饰
青铜器	兽面纹、夔龙纹、饕餮纹、龙纹、凤鸟纹、云雷纹
漆器	漆器常见寓意吉祥的纹饰主要为植物纹；常见的植物纹有松、柏、桃、石榴、荔枝、佛手、竹、葫芦、桂花

续表

载体分类	常见纹饰
金银器	连珠纹和草叶纹，双龙纹、卷草、风纹
玉器	龙纹、鸟文、瑞兽纹配重环纹、云雷文、菱纹
陶瓷器	水波纹、菱形纹、葫芦网文、旋转纹、圈纹、锯齿纹、人面纹、鱼纹、蛙纹、花瓣纹

（2）造型、功能元素的提取　博物院馆藏器物丰富，种类繁多。主要分为青铜器、漆器、陶瓷器起造型丰富独特并具备功能性，铸造范围涉及生活的很多方面。主要有炊器、食器、酒器等。漆器中朱雀攫蛇漆豆，朱雀用头、尾巴双翅顶着腰圆形漆盘，两爪抓住一条盘成环状的蛇，扬颈、目视前方、嘴里衔着一颗椭圆形珠，造型独特。通过对造型和功能的提取结合人们的需求进行设计创意。

（3）色彩、材质元素的提取　博物馆文物藏品有其固有色，这些器物颜色经过历史沉淀变得更有厚重感和色彩感，进行设计时要抓住器物的独有色彩进行提取。漆器主体配色为红黑两色、红绿居多；青铜为本身的青绿色；瓷器色彩比较丰富多变，不同种类、不同釉色使得其器物主体色也呈现出丰富多彩的色彩变化。

综上所述，博物馆藏品文化元素初识分析总结思维导图见图 6-6。

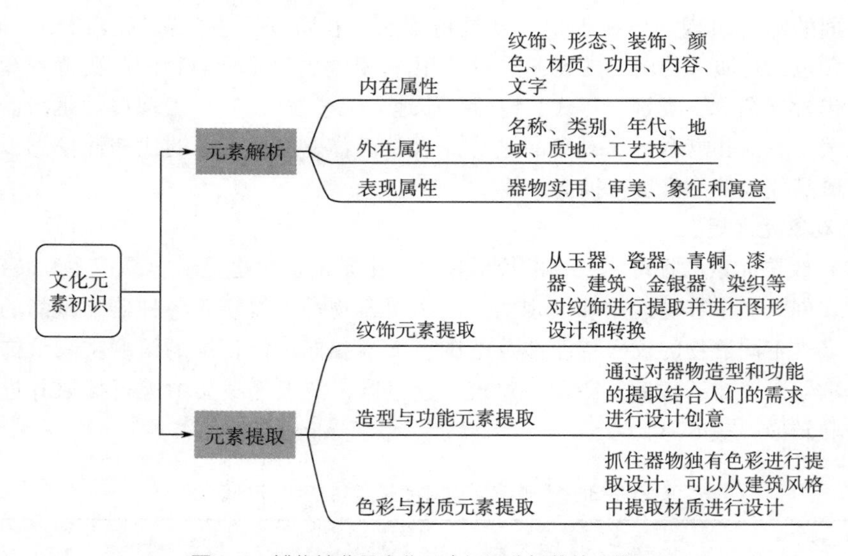

图 6-6　博物馆藏品文化元素初识分析总结思维导图

（三）创意展开过程

通过对馆藏品造型、纹饰、色彩等方面的提取，介入设计方法进行设计创作。用联想、选择、突破、重构、替代、关联等方法，用修辞表现中隐喻、换喻、提喻等方法赋予寓意传达。

1. 创造：从构思到综合

所谓联想就是介于事物之间复杂的关系并通过一件事物的牵动而迁移到另一事物之上产生新的联想，就是通过对事物的思维活动，从而使得思维中的内容更丰富性和创造性，联想的方式主要有替代法、关联法等；设计中可以通过联想方式进行创意。

（1）替代法　将现有产品进行要素分解、比较和分析，对关键的要素进行提取进行代替方案的思考和联想，从而构成新产品。替代法设计原则一，替代的产品之间应当存在一定的相似性；替代法设计原则二，可以广泛选择实现目的手段；替代法设计原则三，巧妙结合现有条件。常用的替代设计有以下两种情形。

①材料替代：在替代法中，材料替代是最常见的一种表现形式。就是指将产品固有材料或部分，用另外一种反差较大的不同材质进行替换，获得一种与众不同、富有新意的表现效果。

②部件替代：在产品或者视觉符号或者图形中都是有众多元素和构成的，对这些元素进行分析解构，对其中某个关键元素或者某个部件元素进行替换组合，会产生意想不到的视觉效果和功用能效。

替代法在平面设计中主要表现为利用“借”的方式，与所要传达的物体有着密切关系、象征关系的其他事物来“代替说明”本体的一种修辞手法。替代的本体和借体之间必须有相关，不可分离的关系替代表现才会有意义的表达。

（2）关联法　指对事物对象、特征以及联想等概念、语意组成的链进行组合获得更多新构想的方法，如鞋+刀→冰鞋。关联法具体表现过程：把解决问题所能想到的方法罗列成表；然后把这些构想逐一与其他构想发生联系：强制性进行新的组合；产生解决问题的新奇构想。

2. 修辞：形式中的意味

修辞学定义为人们使用语言推动其他人形成某种态度或采取某种行为，修辞为适应不同的交际需要提供丰富多彩的表达手段，使人类的语言：准确、鲜明、精练、生动。设计者运用换喻修辞手法，通过符号的邻近性和符合性关联传达产品的功能性意义。设计常用修辞手法，包括隐喻、提喻、讽喻、换喻（表6-4）。

表6-4　修辞语言分类表

修辞法	特征		举例	意图
隐喻	相似却又存在差异	相似性	今夜星光灿烂	今夜著名的影视演员云集
提喻	通过类别层级建立联系	本质性	你看起来不一样	你今天的装扮令人印象深刻
讽喻	与其相反的事物	双重性	味道很棒	味道尝起来很差

续表

修辞法	特征		举例	意图
换喻	直接关联建立的联系性	邻近性	有它在就不会冷	有它在就能给大家提供热量

3. 再设计：提炼再造

提炼再造是艺术设计中经常使用的造型方法，指删除没有显著功能与特征的部分，保留其中最有代表性特征的部分。提炼出写实的、具象的物体特征，再运用艺术手法和技巧进行再创造。

（1）打散转换　就是把事物解构然后重新组合。把不同事物的整体或局部通过主观有意识的、有目标的归纳和提炼，然后按照一定的规则重新组合，以达到所希望表现的特定意义。打散转换有三种方式：原型打散、改变顺序、分割切除。

①原型打散：打散的方式一般分为两种，一种是对图形整体进行分解，分解之后重新进行排列组合成新的图形；另一种是对局部某一部分具有典型特征的元素进行分割、打散，变化重新组合。

②改变顺序：在对解构进行重新排列组合变换元素或者改变秩序，从而形成新的图形并从中能够呈现出不同的视觉感受，元素的重新组合和顺序的变化带来不一样情感体验。

③分割切除：对原有形态进行分割和切除。分割切除时，尽可能选择原图形中美的元素或者从美的角度进行抽取其中最具典型特征的部分，然后重新组合创造出新的形态。

（2）重构　是指在打散后的元素中重新组合或者重新构成的一种设计方法。主要分为同形重构、异形重构和打散重构。

①同形重构：设计方法要求在设计中避免生硬的组合，将两个相似或相近的元素结合共用或者进行重新组合从而达到物体整体性，体现设计作品形简意繁的效果。

②异形重构：指将两个具有相似之处不同物体进行置换、重叠，并做相应的加减法；用不同质感、不同形象的两个物体构成一个物体以表现作品新含义。

③打散重构：指将物体的形与结构拆分，把拆分后的物体以特定形式重新组合或者拼接，如奥运海报利用拆分后的篆体汉字按照特定的方式组合或者拼接。

（3）共生造型　共生本指不同物体之间所形成的紧密互利关系。共用图形是指两种以上没有联系的图形部分共用同一个空间，将互相没有联系的两个物体通过相似的外表和形状联成一个整体形成的相互依存缺一不可的统一图形。分为完全共用形、共面共用形、共线共用形三大类。

（4）对称均衡　主要是针对纹样、图案的形式美来表现的设计基本法则。运用对称均衡的法则不断创造出丰富图形形态。均衡不仅代表对称，它是相对的平衡，是视觉上或者心理上达到一种平衡感。对称均衡是指假设有一个中心点，在假定的中心轴两侧或者周围配置同形、同量、同色的物体，使得其形成左右对称、中心对称、辐射对称等效果。均衡的构图方式主要有S式、交叉式、重叠式等。色彩上，可以通过明暗、纯度、亮度的变化统一体现均衡，如色彩的浓淡、色相的强弱、色块的大小等相协调。在设计中均衡比较生动活泼、静中有动、动中有静、富于变化。

（5）繁复有序　繁复图形如没有条理就容易显色杂乱。繁复是指图形中各元素变化多端、形态绮丽，是加强表达能力和艺术效果的有效方法。有序是指各部分之间的配合、关联和一致，使组织形成新的形式美，并保持整体性和统一性。

再设计：提炼再造分析思维导图见图6-7，创意展开过程总结思维导图见图6-8。

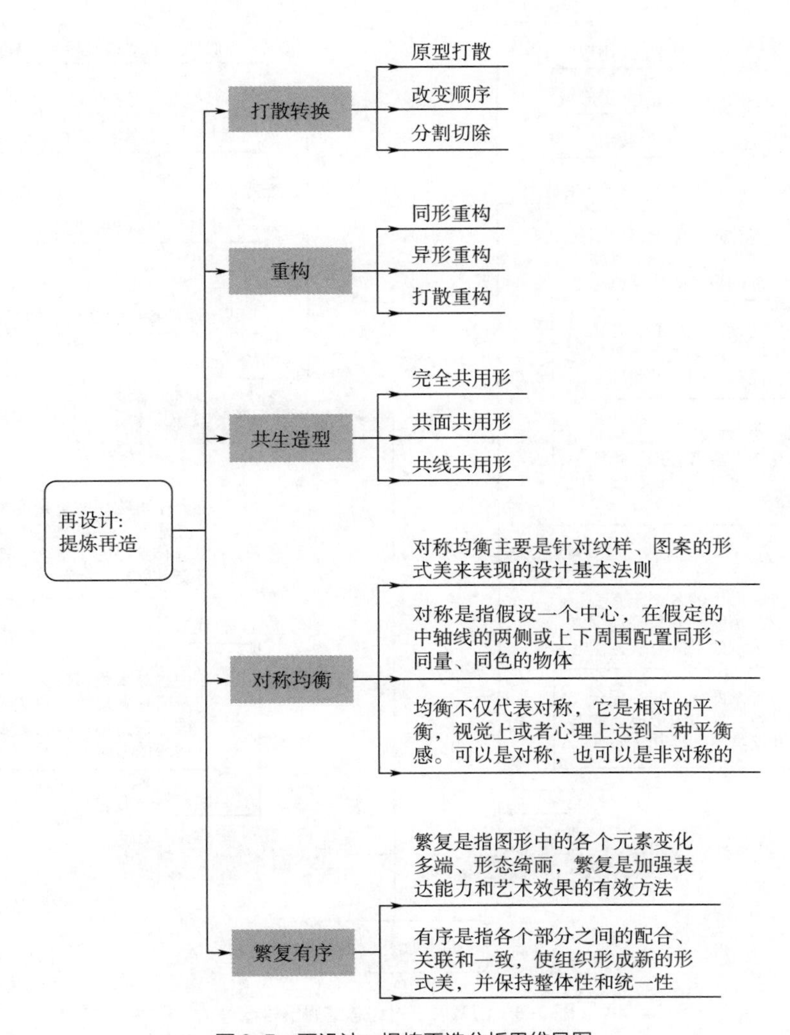

图6-7　再设计：提炼再造分析思维导图

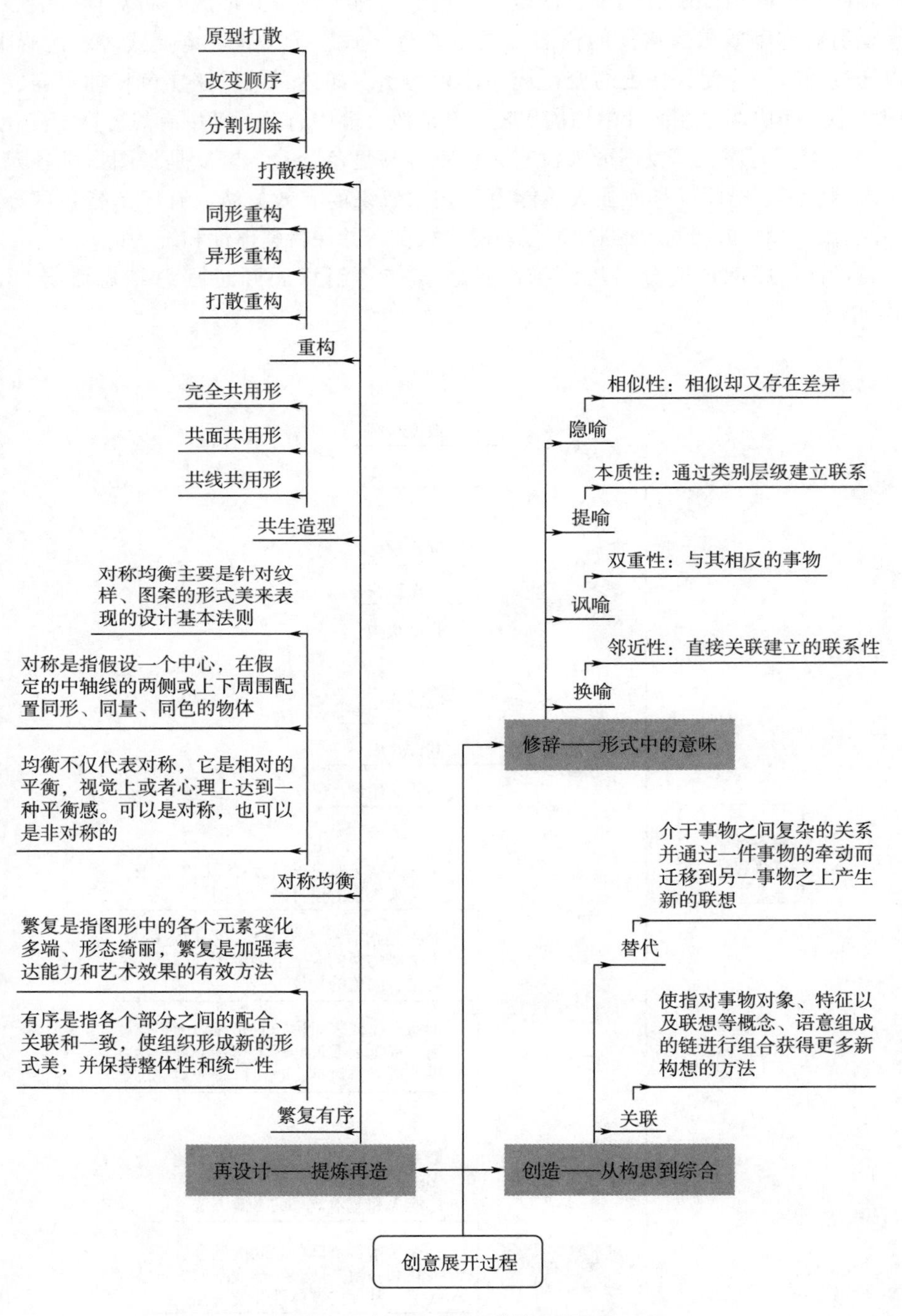

图 6-8　创意展开过程总结思维导图

（四）设计实施过程——设计元素转化运用

通过介入设计方法对提取元素重新转化再设计后，进入设计实施过程。从产品种类上来看，主要在二维印刷品和三维文创产品两个方面进行应用。

1. 平面印刷品

平面印刷品主要包括品牌设计、海报招贴、书籍装帧、标志设计等。产品上的图形是产品设计的重要内容，它与产品的形态、色彩、材质一起形成产品独特的语言，传递给人一定的信息；也可以作为一种独立的符号，给人以明确的认识或是模糊的感知。还可以是纯粹的视觉表现，作为审美对象被人观赏和品鉴。对图形的设计转变并应用在现代设计中非常广泛。将图形设计、海报设计、书籍设计、包装设计、品牌形象等应用在产品外观平面视觉领域。随着图形语言开始由二维向三维扩大，图形语言的应用领域也非常广泛，涉及数字媒体、橱窗展示等领域。

2. 三维文创产品

三维文创产品主要包括工艺品、礼品、饰品、实用类产品等。由于工业产品的批量化生产使得产品“同质化”现象日趋严重，产品之间的差异性越来越小，求新、求变、求异的心理，对产品外观视觉表现的重要性日渐凸显，产品造型的转变可以极大满足消费者的心理诉求。对馆藏器物的造型和器质形态等进行提炼，结合现代产品的使用功能和现代人的审美情趣，对产品进行全新的转换和创造，使其既具有功能性又具有审美趣味性。其中，实用类文创产品在生活中占比最大，如表6-5所示。

表6-5 文博馆实用类常见文创产品分类表

分类	代表性产品
生活用品	扇子、梳子、镜子、水杯、粘钩、针线、雨伞、餐具
办公用品	笔记本、笔、笔筒、鼠标垫、U盘、手机套、耳麦
纪念品	纪念币、纪念章、手机架、手账、日历、画册、手环
文娱用品	玩具、文化衫、手提袋、围巾、休闲鞋、字画挂件

3. 设计元素转化运用案例——浙江树人学院建校40周年校庆标志设计

四十载岁月峥嵘，四十载弦歌不辍，2024年11月8日，浙江树人学院将迎来建校40周年华诞。为进一步弘扬树人精神，传承树人文化，彰显办学理念，凝聚各方力量，加快推进学校“提质升格”与“名校民办”建设，特面向全校师生、海内外校友公开征集建校40周年校庆标志。具体内容设计要求如下。

（1）主题鲜明，寓意深刻　能反映学校建校40年发展的历史底蕴、文化传承、办学理念、使命、愿景、未来发展，突出体现2004年以来学校牢记习近平总书记嘱托，秉承“崇德重智，树人为本”的校训精神，弘扬树人精神，即“为国植贤、为党育人的担当精神，倾情教育、心系树人的敬业精神，敢为人先、特色办学的创新精神，淡泊名利、无私忘我的奉献精神”，谱写新时代“名校民办”精彩华章的格局与所取得的重要成就。

（2）易懂易记，便于传播　设计方案遵循标志设计创作规律，符合标志设计表达规范，构思精巧、创意新颖、特色鲜明、简洁大方、含义明确，有较强的艺术感染力和视觉冲击力，易识别与传播，便于校庆专题网站、宣传片、出版物等各类宣传媒介使用，便于延展设计与制作纪念徽章、旗帜、文创纪念品等。

（3）设计优秀作品（作者：陈金平）　由校徽中三本展开的书本，抽象成三段简洁有力的几何线条，组合成数字“40”，是上升、转折、跨越，展现了一个处于申硕关键跨越发展期的、积极向上的树人学院形象。同时三本书本的形态从单一到不同的变化，也寓意学校多元化的师资与培养人才的多样性。标识中的半圆弧形取自杭州校区大运河上的拱宸桥，既契合学校拱宸桥和杨汛桥“双桥”两校区办学，又寓意学校经过40年的发展实现了办学的跨越，以及即将实现申硕成功的跨越，也象征学校与校友、现在与未来的紧密连接。具体见图6-9。

（五）设计产品评估过程

1. 产品设计成果检验

用户是设计体验者，所以用户是设计的目标，同时也是设计评价的出发点，一个好的设计是能够让用户产生好用、美的感受。所以设计评价是从用户的角度出发，围绕使用者使用产品时的需求。主要包括外观和造型，产品是否能够合理影响人们生活方式或者改善其对美学的心理体验。产品性能，即产品能否达到预期效果，能

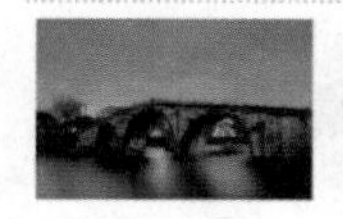

（1）浙江树人学院建校40周年标志

标志的半圆弧构成形态可无限变化，生成动态标志，适用于各场合。

动态彩虹、烟花的辅助图形在欢庆校庆的同时展现出了学校的活力和影响力。

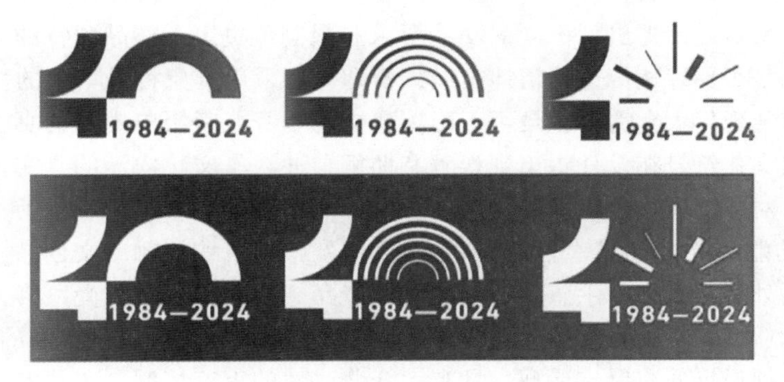

（2）浙江树人学院建校40周年标志动态图

（3）浙江树人学院建校40周年标志辅助用图说明

图 6-9　设计优秀作品

否结合产品技术增强用户的体验度，方便生活。心理诉求，即产品能否满足人们精神需求，能够通过产品获得心理满足。

体验者也可以通过产品的属性、产品的外观，以及人的感官，即视觉、听觉、嗅觉、触觉来评价所设计的文创产品是否取得成功。产品的性能通过产品的功能直接表现出来的，心理度量是强调目标市场的需求和特点实现。这些属性最终通过造型、视觉、技术、价格来表现。

2. 产品设计整体评价

（1）精神内涵的传达　文创产品设计对文化的内涵的传达已有很高重视，但实际中对其运用却停留在对产品的点缀装饰上。虽然在某种程度上能够引起受众的新鲜感，却忽略了馆藏文物、历史文化的内在价值。任何一件设计作品都处在不同环境，这种环境对设计提出了不同的功能要求和限制，决定了产品独特的个性。馆藏品文创产品是否更好地传达其精神内涵，不是大量采用具象符号单纯的呈现或者叠加，而是结合现代大众需求，是否正确传达文物本身或者历史内涵的真实信息。许多传统元素文化符号在设计中出现误解和曲解，冲淡了文化内涵的真实传达，误导了消费者，对传统文化的传承和发展产生十分不利的影响。

（2）功能和审美的统一　设计文创品美吗？消费者一接触新文创品，首先感受的是产品的外形、质地、手感等。好的文创产品想要获得用户喜爱，第一感觉很重要，别致的造型、特别的色彩、悦目的图案，一定会给消费者留下美好的第一印象。美的产品必须通过外在形式展现，具有大众普遍性的审美情调。产品审美往往通过新颖性和简洁性来体现，不是多装饰。产品设计的美与否，不单看线条是否流畅、做工是否精细，要看设计使否适合使用人群、适合使用环境。设计的文创品好吗？好的设计不仅有富有美的造型，更应关注消费者在享用中的舒适性、安全性、方便性。如果功能不足或者不能给使用者带来方便，那就失去了其存在的意义和价值；文创品还应该考虑到适用性要求，考虑到产品与人的关系。文创产品设计应当是能够通过自身的设计引导用户使用。文创产品设计不应局限于最后的形式，应该注重深层的思考。

（3）产品市场性　新的产品创意能否在市场上取得成功，与市场调查和市场需求的把握有直接的关系。人们要理解：在市场上是否已经有了类似的形式或者相似的产品？新设计开发的产品是否能批量生产，能由企业生产制作出来？产品的市场预期如何？这都是设计师所关注的系列问题。设计出来的文创产品不仅需要良好的功能，还要有优秀的外观设计和包装以及合理的价格定位，最终决定这个文创产品命运的是消费者，只有符合市场需求的产品才能取得成功。

（4）绿色可持续性　绿色可持续性是指将设计行为的当前利益和长远利益相结合、把设计活动个人利益和他人利益相结合的设计策略。绿色设计初衷为“以人为本，善待环境”。产品在设计初期就应当将环境因素和预防污染的措施纳入设计之中，将对环境保护、可持续循环利用作为产品设计的目标和出发点，力求生产出来的文创产品对环境的污染达到最小。文创产品的设计也应当遵循绿色设计的设计原则，设计出来的产品应是以节约资源为宗旨，充分利用自然资源的同时达到保护环境的目的。绿色可持续发展应当成为检验当代设计的一个重要准则。

综上所述，设计产品评估过程分析思维导图如图 6-10 所示。

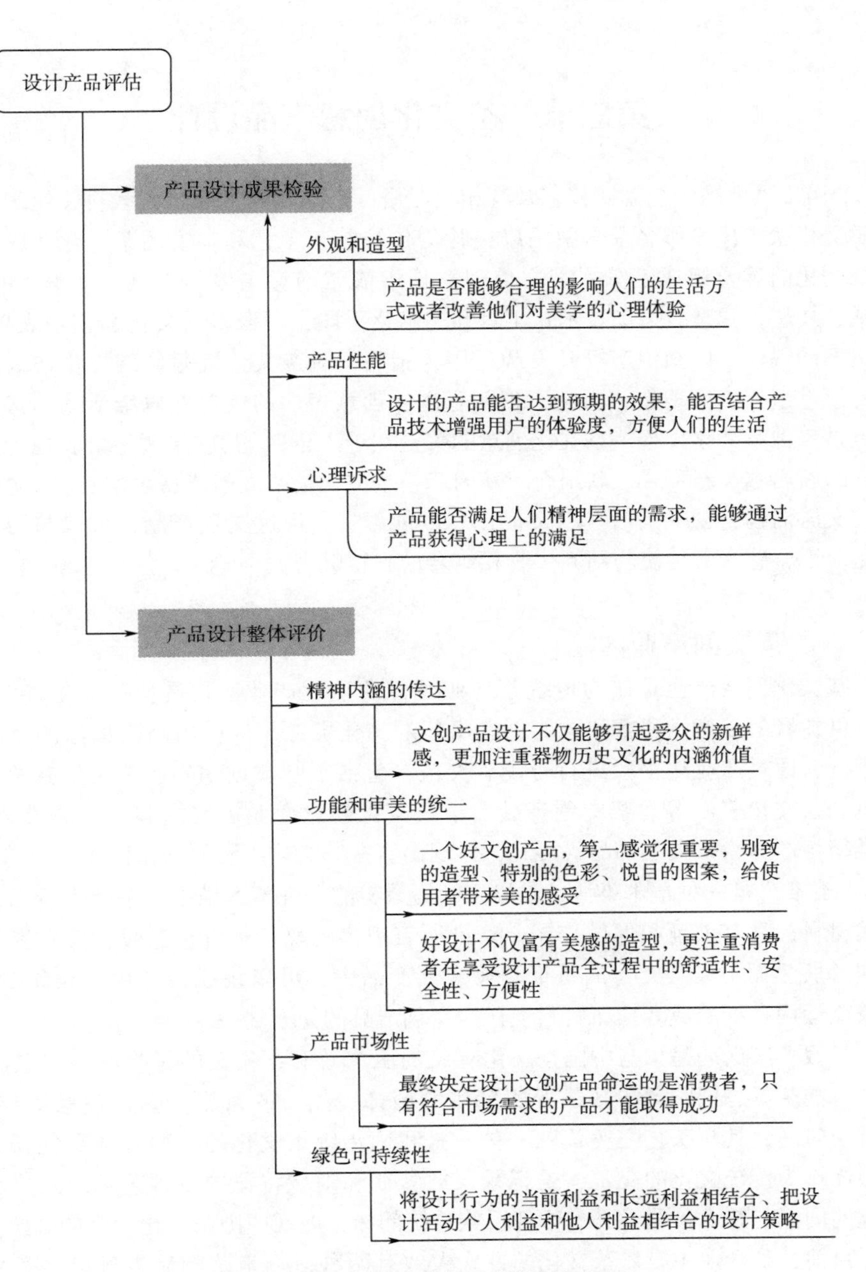

图 6-10 设计产品评估过程分析思维导图

第三节 茶文化创意产品设计

当前，“中国传统制茶技艺及其相关习俗”已成功列入联合国教科文组织人类非物质文化遗产代表作名录。中国以独特的传统制茶工艺和丰富的茶文化，成了中华传统文化的重要组成部分。茶文化创意是指依靠创意主体的天赋、才华、创造力、灵感、技能、智慧，借助技术化工具和艺术化手段，融合多元文化和艺术表现形式、利用不同载体，以知识产权开发和运用为指引，对茶文化资源或茶文化初级产品进行要素重组、价值塑造或再造、创新呈现、创意表达的创造性思维活动，其过程本身也是一种茶文化现象。茶文化创意的关键在于“创”，其成果要尽量表现为具有原创性的新内容、新形式、新组合、新内涵；茶文化是茶文创产品之核心。“文创”二字，文居词首，创随其后。以文促创、以创彰文。透过文创产品，可以与历史、与文化对话，感受着传统与新兴事物相结合的独特魅力。

一、茶文创产业内涵

茶文化创意产业是作为传统茶产业延伸的重要产业，它是从茶文化资源出发，通过创造者的创意、智慧和才能创造出新的文化资源，生产出高附加值的文化产品和服务，通过产业化手段进行分配和交流，包括茶叶文创中心、茶文化旅游、茶叶展览和茶文化表演等。茶文创产品属于茶文化创意产业重要内容，它通过茶包装、茶类衍生产品、茶类装饰品等形式，体现出富有茶文化内涵的外在样式。

“茶染”是一种草木染法，是以茶叶为原料的一种草木染法。茶叶染色工艺采摘自然材料，具有杀菌和保健作用。茶染所表现出的颜色古朴、温暖，具有岁月的积淀和“脱色而不失其美”的特征。在文创产品中，可以跳脱传统单一染织的束缚，将茶染运用在纸质或者棉布材料上作为文创产品的元素之一。

茶服，广义的是指与中国茶文化有关的服饰总和；狭义的是指在一定茶礼仪环境中，泡茶者、伺茶者和品茶者所穿用的服饰。优秀的茶服，应具备意境与功能、古雅与时尚，其与茶艺之美浑然一体，是我国传统茶文化的一种延续和创新。茶文化服饰作为传统文化的交汇，是记录民族特征和地域特征的一种艺术形式，承载茶文化的内涵与艺术价值，具有浓郁民族传统韵味，展现中国茶文化深厚的底蕴。

目前，茶产业中融入茶文化的方式大致有两种，一是茶产品本身包含茶文化元素，二是茶文化与茶产品进行紧密结合。第一种方式是通过开发和利用茶产品本身所蕴含的文化元素来提升产品附加值。例如茶叶可以做成各种礼盒、茶食品，或通过包装设计、饮茶方式的改进，提高茶的文化附加值。第二种方式是通过茶类文创产品来满足消费者对茶文化消费需求。例如茶叶衍生品可以成为茶文创产品的重要载体。茶文创产业大致划分为三个部分：一是核心部分，包含涉茶新闻、书籍、报刊、音像制品、电子出版物、影视媒体、文艺表演、文化演出场馆及文化保护、博物馆、文化研究、文化社团等；二是外围部分，经营范围涉及网络、文化旅游、文化产品中介、设计会展、休闲娱乐、健康养生等，运用产品宣传或文旅融合，让消费者感官体会茶文化；三是延伸部分，涉及茶文具、茶器具、茶服饰、茶包装、茶食品、新茶饮、茶制品、手工艺品等。最后这部分是和茶有关的新业态，为茶文化产业链延伸品。

二、茶文创产品设计实践

在茶文创产品的设计过程中，要将传统文化元素合理地结合起来，达到最好运用效果，必须对产品的设计需求有完整的理解。按照精细的设计流程和要素运用的需求，推动茶文创产品的设计与传统茶文化元素完美结合。在茶文创产品的设计与运用中，必须以传统的文化元素为基础。产品设计中运用的图形、色彩、文化等要素，对产品的信息传递、价值的凸显、功能的美化起到一定作用。

（一）图形的设计应用

“图形”与“产品”在茶文创产品设计中不是独立的，它们之间存在着密切的关系，图形能最大限度地体现茶产品的设计意蕴与艺术魅力。将插画与产品相结合，绘制运用了制茶工艺、沏茶技艺、茶事习俗等经典场景的插画，将现实中的场景进行提炼与转化，通过拓印的方式体现与茶文化相关的图案和图形。文化底蕴深厚的茶区蕴含了丰富的图形、文字等设计元素。当地涌现出众多历史故事与人物，设计主要根据搜集当地具象元素中木雕元素、景点元素和抽象元素等形式进行图像描摹，并提炼设计为创意可创作出的图案染色效果，使造型尽可能地与搜集的资料描述一致，为茶文创产品设计中产品系列提供设计元素。通过对文献、图片等数据的收集，将其运用到茶文创产品设计，添加艺术性和文化性。

（二）色彩的设计应用

文创产品色彩设计通常可以运用天然茶叶色素，这种色彩可以凸显出茶文化产品设计的实质内涵。天然茶色在茶产品领域的应用非常广泛，在许多新上市的茶文创产品的外包装设计上，都会选择使用绿色来突出绿色化与纯天然化的特点，而棕褐色则体现了红茶染的主要基调，体现品茶时的宁静致远。对茶叶色彩进行提取，如草木染中的茶染为依据进行创作，在不同的产品材料上产生不同程度的茶染色彩，更加贴合地方特色茶的主题，赋予颜色感知，有很强的品牌辨识度。在茶文创产品中运用草木染色彩元素，不仅可以突出品牌文创产品的特点，还可加深对草木染传统文化的理解，增强消费者的视觉体验，促进茶文创产品的发展。

（三）材料的设计应用

茶文创产品包装或载体材料通常具有绿色环保、安全卫生、轻质耐用、方便设计等特性。例如茶叶包装防潮、防高温、防异味、防变质，为茶叶提供适宜的温度和湿度，以保证茶叶的品质；方便携带和存放。纸张材料在大部分茶包装与文创产品之中，运用最多的纸类还是手工绵纸，主要用它来包装茶饼的外层。木质材料，木质的茶包装既有古典的韵味，又有独特的造型，它运用了雕刻、镶嵌、书法等多种艺术手法，其中不乏著名的艺术家的作品，具有很强的茶文化气息。布艺材料，在茶文创产品中布艺材料主要采用棉布、麻布，因为这种的布艺材料吸水性好，能够更好地进行茶染、拓染和拓印，有一定适肤感，适合广泛运用。

（四）结构的设计应用

茶的生命分为两个部分，即长在树梢之时和泡在杯中之刻。茶的人文情怀无法通过凭空遐想就得以出现，需要通过一定的载体，通过不同形式的展现，才能够将形化身为神。通过多种类型的结构体现茶的多样性情怀，让品茶者获得味觉、视觉及精神上的极致享受。泡茶时若不想喝到茶渣，则需要运用到茶水分离的过滤茶包。反折型和抽绳型茶包印有茶染的山形和拓印的标志设计，三角形茶包则是将细绳牵住拓印小型标志的手工纸。运用多种结构的桦木盒体现木质之淳朴，长方形和桃型内里分别放置反折型和抽绳型的茶包，椭圆形茶盒装有少量的散茶绿茶，体积小容量大可供携带。三角体茶盒通过不同颜色对比，体现具象的自然气息。

三、指尖茶世界扑克牌设计案例

“指尖茶世界扑克牌”将茶相关知识融入扑克牌中，是一种集收藏、教育、娱乐为一体的新文创产品，一方面能传播茶文化，分享茶之美，振兴茶文化；另一方面可赠送亲朋好友，并作为纪念品收藏的珍贵礼品。适用人群及场景：具有全民性的功能，能作为新型扑克，受众群体广泛，适合各阶段年龄层次。年轻人可根据茶扑克的配对学习茶知识，为牌友带来新的扑克体验，让牌局多了些茶气息，使得年轻人加深对茶的重视程度。老年人与牌友一起品茶打牌能够延缓老人失智症、提高认知能力、促进人与人交流。指尖茶世界扑克牌有五种茶香自由选择：云雾绿茶——轻盈绿意，自然水润；炉边红茶——温暖醇厚，清新回甘；月半白茶——清淡柔美，若有似无；荒野乌龙——清爽自然，丰富鲜明；雪山普洱——清冷低调，纯净淡然（图 6-11）。

（一）新技术在指尖茶扑克牌设计应用

1. 扑克牌内植入 NFC 芯片

NFC（near field communication），称为近距离无线通信，是一项无线技术。大部分手机都带有 NFC 功能，将 NFC 芯片植入扑克牌中，只需将手机和扑克牌轻轻一贴便可知道扑克牌中包含的信息，与目前流行的扫码比，带有 NFC 的扑克牌，操作速度快、支持黑屏唤醒能让牌友第一时间了解到茶相关的知识。

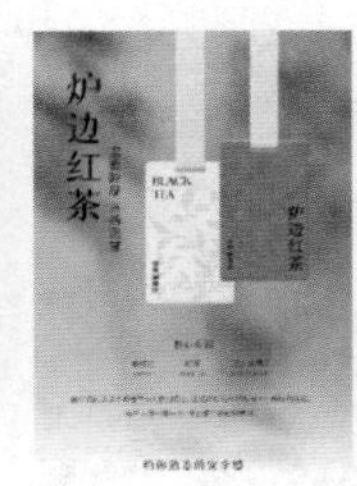

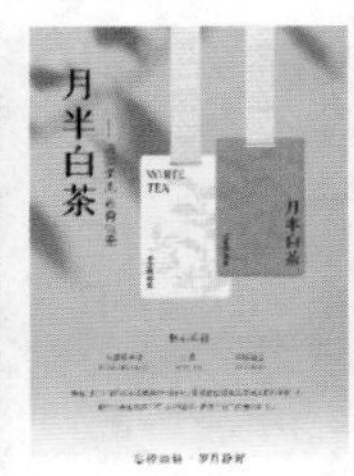

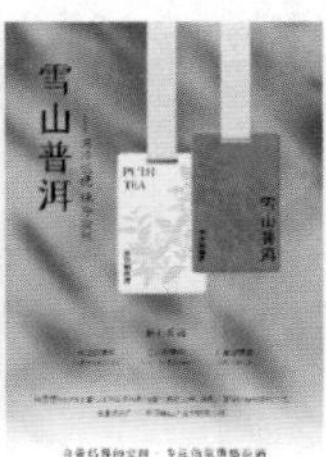

图 6-11　指尖茶世界扑克牌的五种茶香类型

2. 持久茶香抗菌扑克牌

扑克牌纸张材质对手感、耐久性和印刷效果有着重要影响，国产扑克专用纸主要包括蓝芯纸、黑芯纸、灰芯纸和白芯纸。指尖茶扑克牌以纯茶制作，添加了自然茶叶中脂溶性提取物，既有茶叶原有的芳香，又保留了茶多酚的天然抑菌效果，起到吸附异味、减少扑克牌上细菌残留的效果。

3. 茶渣为材质变废为宝

茶叶干物质中有 60%～70% 为茶渣，尽管在全价利用理念支持下，茶渣已经在很多方面有了综合利用，但依然还有大量茶渣面临再利用的问题，并减少造纸领域对大自然的破坏，指尖茶世界扑克牌以茶渣为原料，加入少量的碱性物，经过短时间的泡煮或高压蒸煮后，进行磨浆，将茶渣中的纤维分离出来，形成浆料，并制成具有干茶颜色且有茶香的特种纸。

（二）指尖茶扑克牌具体设计方案

扑克牌共 54 张，大小王代表中国古代茶圣陆羽和中国当代茶圣吴觉农，其余 52 张以“4+3”的模式分为 4 条主线和 3 条副线，主线为茶历史、十大名茶、茶故事、冲泡技巧，副线为茶旅研学线路、茶内含物质、茶文学作品。

1. 茶圣大小王扑克牌

①大王，中国古代茶圣，陆羽（约 733—约 804）；②小王，中国当代茶圣，吴觉农（1897—1989）（图 6-12）。

2. 茶历史红桃（A～10）扑克牌

①华夏远古的神赐——从自然进入人文的深远境况；②滋润心灵的初吻——春秋至秦汉的浅啜；③轻身换骨的灵丹——魏晋南北朝的茶事品相；④法相初具的唐煮——鼎盛年华的茶文化兴起；⑤形神俱备的宋点——横看宋、辽、金、西夏的时代茶岭；⑥精彩纷呈的冲河——元、明、清的世俗茶风；⑦憧憬海外的绿舟——近代的环球茶叶远航；⑧低谷下的薪尽火传——晚清民国华茶的艰辛跋涉；⑨继往开来的国饮——1949 年之后的茶之风貌；⑩21 世纪的饮品——世界茶叶地图（图 6-13）。

图6-12 茶圣大小王扑克牌

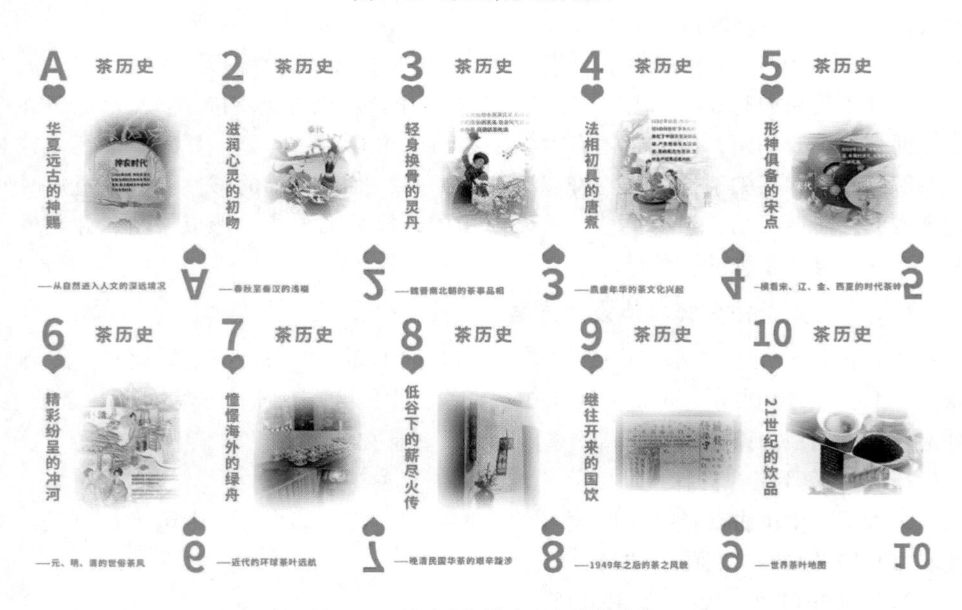

图6-13 茶历史红桃（A~10）扑克牌

3. 十大名茶方块（A~10）扑克牌

①西湖龙井，产地：浙江杭州西湖区；类别：炒青绿茶；滋味：甘醇鲜爽；香气：清幽如兰。②黄山毛峰，产地：安徽黄山；类别：烘青绿茶；滋味：甘醇甘甜；香气：清香高长。③信阳毛尖，产地：河南信阳；类别：炒青绿茶；滋味：鲜醇甘爽；香气：嫩香持久。④都匀毛尖，产地：贵州都匀；类别：炒青绿茶；滋味：厚滑饱满；香气：郁香扑鼻。⑤六安瓜片，产地：安徽六安；类别：烘青绿茶；滋味：

鲜醇回甘；香气：清香高爽。⑥碧螺春，产地：江苏苏州；类别：炒青绿茶；滋味：鲜爽甘醇；香气：柔嫩芬芳。⑦君山银针，产地：湖南岳阳；类别：黄芽茶；滋味：甜爽；香气：清纯。⑧武夷岩茶，产地：福建武夷山；类别：闽北乌龙茶；滋味：甘泽清醇；香气：高扬馥郁。⑨铁观音，产地：福建安溪；类别：闽南乌龙茶；滋味：醇厚甘鲜；香气：馥郁持久。⑩祁门红茶，产地：安徽祁门；类别：工夫红茶；滋味：醇厚；香气：清香持久（图 6-14）。

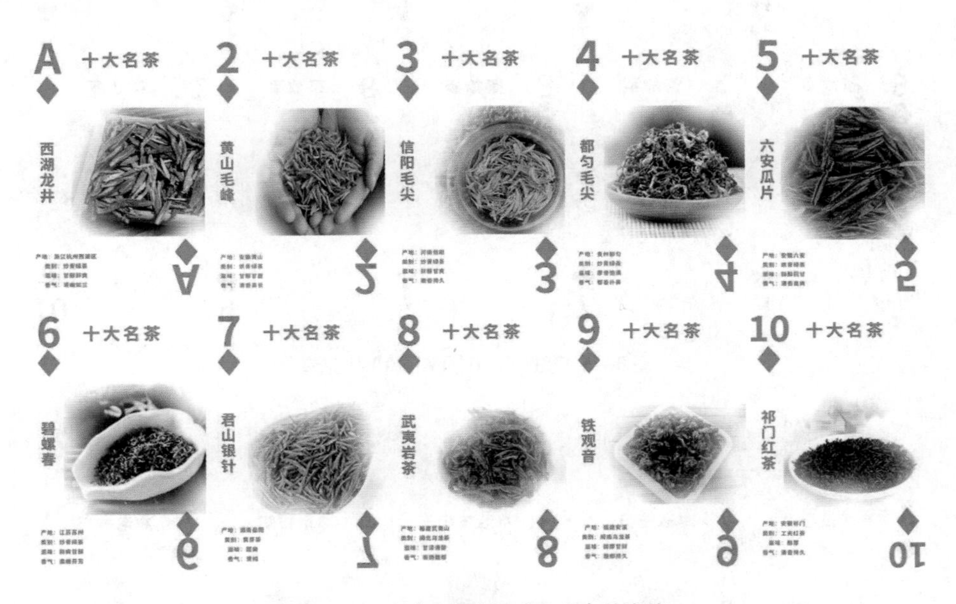

图 6-14　十大名茶方块（A~10）扑克牌

4. 茶故事梅花（A~10）扑克牌

①神农尝茶；②以茶代酒；③陆纳杖侄；④王濛与“水厄”；⑤王肃与“酪奴”；⑥单道开饮茶苏；⑦吃茶去；⑧苦口师；⑨贡茶得官；⑩乾隆封龙井（图 6-15）。

5. 冲泡技巧黑桃（A~10）扑克牌

①白鹤沐浴；②乌龙入宫；③春风拂面；④悬壶高冲；⑤关公巡城；⑥韩信点兵；⑦赏色嗅香；⑧品啜甘霖；⑨凤凰三点头；⑩狮子滚绣球（图 6-16）。

6. 茶旅研学线四个 J 扑克牌

①黑桃 J——武夷山茶之旅；②红桃 J ——蒙山顶上茶之旅；③方块 J——茶都杭州之旅；④梅花 J——茶马古道之旅（图 6-17）。

7. 茶内含物质四个 Q 扑克牌

①黑桃 Q——茶多酚；②红桃 Q——咖啡因；③方块 Q——维生素；④梅花 Q——氨基酸（图 6-18）。

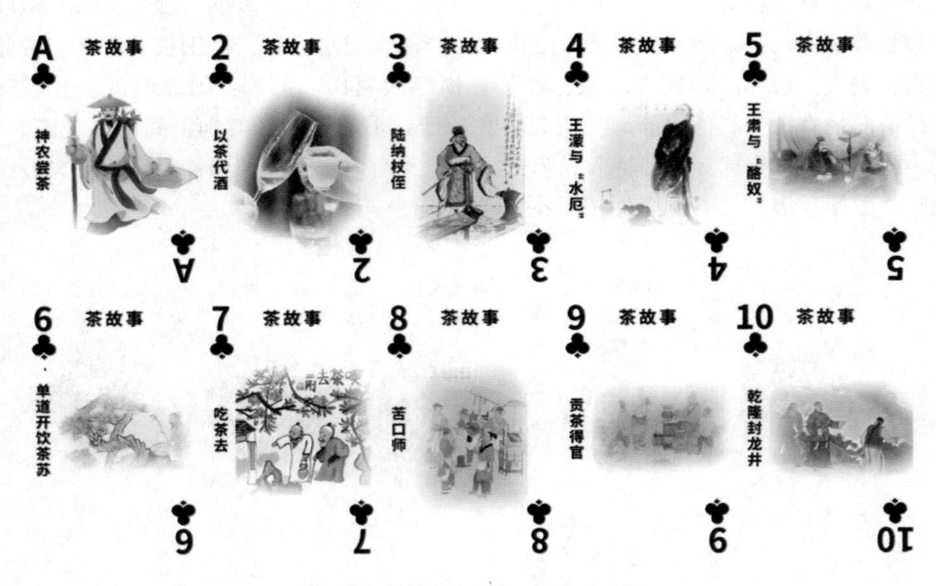

图 6-15 茶故事梅花（A~10）扑克牌

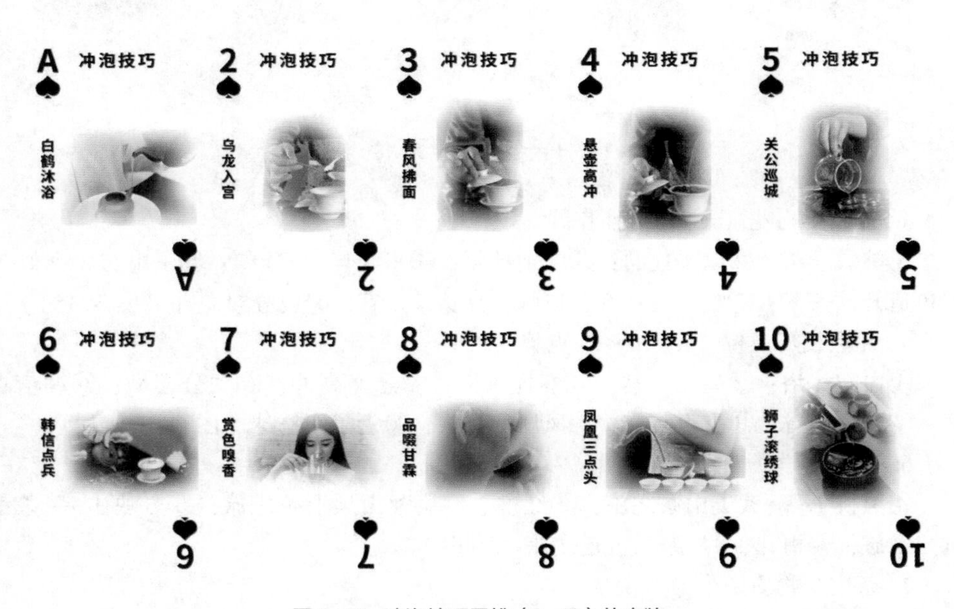

图 6-16 冲泡技巧黑桃（A~10）扑克牌

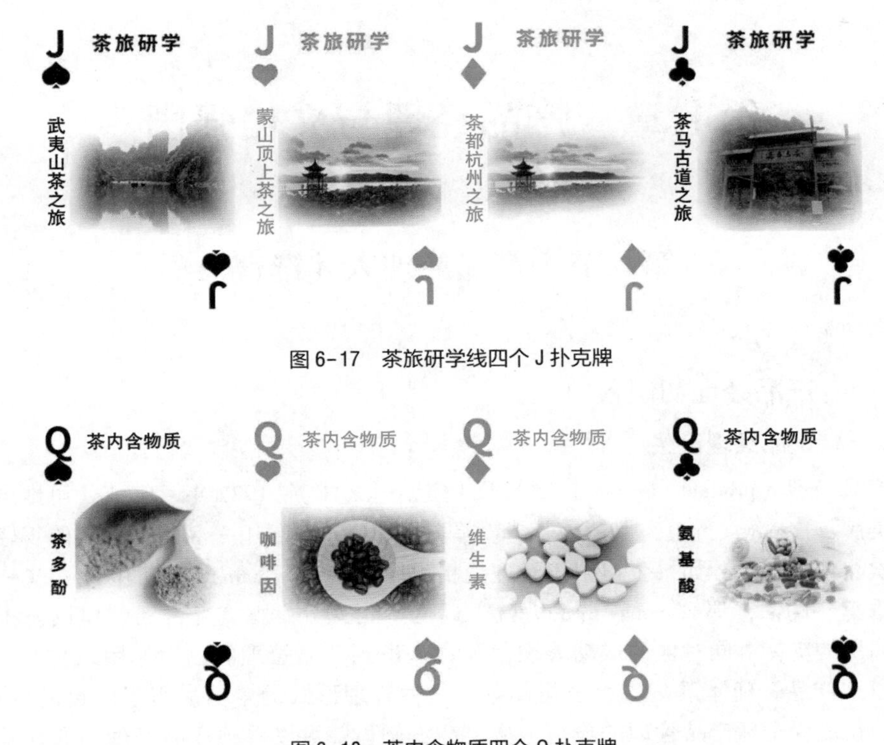

图 6-17　茶旅研学线四个 J 扑克牌

图 6-18　茶内含物质四个 Q 扑克牌

8. 茶文学作品四个 K 扑克牌

①黑桃 K——茶经；②红桃 K——七碗茶歌；③方块 K——大观茶论；④梅花 K——煎茶水记（图 6-19）。

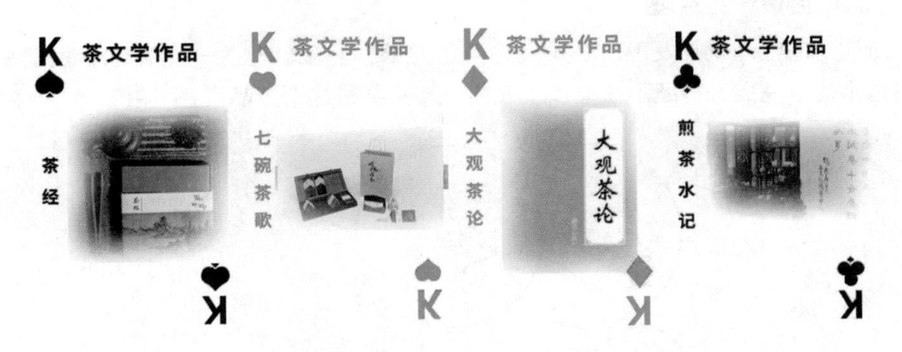

图 6-19　茶文学作品四个 K 扑克牌

第七章　产品经理与文化强国

第一节　产品经理人才选育

一、产品经理初识入门

（一）产品经理诞生

产品经理（product manager）制起源于宝洁（P&G）。1927 年，宝洁公司推出一种佳美牌（camay）香皂，但销售业绩较差。刚好公司新起用一名叫麦古利的年轻人在一次会议上提出：如果公司销售经理把精力同时集中于 camay 香皂和 Ivory（一种老牌香皂）的话，那么 camay 的潜力就永远得不到充分发掘。麦古利的建议赢得了宝洁高层的支持。同时他的成功表现使公司认识到产品管理的巨大作用。之后，宝洁便以“产品管理体系”重组公司体系。这种管理形式为宝洁赢得了巨大的成功；同时，也成为全球产品管理的典范。从宝洁案例里，可以看到产品经理制的核心就是产品经理的角色定位：产品经理就是一种产品的“总经理”，对产品的市场成功负责，各个部门应围绕产品经理来开展工作。产品经理的这种定位，弥补了传统的以职能形式的营销使各职能部门都竞相争取预算，而又不对产品的市场成功负责任所形成的缺陷，这也是产品经理制管理模式的竞争力所在。

（二）何谓产品经理

所谓产品经理就是发现问题并描述清楚问题，然后转化为一个需求，发动一批人将这个需求完成，持续不断地以主人的心态去维护这个产品（图 7-1）。

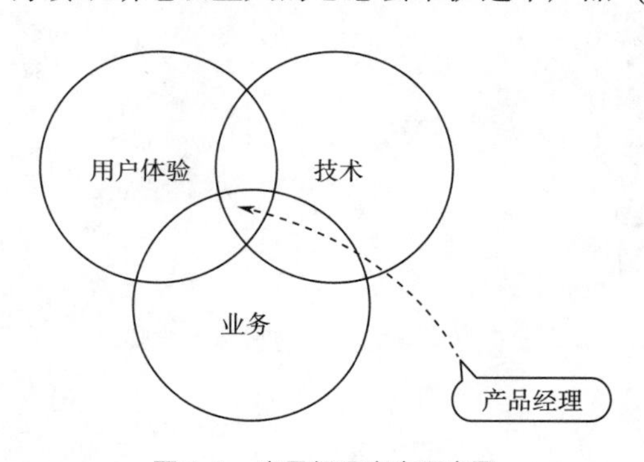

图 7-1　产品经理产生示意图

产品经理通常有三重定义：产品经理最重要的能力是具备顶层思维能力，即理性地将世界上的所有事情抽象成几个科学模型架构，极致简化的去思考任何复杂的问题。从顶层视角来看，从社会维度、行业维度、公司维度由上到下，纵深的去思考，产品经理究竟是什么呢？社会维度下，再将产品经理按照两种思考角度去做定义。其中一种为理想状态下我们的思考角度。另一种则是在实际的现实情况中的思考角度。按照理想状态下的思考角度，可以把产品经理定义为“闭环系统的规则定义者与秩序维护者”。何为闭环系统？从常规的定义来看，闭环系统也称“反馈系统”“开环系统”的对称。各种社会、经济、管理等系统都是闭环系统。闭环是自然界一切生命过程和人类的社会经济过程的基本模式。闭环系统的理解并不复杂，只需要记住：系统的输入影响输出同时又受输出的直接或间接影响的系统。闭环系统的应用广泛，如动力学、工程学及环境科学等。互联网行业中的闭环，即“互联网闭环”（图7-2）。

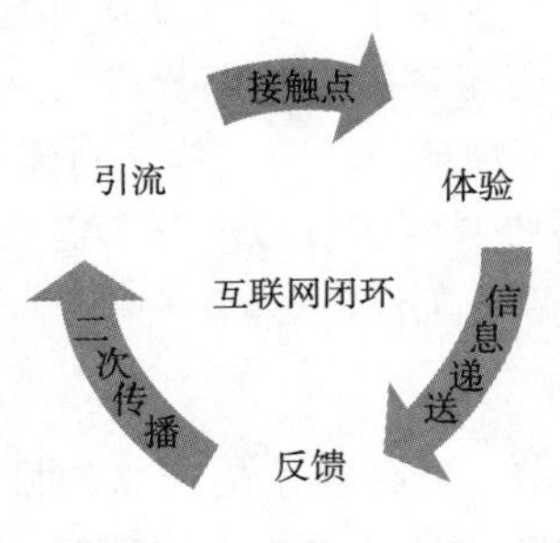

图7-2 互联网闭环

当消费者通过产品经理设定的渠道、宣传的内容，看到了定制的价格和产品信息，并进一步使用产品，与消费者预设的心理机制进行交互，便形成了体验。形成了体验，不管是否满足消费者的期望，消费者都将通过各种方式将体验传递出去，这就是反馈。人们接收到反馈信息，将注意力集中在接触点上，形成二次传播。在这个过程中，不仅完成了消费者之间的价值传播闭环，而且对于企业来说也同样形成了产品信息的闭环。消费者可以对其所接触到的任何接触点进行评价。互联网的很多形态中，都是在打造闭环。

（三）如何成为文化产品经理

将产品经理引入茶领域。坚持在茶文化专业中开设文化产品战略课程，是想在茶文化发展进阶中给学生们引进一种新引擎，框架式地将产品经理的知识融入茶教育。入行成为文化产品经理，首先要具备两种能力：一是从用产品的思维转变为做产品的思维，即思维能力；二要有效的管理资源，所谓从用产品转变为做产品，就是要能够透过现象看本质，透过产品的功能，琢磨产品背后的规则逻辑和长远规划，即资源管理能力。思维能力和资源管理能力是成为产品经理的两种基础能力。其次，产品经理往往需要有一个丰富的背景作为支持，如茶文化学习与教育培训背景，只要找到自己的经历背景和产品价值结合点，无论你曾经是做哪种行业的，都有机会转行成为产品经理。优秀产品经理的三种画像如下。

（1）第一种画像　周伯通——永远保持好奇心，永远要问为什么。

（2）第二种画像　扫地僧——人生没有捷径，产品经理也没有，千里之行始于足下。

（3）第三种画像　风清扬——永远不要满足，你可以做得更好。

二、产品经理核心工作

如果把做产品的过程比作做茶空间装修，那么产品经理的工作就好比是策划和监督。在茶空间装修之前要涉及每个装修的细节，类比产品经理的工作就是分析用户需求，在装修施工的时候还需要跟进整个装修的进程，对于产品经理来说就是项目管理。在茶空间装修之前要涉及每个装修的细节，类比产品经理的工作就是分析用户需求，在装修施工的时候还需要跟进整个装修的进程，对于产品经理来说就是项目管理。另外，装修还有一个烦琐的环节，就是同施工人员打交道，采集物资等，对于产品经理来说，那就是要协调团队资源。分析需求、项目管理、协调资源，这三项内容就是一个初级产品经理的工作常态。

（一）分析需求

分析需求指的是用户的需求，到底谁才是产品的目标用户，有人认为谁为产品买单了，谁就是目标用户，这其实是一种片面的理解。以互联网产品为例，往往有两类用户，一类是免费使用产品的普通用户，另一类是会因为种种原因而为产品付费的用户，他们实际上是产品的顾客。尽管普通用户是免费使用的，但是他们往往占大多数，带来的口碑和流量等传播价值也是非常重要的，所以对于不同产品，目标往往会有主次之分，因而不同时期的产品，也会对目标用户会有所侧重。产品经理还有一个特别用户即老板需求，需要重点关注。尤其是初创团队，初期由于没有资源去理清用户们真正需求，老板就是最接近业务、最了解行业和用户的，因此产品经理应尽量帮助老板明确产品方向。

用户的意见都要听吗？都要听，但不要全部照着做。产品经理要擦亮双眼，找出用户的说法背后真正的深层的需求，进而转化为产品的需求。如何把用户的需要变成产品的需求，从而满足用户的需要呢？方法一，缺什么补什么，这是最直接的方法；方法二，满足用户最低要求，这是比较节省资源的方法；方法三，转移用户需求，这是比较灵活的办法。产品经理要知道，能够活下来的需求永远是少数。如果资源不足以支持你做出一个完整的功能时，那么宁可不做，也不能只做一半；产品经理需要着眼于大局，找到那个最具有商业价值，性价比最高的那个用户需求，这样才能在各种产品需求的对决中胜出，从而得到项目团队资源支持。

（二）项目管理

那么这一系列的动作完整执行下来，需求分析就告一段落了。产品经理即将进入下一个环节，通过项目来实现需求。这里的项目一般是指针对某一个特定的产品需求进行产品的局部完善，如茶空间中增加一个茶艺舞台展示空间。茶空间增设茶艺展示空间就转化成为一个产品经理的工作项目。在这个阶段产品经理已经迅速转化为项目经理的角色。对于这种转变，可以概括为“一个产品经理可能想要增加非常多的功能和特征，满足用户需求，但是项目经理却想要尽可能小地控制工作范围，保证项目在规定时间与预算内完成。”具体来说，项目管理可以分为两个阶段，即计划阶段和执行阶段。什么是项目计划阶段？那就是产品经理把项目究竟要怎么做，准确地传达给团队中每一个人。

这时产品经理就需要写需求文档，这也是产品经理在项目计划阶段最主要的工作内容。所谓需求文档，就是产品经理对这次需求项目要解决的功能需求详细描述。一旦项目计划获得整个项目组的认可以后，那就进入了执行计划的阶段，这个时候，下面的工作将由各位团队成员完成。项目执行包括开发、测试和发布三个环节。开发环节就是开发经理带领开发员们按照计划的要求，将产品需求实现为一段一段的代码，并进行自我检查；产品通过了产品验证，就进入到产品发布环节，需要一系列确认手续。在管理项目过程中必须有一个心理准备，那就是在实际工作中一个项目能够按照项目计划如期地进行下去，是一件非常困难的事情，在项目推进的过程中总会存在各种不确定的状况。

面对问题，产品经理怎么办？首先要在项目计划阶段把那些大大小小的需求目标细化为可操作的实践流程。把需求目标细分为流程，并且在流程中确定每个任务的时间节点，这样做项目就可以比较稳定地推进。其次，尽可能地控制项目的任务量，让任务推进在敏捷中前行。项目工作一旦确定不再增加额外，可把后面要求再加上的内容，做下一次的迭代，不要把当前的项目期限拉长。

在项目管理中，虽然说项目经理冠以经理称号，事实上并没有哪个团队属于他领导，产品经理更像是一个中枢系统。产品经理工作流程思维导图见图 7-3。

（三）协调资源

协调团队各种资源，帮助完成一款产品，这些资源包括设计与运营的内部支持，研发团队的技术支持，以及商业团队的推广支持。设计与运营的内部支持，负责用户视觉体验的主要是设计师队伍，通常设计师队伍还会细分为负责操作流程的交互设计师和负责美工的视觉设计师。设计师们是追求完美的人，把控的是产品使用上的各种细节问题。与设计师沟通，一定要充分清楚并且尊重他们的专业度，要使一款产品具有持续的生命力，还需要运营人员不断地推广营销。

常常策划各种爆款活动，吸引新老用户参与，运营人员会有业绩考核指标，为了达标，偶尔会使用一些手段，而功利性手段和产品最终的目的有时候会发生矛盾，

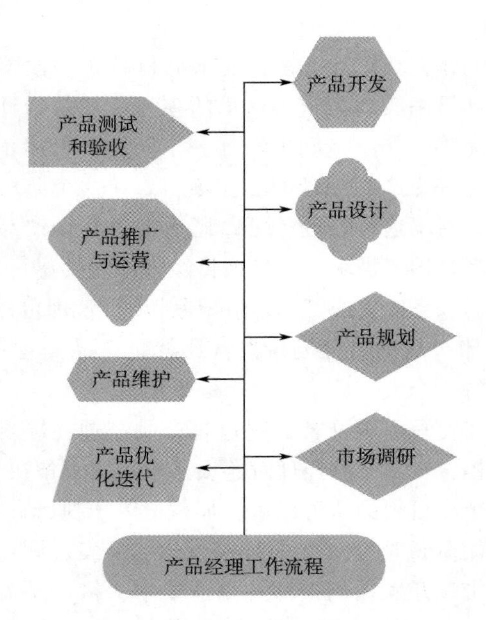

图 7-3 产品经理工作流程思维导图

这是产品人员和运营人员最易有分歧地方。这个时候，不一定是哪一方有过错，只是需要在沟通中互相理解，共同承担责任，平衡好短期效益和长期效益。

研发团队通常会有各种技术分工，如软件架构师、系统分析师、数据库管理员、开发工程师、测试工程师等，往往极其理性，喜欢减少不确定性，让工作进展在掌握之中。最介意的是由于信息不对等导致工作量的增加，所以顺畅的沟通是产品经理和研发团队沟通中最重要的一环。产品经理最好能懂一点研发基础知识，以便更有效地沟通和管控项目流程。位于最前线的商业团队，最重要的任务就是销售和服务，商业团队直接对接顾客，即愿意为产品买单的用户。产品经理要做的就是帮助销售人员找到最佳数据和核心卖点。

商业团队能说会道，研发团队严谨周密，产品团队就是商业团队和研发团队之间的平滑过渡，让业务人员冷静下来，让技术人员兴奋起来，就是产品经理协调能力的核心。团队成员的职责界限通常是模糊的。协调团队资源有一个基础原则，即保证所有事都有人做，这就是协调好团队的关键所在。如果将产品经理日常工作比作茶空间装修，那么装修完成，任务就结束了吗？有人来居住和使用，茶空间还会发生变化，同样随着时间的变化，产品的功能也会发生变化，产品经理就要进行新一轮的分析需求、管理项目、协调资源工作。产品经理各流程工作职能总结思维导图见图 7-4。

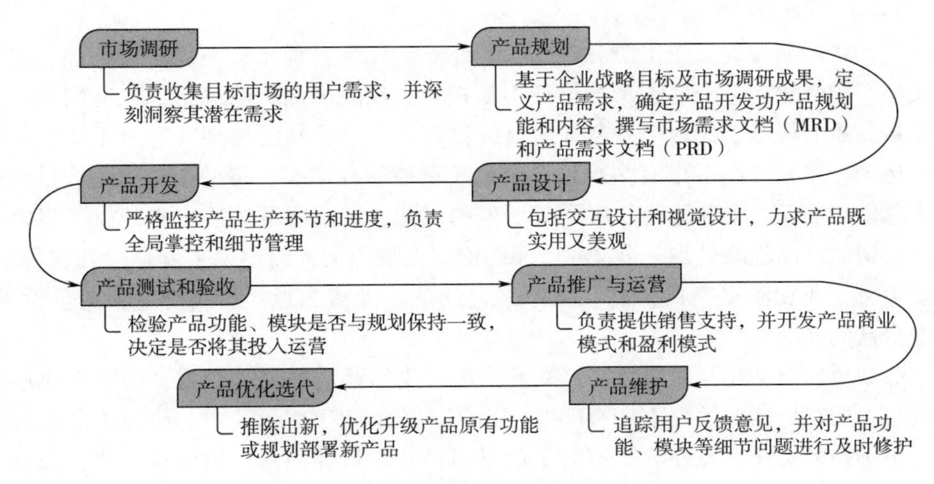

图 7-4　产品经理各流程工作职能总结思维导图

三、产品经理进阶提升

（一）锻炼哲学思维

傅佩荣先生在《哲学与人生》中这样说：“判断自己是否在进行哲学思考有三个标准：澄清概念；设定标准；建构系统”（图 7-5）。

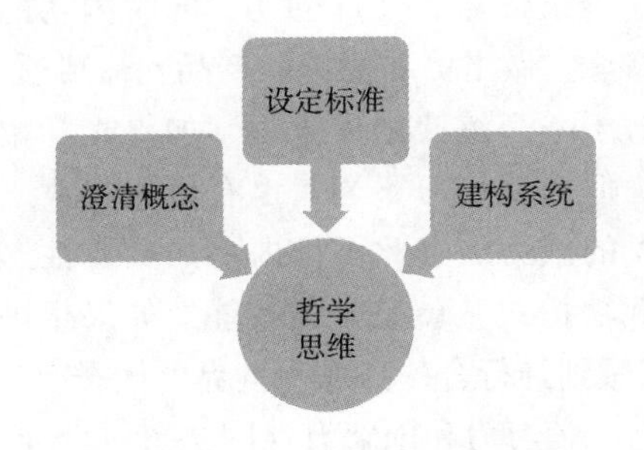

图 7-5　哲学思考的三个标准

先解决正确认识产品经理岗位的问题，找出它的核心本质，即“澄清概念”；再解决如何通过科学有效的产品经理必备思维模型，建立一套属于自己的工作与思考的标尺，即“设定标准”；最后通过多个思维模型的整合以及自我认知建立自身的内部处理系统，加上实际工作中源源不断的外部业务信息输入，持续调整参数优化模型与系统，最后发挥个人的最大性能，即“建构系统”。

（二）进阶提升

假如将产品经理工作比作一个生态系统，有两个宏观元素必须重点关注，阳光和大地。阳光驱动整个生态系统循环不断进行，代表产品战略思维，大地则是一切工作最厚重的根基，代表产品经理的自我修养。房子装修之前还有一个重要工作就是买房子，就要考虑手中有多少钱、贷款比例控制在多少、房型结构如何、是否适应未来发展需要、哪些地段的房子有增值的可能，这些问题体现出来的就是战略思维。所谓的产品战略就是一个文化产品的宏观发展方向，简单说来就是“我在哪里，我要去哪，我在哪里”的问题。具体来说就是要弄清三点：所属行业、竞争对手，还有自己的状况。

假如要做茶文化互联网教培，关于教育行业你要清楚准入门槛，国家有哪些鼓励政策，所在地区的教育市场有哪些空白等。关于竞争对手，要分析对方的教师队伍，市场品牌定位，想办法了解对手的学员体验、授课质量、制作成本等，找到竞品的优势和劣势；至于自身，需要弄清楚在技术、经验、人脉、资金等方面，自身有哪些长处、哪些短板、面临怎样的机会等。要去哪里指的就是，产品瞄准的市场是哪里？目标用户是谁？要设计的哪些利益关系，产品功能定位是什么等。当然很可能还没有制定产品战略的机会，那么还可以从一个完整的优秀产品中反观其产品战略，体会一下老板的大局观，而一个产品经理，从做产品到做产品战略过程，也是从方法论走向价值观的过程。

（三）提升三力说

作为一名产品经理，不仅仅需要修炼外功，同时内功的蓄力也是很重要的。产品经理如何进行内功的修炼？做出更加优秀的产品？需要看三大关键能力：洞察力、学习力和创新力。好比对于一个练武之人来说，如果光学招式不练内功，很难成为武功高手；即便招式正确但内功练习不当，也有可能走火入魔；只有将内功与招式完美结合，才能发挥强大的威力。由此可见内功的重要性。而产品经理的进阶之路堪比武功修炼，其中“武功招式”就是必备技能。如果想进阶为产品大师，还需要修炼“内功心法”，真正做到神行合一。纵观世界上优秀产品的诞生离不开产品经理的三大关键能力：洞察力、学习力和创新力（图7–6）。

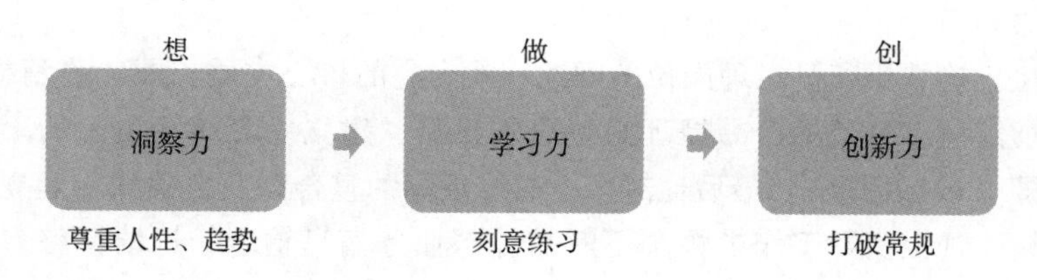

图7–6 产品经理的三大关键能力

1. 洞察力

洞察力确保我们“做正确的事”，学习力确保我们“用正确的方法做事”，而当两者具备之后，我们才能发挥强大的创新力。洞察力（insight）：同理心、大局观。洞察力是透过现象看本质的能力，也是产品经理需要具备的“原能力”。从直观上讲，洞察力是从人性的本质出发构建同理心，从长期趋势的角度出发构建大局观。比如苹果智能手机去除了所有的按键，用户可以通过触屏自由、随性操作。这是因为乔布斯洞察了用户痛点（复杂的按键设计，很难让用户记住哪个按键负责哪些功能），最终创造了一种极度简约的设计体验。

（1）同理心——尊重人性　人欲即天理，事实上，我们每个人都会有情绪，存在喜怒哀乐贪嗔痴。人性看似复杂，但你仔细琢磨后会发现其实也很纯粹，如所有人都渴望被关注、被尊重、被重视、被满足。无论是生活中，还是工作中，总会有一种人，每次与他们相处、互动，都会感到莫名的愉悦，忍不住想继续深交，因为他们具备极强的同理心且善于倾听。能进入你的内心世界感受你的感受，洞察你的需求，散发着迷人的人格魅力。

（2）大局观——尊重趋势　如果说同理心考验的是产品经理的微观体感，能让产品经理很好地把握需求细节，那么大局观考验的就是产品经理的宏观能力，能让产品经理具备长期主义价值观，更好地把握产品方向。否则，产品很可能会快速被市场淘汰。对于企业而言，战略至少要看30年，商业要看10年，产品要看5年。产品经理需要对长期经济趋势、技术趋势、需求趋势进行判断，从而更好地从长期主义视角规划产品，最终将短期功能与长期规划实现连接。

曾鸣教授曾在《智能商业》中提到“点、线、面、体”的概念：“某个产品需要附着在某个行业上，某个行业需要附着在某个产业上，某个产业需要附着在经济体之上才能生存。”产品是点，行业是线，产业是面，经济体是体，而大局观就是趋势判断力。只有跳出产品这个点，同时考虑与产品相关的线、面和体，才能找到产品的破局点和增长点。因此，洞察力是创新力的原点。

2. 学习力

学习力不是指我们学习了多少知识，而是指我们有没有掌握正确的学习方法，学习到真正对我们有价值的内容，并且把它们内化成自身能力，最终应用自如。大家平时只从大量的平台学习相关产品知识，并没有将零散的知识通过归纳总结、演绎推理等方式进行结构化、体系化，没有将新学的知识与之前学习的知识进行连接，更别说实际能力应用了，一直处于浅层认知的状态。

作为一名产品经理，如果想在众多人中脱颖而出，就必须实现知识学习向能力应用的跨越。就要不断有意识地训练自己的归纳总结能力、演绎推理能力、产品思维能力、分析能力……这涉及一个关键动作：刻意练习。刻意练习指通过应用和练习某种能力来改变大脑的结构及运行方式，并充分挖掘自己潜能，最终习得大量超能力的过程，核心是及时反馈。

《刻意练习》是美国著名心理学教授安德斯·艾利克森（Anders Ericsson）博士的著作，通过对体育、音乐、医学、军事等不同领域杰出人物的经历研究，发现人的成就并不来源于与生俱来的禀赋，而来源于后天的“刻意练习”，主张天才是可以被后天习得的。从众效应（bandwagon effect），也称乐队花车效应，指当个体受到群体的影响（引导或施加的压力），会怀疑并改变自己的观点、判断和行为，朝着与群体大多数人一致的方向变化。

通过刻意练习模型，完成了联想、归纳、演绎、实践的过程，同时通过实践中的及时反馈，形成新的知识体系和能力应用。“刻意练习”的机制能让人不断深入知识底层迭代能力应用，从而形成从知识拓展到能力提升的正向循环。

3. 创新力

创新力是指打破常规。有了洞察力和学习力，代表我们已经具备了“做正确的事”和“正确地做事”的能力，接下来就是如何构建批判性思维，通过打破常规发挥产品创新力。埃隆·马斯克（Elon Musk）这个人名相信你并不陌生，他可谓是宗师级的创新家和产品大神，现任太空探索技术公司（SpaceX）和特斯拉 CEO、太阳城公司（Solar City）董事会主席。在马斯克的字典中有一股全然自信的力量，他坚信：“只要有目标就一定能实现，哪怕还没想到任何实现路径。” Tesla 新能源汽车因为新颖的设计感和极致的智能化体验。正是马斯克洞察了电动车成本困境的本质，最终 Tesla 才打破了电池在汽车领域的常规方案，通过换成松下的 18650 钴酸锂电池管理程序，成功实现了电池产品创新，让整体成本降低了 35%。这个炫酷的故事能在科技领域广为流传，是因为马斯克富有洞察力、学习力和创新力。商业总是充满传奇色彩，然而产品经理的成长与商业上的成长不同，产品经理的进阶之路不可跨越非连续性，必须一步一个脚印。

产品经理应该不断用看待产品的眼光去思考、去做事，最终形成一套思想和一种态度，这就称作产品经理主义。

（四）需求文档撰写技能提升

写文档，一定不要拘泥于工具，而在于思路；但用好工具，会使你的需求加速；写文档，一定先定义流程，后定义交互原型，原型仅是需求交互的载体；写文档，一定要划分好优先前后级，核心、主要的需求先走，其他的可以缓后；写文档，一定要基于可开发，不能“天马行空”（IDEA 阶段可以“天马行空”）；写文档，一定要规范，目录、层级都清晰，写出来别人是要能看懂；写文档，一定要清晰明了，不在于是否写得多，在于是否真正说明了问题；写文档，一定要学习竞争者的长处，可以把好的东西借鉴过来，吸取精华；写文档，一定要落实到每个细节，需求都不完善，成品何来完善；写文档，一定要自己多看，自己给自己“找茬”，把问题止步于自己；写文档，一定要注意版本管理，并做好版本修订等工作。

第二节　文化强国历史逻辑

一、文化强国策略

建设文化强国是一个实践问题，既要从战略上对文化强国建设实践进行方向性把握和整体性规划，也要制定出具体的行动方案和活动准则，确保实践落到实处取得预期效果。新时代以来，以习近平同志为核心的党中央在对文化强国建设实践作出战略规划的同时，还根据形势的变化发展，给文化强国建设实践设计了具体的实施策略。其实践指向文化创新、培养文化人才、健全文化产业体系、提高社会文明程度、提升党的文化领导能力和推动文化中国建设等方面，使文化强国建设实践有了具体的行动方案。

（一）第一动力：文化创新

文化强国建设实践的第一动力：文化创新。“创新是引领发展的第一动力”，文化的生命力和创造力只有在创新性发展中才能不断增强。思想观念是行动的先导，应坚持把创新作为“第一动力”，引领新时代文化强国建设实践。首先，必须打破陈旧观念，进行文化观念创新。中华优秀传统文化是中华民族精神形成和价值信仰的根基，是文化创新的“底气”，必须“使中华民族最基本的文化基因与当代文化相适应、与现代社会相协调”，积淀新的文化底蕴，增强民众的“文化自信和价值观自信”，构建起文化强国建设实践主体的心理准备和思想条件。

其次，要在“在实践创造”和“与时代同频”中实现文化内容和形式创新。文化建设要紧随时代脚步和实践发展，实现在“实践创造中进行文化创造”的要求。实践无止境，文化创新永无止境。实现文化内容创新要求文化创作者要扎根于人民群众火热的社会生活，面对新的实际，坚持问题导向，深化认识，总结经验，“在观念和手段结合上、内容和形式融合上进行深度创新”，书写中华民族新史诗。最后，以“激发全民族文化创新创造活力”为立足点，坚定不移地“深化文化体制改革”，实现文化制度体系创新。通过深化改革破解掣肘我国目前文化发展的结构性矛盾和体制性障碍，激发文化创造活力和民众参与文化建设的热情，形成适合现阶段国情的文化制度体系和管理机制，推动社会主义文化繁荣发展。

（二）主体保障：建设文化人才

文化强国建设实践的主体保障：建设文化人才。习近平总书记指出：“人才是实现民族振兴、赢得国际竞争主动的战略资源。”文化强国关键在人才。充分认识人才在实现文化强国中“战略资源”的作用，“培养文化人才”就成为文化强国建设实践的必然要求。以人才兴文化，必须加强文化人才培养和文化人才队伍建设。“要优先发展教育”，教育是开发国内人才资源的基础，也是文明传承和文化发展的重要载体和支撑。新时代要把繁荣发展教育事业作为文化强国建设实践的重要任务，牢记社会主义办学方向和宗旨，坚持立德树人根本目标，全面深化教育领域综合改革，完善教育体系，创新教育理念和培养模式，提升教育质量，培养与文化强国建设实践相适应、能担当民族复兴大任的时代新人，夯实文化强国建设的主体力量。

另外，要建设高素质的人才队伍，“聚天下英才而用之。”实施创新人才建设工程，建设高水平人才培养体系，打造多层次高素质的文化人才队伍。例如在哲学社会科学领域，要培养一批既有深厚理论素养，又锐意进取、勇于创新的人才队伍；在文艺创作领域，要造就德艺双馨的文艺名家队伍；在科技领域，要造就一批顶尖的具有世界影响力的人才，为文化强国建设实践提供强大的人才支持。还要加强人才体制机制改革，坚持顶层设计和基层实践相结合，加快推进相关部门的人事管理制度和薪酬制度改革，完善人才评价机制，要在全社会造就崇尚知识、崇尚人才和珍惜人才、爱护人才的时代风气和社会氛围，切实为文化人才施展才华、实现抱负提供广阔的机会和舞台，打造实现文化强国的人才高地。

（三）实体支撑：健全文化产业体系

“文化产业”是文化、服务等通过现代技术手段与产业融合而成的一种新兴产业形态。现代文化产业体系则是囊括从文化商品的创意、生产、传播直到消费各个环节组成的文化的产业链。文化产业能够通过商品化的生产和传播使文化熔铸成一种新的特质，文化产品成了文化商品，兼具意识形态和产业两种属性，既能带来丰厚的经济收益，又能够提升国家的文化软实力，日益受到各国重视，成了“黄金产业”，被称为“文化软实力中的硬实力”。“推动文化产业发展，健全现代文化产业体系”的要求，构建“现代文化产业体系”以及“培育新型文化业态”等，放在文化产业供给侧结构性改革的中心环节，作为当前文化强国建设的主要任务来抓。文化产业体系发展要紧紧“围绕国家重大区域发展战略，把握文化产业发展特点规律和资源要素条件，促进形成文化产业发展新格局。”

在智能化、数字化和网络化的新时代，健全现代文化产业体系，要坚持以科技创新为核心驱动力，深化文化与人工智能、数字技术和AR、VR等现代高新技术的融合，实现文化产业内部结构智能化调整升级和文化要素的互联互通，延伸文化产业链，催生文化新业态与新模式。引领文化产业发展的价值取向，防止文化生产及产业文化发展过程中出现精神文化经济片面性现象，创造出更多更好的精神文化产品，满足人民群众美好生活对文化消费的期待和需求。通过文化产品输出和国外市场的扩大，增强国外市场对中国文化品牌及其产业的认知和认同，提升中国文化的国际影响力和话语权，摆脱中国的国际身份“被定位”的状况。

（四）着力点：推进文化中国建设

“文化中国”是指在全球化语境下，保持中国文化主体性的前提下，着眼于中国文化国际竞争力的打造，进行跨文化交流、沟通与传播的理念或理论。“文化中国”是“指向一个以文化和语言为纽带的‘想象的共同体’，指向一个超越地缘政治和地缘经济的价值空间、意义世界和精神世界。”文化中国作为一种“总体性”观念，不是指向中国的国家地域，而是突破了政治地域的界限，强调以中国文化为精神纽带，把海内外的中华儿女以及大量支持中国和青睐中国文化的国际人士紧密联系起来，打造一个稳定的认同空间。文化中国彰显文化上的历史渊源和实际影响力，以中国文化的价值和人文增量为基本面向，激发人们的心理情感，促使人们产生积极的文化认同。

在当今世界，文化上是不是强国，不是关起门来自己衡量，而是要看其文化建设的事实，以及其文化在国际上的影响力和竞争力，能否赢得更多的世界认同。一个国家的文化能够在世界范围内受到广泛关注和普遍认同，是其文化强国地位真正确立的重要表征。在当今全球化日益深化且西方国家掌握话语权的背景下，要增强中国文化的吸引力和影响力，赢得世界范围内的普遍认同，对于文化强国建设而言是一项艰巨的工作。在理论和价值层面上做好话语创新，使中国人从文化上不断获得自信和气度，建构并推广“文化中国”的学术和实践范式。以中国文化的人文关怀和人类视野，获取人心、提升文化国际话语权，增进人们对中华文化的积极认同，打造一个具有全球影响力的中华民族文化共同体，推动构建“人类命运共同体”，与世界展开深度的文化对话，促进全球范围不同文化的交流与互鉴。

二、文化战略历史进程

（一）革命道路：文化救国

鸦片战争以后，中国社会逐渐沦为半殖民地半封建社会，中国文化也逐渐沦为半殖民地文化和半封建文化的杂糅。为了救亡图存，一大批有识之士开始向西方寻找救国救民的道路。1915 年，陈独秀在上海创办《青年杂志》（后改为《新青年》），开启了中国近代史上思想空前解放的新文化运动，拉开了文化救国的序幕。

随着马克思主义在中国的传播和五四运动的爆发，以李大钊、陈独秀为代表的一批中国早期的先进知识分子积极寻求“文化革命”“文化救国”之路，并最终选择了以马克思主义作为审视世界和拯救中国的思想武器。作为在中国传播马克思主义第一人的李大钊，在他的著作中率先提到“文化要为社会改造和国民革命的前途尽力”的先进思想。他们大力宣传马克思主义的先进思想和文化，积极倡导文艺要以革命服务的主旨。“文化为革命”“文化救国”成为当时较为先进的知识分子的文化观。五四运动以后，在马克思主义的指导下，伴随着中国共产党的成立，中国革命的面貌焕然一新，开始由旧民主主义革命向新民主主义革命转变，中国文化也从传统形态的旧民主主义文化向现代形态的新民主主义文化转变。

中国共产党自诞生之日起，就担负着文化救国的历史使命。在新民主主义革命的道路上，以毛泽东为主要代表的中国共产党人高度重视新民主主义文化与革命群众、人民大众的联系，坚持文化从民众中来、到民众中去。1940 年 2 月，毛泽东发表《新民主主义论》，对新民主主义文化进行了科学总结和理论概括，将其定义为“无产阶级领导的人民大众反帝反封建的文化”，即“民族的科学的大众的文化”。1945 年 4 月，毛泽东在党的七大上作了《论联合政府》的报告，首次提出“新民主主义文化纲领”的概念，并逐渐形成“民族的、科学的、大众的”新民主主义文化理论。这是中国共产党关于文化建设早期探索的重要成果，是领导新民主主义文化建设的重要理论，为中国共产党人寻求文化救国找到了一味“良药”，为中国新民主主义革命的全面胜利提供了强大的精神动力和理论支持。

中国共产党人在新民主主义革命的道路上，对“文化革命”“文化救国”进行了系统性、开创性的早期探索，为马克思主义的传播、中国共产党的创立、新民主主义文化的形成和发展作出了重要贡献，实现了文化救国的夙愿。

（二）建设道路：文化建国

经过中国共产党人 28 年的不懈奋斗，终于迎来了新民主主义革命的伟大胜利。中华人民共和国成立前夕，《中国人民政治协商会议共同纲领》将新民主主义文化纲领纳入其中，为中华人民共和国成立初期文化教育事业的发展确立了基本性质和总方针。随着社会主义改造的完成和社会主义制度的确立，新民主主义文化的历史使命宣告结束，社会主义文化开始形成。为了全面兴起中华人民共和国文化建设的高潮，毛泽东根据我国成立初期的实际国情，提出了“二为”文化发展方向和“双百”文化建设方针。毛泽东早在延安文艺座谈会上的讲话中就指出，文艺是为人民大众服务的，首先是为工农兵服务的。1957 年，他在《关于正确处理人民内部矛盾的问题》中和全国宣传工作会议上指出，文艺要为人民服务、为社会主义事业和国家服务。这为社会主义文化建设和发展指明了根本方向。

1956 年，毛泽东在《论十大关系》中提出了“百花齐放，百家争鸣”的“双百”文化建设方针。1957 年，他又在《关于正确处理人民内部矛盾的问题》中和全国宣传工作会议上对贯彻“双百”方针作了系统而深刻的阐述，并将其确定为促进中华人民共和国文化事业发展和繁荣的基本性同时也是长期性指导方针。在“二为”方向和“双百”方针的指引下，中华人民共和国的文化事业蓬勃发展，硕果累累，亿万人的文盲帽子被摘掉，群众性文化活动丰富多彩，大众文化精品不断涌现，哲学社会科学繁荣发展。“二为”方向和“双百”方针是毛泽东文化思想体系的重要组成部分，为中华人民共和国的文化建设与发展指明了方向，为社会主义文化的发展和繁荣打下了坚实的基础，完成了文化建国的大业，成为中国共产党在社会主义革命和建设道路上文化建国思想的成功实践。

（三）改革道路：文化兴国

党的十一届三中全会以后，以邓小平同志、江泽民同志、胡锦涛同志为主要代表的中国共产党人在改革开放和推进社会主义现代化建设事业的伟大实践中，创造性地提出了“社会主义精神文明建设”的重大战略思想、“先进文化”的理论、社会主义核心价值体系等一系列新思想新观点新战略。新思想新观点新战略，体现了中国共产党对社会主义文化建设理论和文化战略的丰富与发展，标志着中国共产党在践行文化兴国使命的道路上取得了重大突破。

1. 社会主义精神文明的理论开拓

“社会主义精神文明”的概念最早是叶剑英在庆祝中华人民共和国成立 30 周年大会上提出的。同年十月，邓小平在第四次文代会上进一步阐述了“建设高度的社会主义精神文明”思想。党的十一届六中全会着重强调了“社会主义精神文明建设”在国家建设和发展总体布局中的地位和重要性。党的十二大明确提出要“努力建设高度的社会主义精神文明”，并将其作为社会主义建设的一个战略方针提到国家发展的战略高度。党的十二届六中全会通过了《关于社会主义精神文明建设指导方针的决议》，把社会主义精神文明建设提高到“关系社会主义兴衰成败”的高度，标志着一个系统化、科学化的社会主义精神文明建设思想理论的基本形成。党的十三大又再一次将精神文明提到国家战略高度。江泽民着眼于新的历史时期文化战略发展新形势，把邓小平关于社会主义精神文明建设的思想系统地、全面地、创造性地阐发为中国特色社会主义文化的理论。在党的十五大又正式提出中国特色社会主义的文化纲领，确立了文化与经济、政治“三位一体”总体布局，体现了文化建设与经济建设、政治建设的内在联系和有机统一。

2. 先进文化的理论创新

进入新世纪，面对复杂多变的国际国内形势，江泽民站在加强中国共产党自身文化建设的战略高度，提出了“先进文化”的概念，并将先进文化发展与中国共产党自身建设紧密结合起来。创造性地提出了中国共产党“三个代表”中的“代表先进文化的前进方向”，把中国共产党的先进性与文化的先进性联系起来，把中国共产党的命运与党的文化建设结合起来。在庆祝中国共产党成立 80 周年大会上，江泽民再次指出要把先进文化的先进性体现在党领导国家建设的各个方面，为我国经济发展和社会进步提供先进的精神动力和智力支持。在党的十六大报告中，江泽民进一步阐述了中国共产党所代表的先进文化的地位作用、目标任务和总体要求，确立了 21 世纪中国共产党关于先进文化建设与发展的总纲领。

社会主义先进文化是中国共产党自身先进性和文化先进性的集中概括，体现了先进文化对文化强党和文化强国的重要作用与伟大意义，开辟了马克思主义建党学说的新领域，开创了中国共产党文化建党的理论体系，是党的文化建设和党内自身建设的又一重大理论创新。中国共产党是重视先进文化并致力于建设先进文化、从而使自己不断发展强大的马克思主义政党。用先进文化建党，用先进文化强党，实现百年大党向百年强党的飞跃，这在马克思主义政党史上是一个创举。

3. 社会主义核心价值体系的理论建构

“社会主义核心价值体系”是胡锦涛在党的十六届六中全会上首次提出的，并指出“社会主义核心价值体系是建设和谐文化的根本”。这表明，社会主义核心价值体系是和谐文化中最重要、最本质的东西，决定着和谐文化的发展方向。党的十七大进一步强调，要“把社会主义核心价值体系融入国民教育和精神文明建设全过程”，筑牢共同的思想道德基础，引领当代中国社会思潮，全面推进和谐文化建设。党的十七届六中全会进一步指出：“社会主义核心价值体系是兴国之魂，决定着中国特色社会主义文化的发展方向。”“社会主义核心价值体系”是胡锦涛关于文化建设的独创性战略思考和科学决策，是新的历史时期党在文化战略领域的又一重大理论创新。反映了中国共产党在推进文化兴国、谋求文化强国进程中的文化自觉和文化自信，体现了中国共产党人不断与时俱进、开拓创新的理论品质，标志着中国共产党在文化战略发展上又迈向了新的高度。

（四）复兴道路：文化强国

党的十七届六中全会把“建设社会主义文化强国”作为党的重要战略任务。党的十八大又提出要“扎实推进社会主义文化强国建设”，这是对文化战略的丰富和拓展，是对文化强国建设的信心和决心。党的十八大以来，在新时代文化战略的大背景下，在实现中华民族伟大复兴的道路上，开启了文化强国的新征程，这是新时代中国共产党对文化战略的进一步升华，是中国共产党强国体系的重要组成部分。

1. 文化强国战略的政治引领

社会主义文化强国战略的推进实施，离不开坚强有力的思想保障，离不开正确的政治方向。习近平总书记十分重视意识形态工作的政治引领作用，在 2013 年全国宣传思想工作会议上特别强调要牢牢掌握意识形态工作的领导权、管理权和话语权，在党的十九大报告中又对牢牢掌握意识形态工作领导权提出了具体要求。党的十九届四中全会又提出要“坚持马克思主义在意识形态领域指导地位的根本制度”。党的二十大报告强调“把马克思主义基本原理同中国具体实际相结合、中华优秀传统文化相结合”“围绕举旗帜、聚民心、育新人、兴文化、展形象建设社会主义文化强国”，这是社会主义文化强国建设的政治需要，也是中国共产党推进文化强国战略的核心任务。

2. 文化强国战略的实践动力

党的十八大提出了 24 字的社会主义核心价值观。从国家发展的价值目标、社会进步的价值追求、公民行为的价值准则三个层面，高度凝练和集中表达了社会主义核心价值体系的具体内容，体现了国家、社会和公民的内在统一。党的十九大报告又对社会主义核心价值观如何进一步培育和践行提出了具体要求。党的十三届全国人大一次会议正式将“社会主义核心价值观”写入国家宪法。党的十九届四中全会又提出“坚持以社会主义核心价值观引领文化建设制度”。党的二十大进一步强调“以社会主义核心价值观为引领，发展社会主义先进文化，弘扬革命文化，传承中华优秀传统文化”。社会主义核心价值观凝结着全党、全社会和全国各族人民共同的价值追求，成为经济发展、社会进步和文化繁荣的价值引领，是对社会主义核心价值体系认识的进一步发展和升华，是当代中国国家精神的集中体现，是推进文化强国战略实施的强大动力。

3. 文化强国战略的实现路径

文化强国战略的实现，主要取决于国家文化软实力的提升。习近平总书记在党的十九大报告中明确提出要“推动文化事业和文化产业发展”，以此夯实国家文化软实力根基。大力发展文化事业，实施重大文化工程和哲学社会科学创新工程，建设具有中国特色的新型智库，构建优秀传统文化传承与创新体系，既是文化强国战略的理论需要，也是文化强国战略的实践需要。同时，加快文化产业升级换代，优化文化产业结构布局，推动新型文化业态培育，促进文化产业向国民经济支柱产业发展，既是文化建设的需要，也是经济建设的需要。要实现文化强国战略，就必须大力发展文化事业和文化产业。党的十九届五中全会明确提出“繁荣发展文化事业和文化产业、提高国家文化软实力”的三项重要举措，一是提高社会文明程度，二是提升公共文化服务水平，三是健全现代文化产业体系。以文化建设推动经济建设，以文化发展促进产业发展，加快经济转型升级，从而提升国家文化软实力、经济硬实力和核心竞争力，推动文化强国建设向前迈进。党的二十大提出“健全现代文化产业体系和市场体系，实施重大文化产业项目带动战略。”

4. 文化强国战略的奋斗目标

“文化自信是一个国家、一个民族发展中更基本、更深沉、更持久的力量。”党的十八大以来，习近平总书记准确把握时代脉搏，放眼世界，着眼未来，在庆祝中国共产党成立95周年大会上首次提出“文化自信”的概念，将“三个自信”拓展为“四个自信”。文化自信是对先进文化的自信，这一自信源于悠久的历史、源于艰苦的奋斗、源于努力的实践，是道路、理论、制度三大自信的进一步拓展和深化，是中国共产党在文化建设与发展领域的又一理论创新。“坚定文化自信”是习近平总书记在党的十九大报告中提出的。坚定文化自信，就是要积极传承中华民族五千多年所形成的优秀传统文化，深刻认识和发展社会主义先进文化，激发全党和全国各族人民对中华优秀传统文化的认同感和自豪感，在全社会形成对社会主义先进文化的普遍认同和价值共识。文化自强是文化自觉、文化自信的进一步升华，是文化强国自我实现的有效途径，是几代中国共产党人为之不懈奋斗的中国梦，也是中国共产党100多年来谋求文化救国、实现文化强国的根本目标。

新时期，随着中国科技教育的突飞猛进、文化艺术的繁荣兴盛，中国文化发展取得了令人瞩目的成绩，形成了中华“强文化”的核心价值和共同理想。党的十九届五中全会又明确了到2035年建成文化强国的具体时间表，充分体现了中国共产党实现文化强国战略的坚定信心和坚强决心。党的十九大指出：“文化是一个国家、一个民族的灵魂。文化兴国运兴，文化强民族强。”党的二十大进一步明确“发展面向现代化、面向世界、面向未来的，民族的科学的大众的社会主义文化，激发全民族文化创新创造活力”。回顾中国共产党文化战略的百年演进，可以清晰地看到，中国共产党关于文化战略思想的每次创新都不断推动着党和人民的事业向前发展，引领着中国社会向更高水平迈进；一定能担负起文化强国的历史使命，在理论创新和实践创造中实现文化大发展，在国家发展和民族进步中实现文化大繁荣。

第三节　茶旅融合价值追求

自1978年改革开放以来，中国乡村发展经历了一个由低水平、基础型向高质量、创新型不断发展过程，大体可分为“解决温饱、小康建设和实现富裕”三个阶段；中国乡村振兴是乡村发展演化到一定阶段后，迈向更高层次的战略必然选择。茶起源于中国，盛行于世界；经过上千年的发展，早已深深融入中国人的生活；茶文化是中华文化中的一朵奇葩，成为传承中华文化的重要载体。2022年4月，习近平总书记在海南毛纳村调研时曾说“把茶叶经营好，把日子过得更红火。”总书记简单的一句话语，温暖了无数茶人的心；毛纳村是海南第一个乡村旅游示范点，小小的一片茶叶变成了这里的致富“法宝”。近年来，许多地方开展了茶文化休闲旅游，它们在为提升茶园生产经济价值的同时，更重要的是极大地改善与提高当地村民的思想境界和生活品质，为茶产业提质增效发展开创了茶文旅融合新业态，助推当地乡村振兴。技术革命、产业升级、消费需求是产生新业态的关键因素，业态创新是产业高质量发展的重要途径。茶业高质量发展主要体现在三个方面：一是茶叶一、二、三产协同发展，二是茶文化、茶产业、茶科技统筹发展，三是茶、文、旅、教、养融合发展；三个方面相辅相成、有机统一。

一、乡村振兴、高质量发展、共同富裕三者间逻辑关系

党的十九大适时提出实施乡村振兴战略，旨在通过解决城乡发展不平衡、乡村发展不充分等重大问题引领乡村发展迈向更高水平阶段。乡村振兴是继统筹城乡发展、社会主义新农村建设之后，党中央关于乡村发展理论和实践的又一重大创新和飞跃。“产业兴旺、生态宜居、乡风文明、治理有效、生活富裕”是新时代的乡村振兴战略宗旨。产业兴旺是乡村振兴的基础支撑，通过人均第一产业增加值和农业机械化水平来表征；生态宜居是乡村振兴的重要依托，用反映地表植被状况的植被覆盖指数来体现；乡风文明是乡村振兴的动力源泉，通过国家级文明村镇数量来反映；

治理有效是乡村振兴的政治保障，很大程度上取决于农民受教育水平；生活富裕是乡村振兴的根本目的，利用农村居民人均可支配收入来表征。乡村振兴战略具有普惠性，新时代的乡村振兴不仅要着眼于逆向衰退的乡村，也面向良性上升的乡村。对于负向衰退的乡村，乡村振兴通过产业、人才、文化、生态、组织等振兴扭转乡村发展颓势，实现乡村可持续发展。对于正向上升的乡村，乡村振兴通过产业融合发展、人居环境整治、完善基础设施配套、传承乡土文化、健全组织体系等措施，优化调整乡村人地系统结构与布局，高水平推进农业农村现代化和城乡融合发展。实现第一个百年奋斗目标后，产茶乡村大都属于正向上升的乡村，茶业高质量发展是必然趋势。

中国特色社会主义进入了新时代，其基本特征就是我国经济已由高速增长阶段进入高质量发展阶段。高质量发展，实质就是质量和效益替代规模和增速成为经济发展的首要问题，是能够更好满足人民日益增长的美好生活需要的发展。党的二十大报告指出“高质量发展是全面建设社会主义现代化国家的首要任务”，“中国式现代化”的本质，就是要求“实现高质量发展”。推动经济高质量发展，就需要围绕满足人民美好生活需要而着力破解发展不平衡不充分的矛盾和问题；坚持契合美好生活需要而非单纯物质文化需要的质量第一、效益优先，满足人民在经济、政治、文化、社会、生态等方面日益增长的全面需要。“高质量发展不只是一个经济要求，而是对经济社会发展方方面面的总要求”，更是一个事关党和国家事业发展的全局性问题。习近平总书记指出：“高质量发展，就是能够很好满足人民日益增长的美好生活需要的发展，是体现新发展理念的发展，是创新成为第一动力、协调成为内生特点、绿色成为普遍形态、开放成为必由之路、共享成为根本目的的发展。”从经济维度来看，首要目的是经济发展，其核心是实现全要素生产率的提高，加快实现经济发展质量、效率及动力变革。从社会维度来看，强调更好满足人民日益增长的美好生活需要，能够给人们提供丰富、质高、物美、价廉的产品与服务。从环境维度来看，强调通过资源高效配置，形成经济、社会、环境和谐共处的绿色、低碳、循环发展，实现可持续发展。

共同富裕是人民对美好生活需要的重要内容，是新时代解决我国社会主要矛盾的重要抓手，实质是全体人民共创共享日益美好的生活。习近平总书记指出：“共同富裕是社会主义的本质要求，是人民群众的共同期盼。”“实现共同富裕不仅是经济问题，而且是关系党的执政基础的重大政治问题。”国际经验表明，贫富差距过大时不仅经济循环不畅，而且会导致社会动荡不安。共同富裕政治内涵“国强民共富的社会主义社会契约”，共同富裕经济内涵“人民共创共享日益丰富的物质财富和精神成果”，共同富裕社会内涵“中等收入阶层在数量上占主体的和谐而稳定的社会结构”。共同富裕意味着中等收入阶层在数量上占主体，城乡区域差距基本消失，人口流动限于一定比例的更换就业岗位者，不再有大比例人口常态化地异地迁徙和流动；实现共同富裕，必须围绕解决好发展的不平衡不充分问题。充分发挥社会机制，激发共同富裕内生动力；充分发挥文化机制，同步推进物质富裕与精神富足；通过经济高质量发展让人民生活丰裕、精神富足；通过制度建设让人民拥有获得财富和优质公共服务的公平权利。乡村振兴下，茶农实现共同富裕，必须把茶业“公共产品”变成“特色商品”和“生态服务业”，打通茶乡高生态价值改变不了高经济增长值的堵点，实现茶业高质量发展。

二、茶文化、茶产业、茶科技统筹发展内涵

一片叶子，成就了一个产业，富裕了一方百姓。因茶致富，因茶兴业，脱贫奔小康！茶产业是关乎人民美好生活的重要民生产业，对巩固和拓展脱贫攻坚成果、推动乡村产业振兴、弘扬中华优秀传统文化具有重要意义。2021 年 3 月 22 日，习近平总书记在福建武夷山市星村镇燕子窠生态茶园考察调研时指出：“把茶文化、茶产业、茶科技统筹起来，……成为乡村振兴的支柱产业。”习近平总书记提出了“三茶”统筹理念，涵盖弘扬茶文化、发展茶产业、创新茶科技多个领域，从党和国家事业发展全局的高度，对中国茶业高质量发展提出了总方向、总目标、新要求。弘扬茶文化、振兴茶产业、创新茶科技，构筑系统完整、逻辑严密、有机融合的“泛茶产业”高质量发展协同体。茶叶深深融入中国人生活，成为传承中华文化的重要载体。从以文化人来观察，茶文化具有育民功能；从以文化印来观察，茶文化具有惠民功能；从以文化国来观察，茶文化具有富民功能。茶以文兴，文以茶扬，茶文化与茶产业如车之双轮、鸟之双翼，唯有浸润和涵养了文化的茶产业，才会有蓬勃的生命力。文化产业最重要的价值不仅仅在于提供文化产业增加值，而是提供文化附加值，通过文化和其他传统行业以及新技术的结合，来推动整个经济的发展；促进文化和科技融合，发展新型文化业态，提高文化产业规模化、集约化、专业化水平，引领和推动整个经济转型和升级的产业。

茶产业是富民产业、生态产业、健康产业、文化产业。但在我国，目前还是典型的劳动密集型产业，生产经营模式比较传统单一，产业整体的机械化水平和现代化程度比较低；茶产业产品结构有待进一步优化，特别是在高附加值的产品领域亟须进一步突破。茶是大部分产茶县的特色农业优势产业，是乡村振兴中“产业是核心”的最好选择，是乡村振兴中“生活富裕”目标实现的保障；要提升茶产业，必须实现茶叶加工的现代化。“科学技术从来没有像今天这样深刻影响着国家前途命运，从来没有像今天这样深刻影响着人民幸福安康。我国经济社会发展比过去任何时候都更加需要科学技术解决方案，更加需要增强创新这个第一动力。”茶科技涉及全产业链，将创新链和产业链相结合，加速科技成果向现实茶产业发展生产力的转化，加快培育新兴产业、业态创新是提高产业发展质量的重要途径；新技术革命、产业升级与消费者需求是推动新业态产生的三大因素。在中国茶迎来了几千年来最好发展的新茶经时代，自觉践行习近平总书记“三茶”统筹理念，努力把中国茶打

造成高质量发展的茶区乡村振兴支柱产业。

三、茶文旅融合“三茶”统筹集大成

中国特色社会主义新时代是“逐步实现全体人民共同富裕的时代”，促进全体人民共同富裕，最繁重最艰巨的任务依然在农村；产业融合作为我国农村生产方式的重要变革形态，在促进农民农村共同富裕方面发挥重要作用。茶文化是人们在对茶的认识、应用过程中有关物质和精神财富的总和，包含和体现一定时期的物质文明和精神文明。茶文化背后不仅有文化产业，还有茶叶产业；茶产业是关乎“全面脱贫攻坚、追求美好生活”的重要民生产业。旅游是当前新时期人民美好生活和精神文化需求的重要组成部分，旅游业是体现人民群众幸福感、提高人民生活水平的重要产业。自 1978 年改革开放以来，中国总量生产函数形式不断变迁，要素质量和规模经济持续增强。从全要素生产率（TFP）增长来源看，开放前 20 年带来了要素无关型 TFP 的高速增长，对 TFP 增长的贡献率达到 80%；开放后 20 年转变为要素嵌入型 TFP 的高速增长，对 TFP 增长的贡献率达 80%，为茶文旅产业融合发展提供了经济规律的结构基础。根据发达国家的发展实践经验，当一国的人均 GDP 突破 5000 美元（2025 年 2 月 10 日汇率：1 美元≈7. 3081 人民币）之后，文化业将处于高速发展期。2011 年我国的人均 GDP 首次突破 5000 美元。2023 年中国国内生产总值（GDP）达 126. 06 万亿元，人均国内生产总值达 8. 9 万元，第三产业总值 68. 82 万亿元，文化业已进入集约式、高水平的中级发展阶段，为茶文旅融合高质量发展提供了强有力的经济总量的实力基础。茶业高质量发展目的之一就是要推进供给侧结构性改革，就是要给消费者提供更加健康、绿色、安全的茶产品，满足消费者日益严苛的质量安全需求，打消消费者对茶叶质量安全的顾虑。茶业高质量发展目的之二就是希望通过茶产业振兴不断提高涉茶人口的收入水平，特别是相对欠发达地区茶农的经济效益。

（一）茶旅融合的政策分析

国务院在 2009 年 12 月印发了《国发〔2009〕41 号》文件，提出关于加快发展旅游业的意见，目标是将旅游业进行重点培育，将来能够作为国家的支柱产业，同时成为使群众满意的现代服务业，为旅游强国建设提供政策依据。为了实现这个宏伟目标，促使旅游业和其他产业融合发展，2014 年 8 月，国务院印发了《国发〔2014〕31 号》文件，提出关于促进旅游业改革发展的意见。为了激活“互联网创新”，进一步释放“互联网优势红利”，2015 年 7 月，国务院印发了《国发〔2015〕40 号》文件，提出关于积极推进“互联网+”行动的指导意见，形成了依赖互联网基础设施及其创新要素的新格局、新态势。2020 年 11 月，文化和旅游部等 10 部委联合印发了《文旅资源发〔2020〕81 号》文件，提出关于深化“互联网+旅游”推动旅游业高质量发展的意见，文件指出：以“互联网+”为手段，创新推动旅游业生产、企业管理及服务的模式，增加旅游相关产品，开拓旅游消费的空间，加快旅游业高品质的发展。为了能更好地加快文化和旅游之间的融合发展，切实有效地提升旅游类商品的开发能力，2021 年 7 月，文化和旅游部办公厅印发《关于推进旅游商品创意提升工作的通知（办资源发〔2021〕124 号）》。2021 年 9 月，农业农村部、国家市场监督管理总局、中华全国供销合作总社联合印发《关于促进茶产业健康发展的指导意见（农产发〔2021〕3 号）》提出：推动茶产业与文化、旅游、教育、康养等幸福产业之间相互渗透融合，培育新产业、新业态、新模式。

（二）茶旅融合的现实意义

1. “茶旅融合”是美丽乡村建设需要

乡村振兴战略坚持优先发展农业和农村地区。按照“20 字方针”的总要求，把农业建设成为有希望的产业，把农村建设成为安居乐业的美好家园。通过“茶旅融合”发展，建设休闲茶园，可以让乡村环境美起来，由“茶园”向“公园”转变，实现“宜游、宜养”双丰收。通过“茶旅融合”发展，建设休闲茶园，让生态、美丽成为资源，由“生产”向“经营”转变，实现“宜居、宜业”共赢，共品茶香茶韵，共享美好生活。

2. “茶旅融合”是茶产业转型升级需要

为了抓住“一带一路”发展机遇，农业部于 2016 年 10 月，印发了《关于抓住机遇做强茶产业的意见（农农发〔2016〕7 号）》提出：结合实施“互联网+”现代农业行动，加强茶产业与休闲旅游、文化教育、健康养生深层融合，形成“精品化、特色化、个性化、体验化”的经济新业态和新模式。为了进一步“巩固和拓展脱贫攻坚成果、推动乡村产业振兴”，农业农村部等 3 部委联合印发了《关于促进茶产业健康发展的指导意见（农产发〔2021〕3 号）》。“茶旅融合”发展，提升茶科技赋能创新力，弘扬茶文化彰显力，实现茶产业一二三融合，形成茶产业转型升级新格局。

3. “茶旅融合”是延伸茶产业链功能需要

实现“整合资源，培育乡村旅游新产品、新业态、新模式”的目标。2018 年 11 月，农业农村部等 17 部委印发《关于促进乡村旅游可持续发展的指导意见（文旅发〔2018〕98 号）》。2021 年 12 月，文化和旅游部党组书记、部长胡和平在全国乡村旅游工作现场会上进一步提出：进一步加快重点村镇建设，持续推进乡村旅游产业，引导建设可持续发展的高品质乡村民宿，整合丰富乡村旅游商品的供应，进一步加快全产业链乡村旅游业的发展。通过发展“茶旅一体化”的融合，拓展茶产业的多重功能，构建茶产业的全产业链，不断实现茶产业在民生（经济）、绿色（生态）、健康（养生）、民族（文化）等方面的“全价式”综合效益。

（三）茶旅融合高质量发展路径

1. 茶文化资源深度挖掘——数字化

旅游与茶在灵魂的深处耦合于文化。茶旅融合大都缘于乡村茶园、茶庄、茶馆。

组建团队，认真梳理茶乡茶文化资源，传承茶乡文化，深度挖掘茶文化核心内涵，充分利用其内涵，深度开发设计与打造高品位、具有强吸引力的茶文化旅游精品，充分利用互联网现代化技术，将茶旅资源数字化，数字化可以优化游客的体验感受，丰富获得感。

2. 茶旅游服务人性周到——智慧化

对于游客来说，外出旅游最重要目的就是为了满足精神享受的综合审美需求，在高质量旅游体验中厚植家国情怀、感受幸福生活。根据马克思商品概念第三次扩大理论——服务也是商品。对接乡村公共文化服务体系，全方位的线上预订业务，配套茶旅景区高科技数字化产品及智慧服务，让游客享受便捷高效的服务，必将成为推动茶旅融合高质量发展的新经济增长点。

3. 注重茶旅游人才培育——持续化

做好乡村振兴，人才是首要因素。依照中央办公厅、国务院办公厅印发《关于加快推进乡村人才振兴的意见》文件精神，围绕茶乡引才、育才、聚才、稳才四个关键环节，通过建立职业茶农制度，发展“互联网+教育”，优化茶旅从业者结构；按照教育系统已经形成的“中职、高职、本科、研究生”茶学与茶文化人才学历培养体系，加强涉茶院校和学科专业建设，大力培育茶业科技、科普人才，为推动茶旅融合高质量发展提供智力库。

4. 加强互联网设施建设——平台化

信息时代，互联网作为旅游要素共享的重要平台，是信息之“路”，5G 网络、物联网、大数据等有关信息技术的配套设施，必须由茶叶生产所在省市（县区）级地方政府调拨专项资金，依据《文旅资源发〔2020〕81 号》文件精神，优化资源配置，统筹协调建设，推进乡村旅游领域转型升级，为推动茶旅融合产业高质量发展提供硬件支持。

近年来，我国茶叶产能过剩情况日益凸显，土地一产供给力有限，急需一二三产业深度融合，构建高质量发展新模式。茶文化具有软硬二重实力的特质，通过浸润和涵养茶产业，实现软实力；硬实力，则通过丰富人民精神文化生活，赋能和提升软实力，构成茶文化力。从习近平总书记“因茶致富，因茶兴业”的精准论断，到国际茶日贺信发出“共品茶香茶韵，共享美好生活”倡导，再到提出统筹发展“茶文化、茶产业、茶科技”实现乡村振兴支柱产业目标。宣告伴随着乡村振兴新国策，中国茶叶发展正式迈入新茶经黄金时代，为“茶文化与旅游深度融合”提供一个实践新时空。从茶界大量的科技成果、文化资源及茶业现状，不难发现茶文化、茶产业、茶科技一直没能协调成为强有力的“统筹体”，真正担负起“乡村振兴支柱产业”的责任。茶产业是关乎“全面脱贫攻坚、追求美好生活”的重要民生产业；旅游业是人民群众享受幸福、提高生活水平的重要产业。可见“茶叶”与“旅游”存在天然的内在统一性，“互联网+”将二者紧密连成一体即“互联网+茶旅”融合体。可以通过“茶文化资源数字化、茶旅游服务智慧化、茶旅游人才持续化、互联网设施平台化”四位一体的建设策略，实现高质量发展茶叶新业态，在中国由“乡村中国”向“城乡中国”转型之际，促进乡村振兴科学持续开展，实现由多功能乡村系统向融合型城乡系统转变，逐步走向共同富裕。在茶文化上，文化引领茶文旅融合体系；在茶产业上，延伸拓宽茶文旅产业链体系；在茶科技上，构建数字赋能的茶文旅科技体系；携手打造中国茶“泛茶产业”，共同推进“三茶”统筹高质量发展，逐步焕发茶区乡村振兴支柱产业的魅力。

参考文献

[1] 陈赟．雅斯贝尔斯“轴心时代”理论与历史意义问题［J］．贵州社会科学，2022（5）：4-12.

[2] 范艺聪．产品经理战地笔记［M］．北京：机械工业出版社，2021.

[3] 高乐华，张美英，段棒棒．中国IP文化茶馆形成模式与竞争力研究［J］．四川行政学院学报，2021（1）：70-85.

[4] 韩珍玉．TRIZ理论在旅游文化产品形态提炼中的设计研究［J］．工业设计，2016（6）：123-124.

[5] 胡恒超，李树丞，姬广科．论战略地图导向的战略管理流程［J］．科技进步与对策，2009，26（3）：11-13.

[6] 李日辉．文创产品的文化表征评价体系研究［D］．包头：内蒙古科技大学，2023.

[7] 李润清．产品战略及产品开发流程研究［D］．天津：天津大学，2005.

[8] 李育菁，赵政原．文化产业的分类研究模型梳理、反思与优化［J］．福建论坛（人文社会科学版），2021（2）：47-57.

[9] 陆小丽，管倖生．思维导图法在茶叶包装设计中的应用研究［J］．设计，2020（7）：118-120.

[10] 罗伯特·卡普兰，大卫·诺顿．战略地图：化无形资产为有形成果［M］．刘俊勇，孙薇，译．广州：广东经济出版社，2023.

[11] 彭桂芳．茶文化产业的特征及发展模式探析［J］．农业考古，2021（5）：25-30.

[12] 沈学政，苏祝成，王旭烽．茶文化资源类型及业态范式研究［J］．茶叶科学，2015，35（3）：299-306.

[13] 谭韵欣．草木染元素在鄣公山茶文创产品设计中的运用研究［D］．南昌：江西科技师范大学，2023.

[14] 陶德臣．习近平关于茶文化论述的内涵及意义［J］．农业考古，2021（2）：7-16.

[15] 王广振，曹晋彰．文化资源的概念界定与价值评估［J］．人文天下，2017（7）：27-32.

[16] 沃恩·埃文斯．88个必备战略工具［M］．北京：中国人民大学出版社，2023.

[17] 奚正新，王桂林．百年大党文化战略的历史逻辑［J］．中学政治教学参考，2021（39）：8-10.

[18] 杨瑞，李玲，唐正林．不同维度历史文化资源梳理的思路与方法——以韶关市为例［C］//2019年中国城市规划年会论文集，2019：1-10.

[19] 姚伟钧．中国文化资源的表现形态、类型构成与开发思路［J］．华中学术，2023（4）：230-238.

[20] 张广钦，李剑．基于平衡计分卡的公共文化机构绩效评价统一指标体系研究［J］．图书馆建设，2017（9）：26-31.

[21] 张星海．“互联网+”茶旅融合促进乡村振兴策略研究［J］．农业经济，2022（6）：

24-25.
[22] 张佑林，陈朝霞 . 文化资源开发与文化产业发展 [M]. 北京：经济科学出版社，2021.
[23] 张佑林 . 文化资源开发与成都文化休闲产业发展模式研究 [J]. 社会科学家，2020 (1)：90-98.
[24] 赵新军，孔祥伟 . TRIZ 创新方法及应用案例分析 [M]. 北京：化学工业出版社，2020.
[25] 朱智鸿 . 战略地图在产业扶贫实践中的融合应用探究 [J]. 陕西理工大学学报 (社会科学版)，2019，37 (2)：54-58.